Software
Testing

软件测试丛书

U0742500

# Selenium
# 自动化测试指南

Automated Web Testing
with Selenium

赵卓 著

人民邮电出版社
北 京

**图书在版编目（ＣＩＰ）数据**

Selenium自动化测试指南 / 赵卓著. -- 北京 ： 人
民邮电出版社，2013.6（2020.4重印）
ISBN 978-7-115-31534-2

Ⅰ. ①S… Ⅱ. ①赵… Ⅲ. ①软件－测试－自动化－
指南 Ⅳ. ①TP311.5-62

中国版本图书馆CIP数据核字(2013)第068047号

## 内 容 提 要

　　Selenium 是 ThoughtWorks 公司开发的 Web 自动化测试工具。Selenium 可以直接在浏览器中运行，支持 Windows、Linux 和 Macintosh 平台上的 Internet Explorer、Mozilla 和 Firefox 等浏览器，得到了广大 Web 开发和测试人员的应用。

　　本书是使用 Selenium 实现 Web 自动化测试的指南。本书共分为 9 章。第 1 章～第 2 章，介绍了 Selenium 自动化测试相关的基础知识和辅助工具；第 3 章～第 5 章，分别介绍了 Selenium IDE、Selenium1（Remote ControL）以及 Selenium2（WebDriver）的用法。第 6 章～第 7 章，主要介绍实际工作中如何使用 Selenium 来进行测试，介绍了自动化测试的流程和框架，并通过实例来讲解自动化测试用例和测试代码的实际编写。第 8 章～第 9 章介绍了 Selenium 测试难点和常见问题的解决。

　　本书兼顾 Selenium 当前流行和应用的不同版本，包括丰富的示例和图解。本书适合于测试人员、测试组长、测试经理、质量保证工程师、软件过程改进人员以及相关专业学生阅读，以快速掌握并在实际工作中使用 Selenium。

◆ 著　　　　　赵 卓
　　责任编辑　　陈冀康
　　责任印制　　程彦红

◆ 人民邮电出版社出版发行　　　北京市丰台区成寿寺路 11 号
　　邮编　100164　电子邮件　315@ptpress.com.cn
　　网址　http://www.ptpress.com.cn
　　北京中石油彩色印刷有限责任公司印刷

◆ 开本：800×1000　1/16
　　印张：19.5
　　字数：390 千字　　　　　　　2013 年 8 月第 1 版
　　印数：17 201 –17 500 册　　　2020 年 4 月北京第 22 次印刷

定价：42.00 元

读者服务热线：(010)81055410　印装质量热线：(010)81055316
反盗版热线：(010)81055315
广告经营许可证：京东工商广登字 20190147 号

# 前　　言

软件测试领域总是在不断地发展：从最开始没有专门测试人员，到终于认可了测试人员的价值。开始的时候测试人员仅执行繁琐的手工测试，逐渐发展到使用自动化测试。而对于自动化测试，也有各种分类，各种自动化测试工具也如雨后春笋般地涌现。

在 Selenium 测试工具出现之前，对于 Web 的自动化功能测试一直没有较好的解决方案。即使是当年很火的 QTP，也很难应对以下复杂的 Web 自动化功能测试的问题。

Web 测试时如何应对不同的浏览器？是否支持高级编程语言？对于不同的平台，例如Windows，IOS 又如何处理？即使这些问题都能解决，那该工具的价格是否不菲？

在这种情况下，ThoughtWorks 公司发布了 Selenium 测试工具。该工具拥有如下特性。

（1）可对多浏览器进行测试，例如 IE、Firefox、Safari、Chrome、Android 手机浏览器等。

（2）支持各种语言，例如 Java、C#、Python、Ruby、PHP 等。

（3）跨平台，例如 Windows、Lunix、iOS、Android 等。

（4）开源免费。

使用 Selenium 测试工具，终于解决了 Web 自动化功能测试的难题，而且它使用起来非常便捷。

## 写作本书的目的

我已经在自动化测试领域工作好几年了，测试过大大小小的项目，接触了各种各样的测试工具，Selenium 是其中的一种，它是 Web 自动化功能测试最好用的一款工具。

记得第一次使用 Selenium 大约是在两年前，客户要求对公司网站进行测试，具体要求是支持多浏览器，越多越好；最好是 C#；最好是免费的。

我使用搜索引擎在互联网上查找，惊讶地发现还真有工具能满足如此苛刻的要求，这个工具就是 Selenium。通过 Selenium，我顺利完成了公司网站自动化测试项目第一期的任务。

到了第二期，公司招募了更多的人来完成该测试项目，我则负责指导测试人员完成该项目的实施。然而问题出现了：由于 Selenium 本身要求测试人员拥有较好的测试基础，同时 Selenium 相关的资料相当匮乏，导致测试人员的学习进度和工作效果都不尽如人意，其中有些测试人员购买了一些早期的 Selenium 相关的书籍，却也发现它们写的不够详尽，缺乏对于 Selenium 2 的描述，而对于 Selenium 1 的描述则不够清晰，看了之后不知道该怎么用。

这时候，我开始有了写本书的想法，一则是希望在今后的项目中，大家都能有比较详细的资料能够参考；二则是希望能帮助所有正在学习或使用 Selenium 的读者，希望通过分享自己在使用 Selenium 的心得体会，达到共同学习和共同提高的目的。

## 适用读者

本书主要适用于测试人员、测试经理、质量保证工程师、软件过程改进人员以及相关专业的在校学生和实习生，同时也适用于对自动化测试感兴趣的开发人员、项目主管和经理等。

## 如何阅读本书

本书共分为 9 章，由浅入深介绍了使用 Selenium 测试工具进行软件测试的各个方面，即使读者不具备任何开发和测试功底，仍可以阅读。

第 1 章至第 2 章介绍了自动化测试相关的基础、HTML/XML/XPath 等语言基础以及 Web 测试时常用到的辅助工具，适用于很少接触应用软件测试和 Web 网页测试，也没有自动化测试基础的读者阅读。

第 3 章至第 5 章分别对 Selenium IDE、Selenium 1（Remote Control）以及 Selenium 2 （WebDriver）的用法进行介绍。这几章适合拥有自动化测试基础但不了解 Selenium 的读者阅读。对于比较了解 Selenium 的读者，也可以从中温故而知新。建议大家多花些精力和时间进行研究。

第 6 章至第 7 章为 Selenium Web 测试实战，主要介绍在实际工作中如何使用 Selenium 进行测试，并介绍了自动化测试的流程和框架。这部分还以 www.360buy.com 为例，介绍自动化测试用例的编写以及测试代码的实际编写。建议大家对这部分的实例进行仔细研究。

第 8 章至第 9 章为 Selenium 测试难点，分别介绍了如何对 Opera/iPhone/Android 进行测试、如何切换 Selenium 1 和 Selenium 2、常见问题的解决以及如何对 Selenium 进行扩展。如果在使用 Selenium 进行测试的过程中遇到了疑难问题，可以参考本章。

读者可以根据自己的需求选择阅读侧重点，不过最好按照顺序来阅读，这样不仅仅可以循序渐进，还可以从整体上对 Selenium 测试有一个清晰的认识。

## 致谢

首先，感谢全体 Selenium 的制作人员，正是他们敢于创新、乐于分享的精神才造就了如此强大易用的工具。

同时，非常感谢人民邮电出版社的各位编辑对我的指导和帮助，以及认真细致的工作，才使得书稿得以完善和出版。尤其感谢陈冀康先生，在本书写作过程中给予我的信任、支持和鼓励。正是有了你们对我的帮助，本书才有机会为广大的读者知晓。

当然，感谢我的家人，正是由于他们默默的支持，我才能静下心来写作。同时感谢我的伙伴们和同事们，因为大家共同的努力才顺利完成了本书的编写。

## 关于勘误

虽然花了很多时间和精力去核对书中的文字、代码和图片，但因为时间仓促和水平有限，书中仍难免会有一些错误和纰漏，如果大家发现什么问题，恳请反馈给我，相关信息可发到我的邮箱 realdigit@163.com。敬请广大读者及同行批评指正。

Selenium 是一系列基于 Web 的自动化测试工具。它提供了许多测试函数，用于支持 Web 自动化测试。这些函数非常灵活，它们能够通过多种方式定位界面元素，并可以将预期结果与系统实际表现进行比较。

在使用 Selenium 进行测试前，必须具备自动化测试相关基础、HTML/XML/XPath 等语言基础，并对 Web 测试经常用到的辅助工具有基本的了解。下面将分别介绍这些知识。

# 1.1　自动化测试基础

## 1.1.1　软件测试概述

即使是经验非常丰富的程序员，在编写代码时也很容易出现错误，这些错误也许是由于需求不明确，也许是由于设计问题，也许是编码中出现了失误等。但无论是怎样的错误，若不及时处理，都会降低软件的可靠性，严重时甚至会导致整个软件的失败。

为了排除这些错误，人们引入了软件测试的概念。通俗地说，软件测试就是为了发现程序中的错误而分析或执行程序的过程。

据研究机构统计分析表明，国外软件开发机构 40%的工作量都花在软件测试上，软件测试费用占软件开发总费用的 30%~50%。对于一些要求高可靠、高安全的软件，测试费用所占的比例更高。由此可见，要成功开发出高质量的软件产品，软件测试必不可少。

软件测试的主要工作是验证（Verification）和确认（Validation）。

验证是保证软件正确地实现了一些特定功能的一系列活动，即保证软件以正确的方式做了该做的事。具体地讲，验证主要完成以下任务。

（1）确定软件生存周期中一个给定阶段的产品是否达到当前阶段确立的需求。

（2）程序正确性的形式证明，即采用形式理论证明程序符合设计规约的规定。

（3）评审、审查、测试、检查、审计等，或对某些项处理、服务或文件等是否和规定的需求相一致进行判断并进行报告。

确认（Validation）的目的是想证实在一个给定的外部环境中软件的逻辑正确性，即保证软件做了所期望的事情。

（1）静态确认，不在计算机上实际执行程序，通过人工或程序分析来证明软件的正确性。

（2）动态确认，通过执行程序进行分析，测试程序的动态行为，以证实软件是否存在问题。

测试和改正活动可以在软件生命周期的任何阶段进行。然而，随着开发的不断进行，找出并修正错误的代价也会急剧增加。在需求阶段就对其进行修改，付出的代价会很少。如果代码已经编写完毕，再进行更改，则将付出代价会大许多。

**软件测试的分类**

从是否关心软件内部结构和具体实现的角度来看，软件测试可以划分为以下几类。

- 白盒测试：需要了解内部结构和代码。

- 黑盒测试：不关心内部结构和代码。

- 灰盒测试：介于白盒测试和黑盒测试之间。

从是否执行程序的角度来看，软件测试可以划分为以下几类。

- 静态测试：测试时不执行被测试软件。

- 动态测试：测试时执行被测试软件。

按软件开发过程的阶段划分，软件测试可以划分为以下几类。

- 单元测试：测试软件的单元模块（单元模块指某个功能、某个类等）。

- 集成测试：将各个"单元"集成到一起测试是否能正确运行。

- 系统测试：测试软件是否符合系统中的各项需求。

- 验收测试：类似系统测试，但由用户执行。

按测试的具体目标进行划分，软件测试可以划分为以下几类。

- 功能测试：测试软件是否符合功能性需求，通常采用黑盒测试方法。

- 性能测试：测试软件在各种状态下的性能，找出性能瓶颈。

- 安全测试：测试该软件防止非法入侵的能力。

- 回归测试：在软件被修正或运行环境发生变化后进行重新测试。

- 兼容性测试：测试该软件与其他软件、硬件的兼容能力。

- 安装测试：测试软件的安装、卸载、升级是否正常。

入错误的用户名，不输入密码，输入错误的密码，输入正确的用户名和密码的顺序进行测试。

（3）检查登录后的状态是否符合预期结果。

这看上去是一个很简单的操作，但下面进行一个极端的假设：假设在测试时，需要在 6 个浏览器上都测试通过（如 IE、Firefox、Safari、Chrome、Android、iPhone），每天都有 8 个项目上线，而登录功能属于冒烟测试检查点，那么登录功能也同样得检查 8 次。那么算上各个浏览器的测试，每天就得将登录执行 6×8=48 遍，而且每遍都要包含以下几种检查：不输入用户名，输入错误的用户名，不输入密码，输入错误的密码，最后输入正确的用户名和密码。一个看似简单的操作一天要执行这么多次（还没有算上其他的功能），会让测试人员感觉很烦。

如果使用 Selenium，一切就好办了，只需编写少量代码，就可以实现以下功能。

（1）计算机自动打开浏览器并进入京东用户登录页面 https://passport.360buy.com/new/login.aspx。

（2）计算机自动输入用户名和密码，并单击"登录"按钮。分别按不输入用户名，输入错误的用户名，不输入密码，输入错误的密码，输入正确的用户名和密码的顺序进行测试。

（3）计算机自动检查登录后的提示文字是否为预期结果，然后自动输出测试报告。

（4）计算机自动切换到另一个浏览器，重复执行（1）～（3）步，直到每个浏览器都执行完毕。

以后执行的时候只需要执行 Selenium 代码即可，无需测试人员费神，看上去是不是要轻松多了？

1. Selenium 工具组

Selenium 由以下几个工具组成，每一种工具都扮演着独特的角色。

● **Selenium IDE**。Selenium IDE 是一个用于构建脚本的初级工具。它是一个 Firefox 插件，拥有一个易于使用的界面。Selenium IDE 拥有录制功能，能够记录用户执行的操作，并将其导出为可重复使用的脚本（支持多种编程语言），然后用于执行测试。

● **Selenium 1**。Selenium 1（Selenium-RC）是 Selenium 最主要的测试工具之一，它所具有的某些功能即使是新版的 Selenium 2 也无法支持。它能够通过多种语言（Java、JavaScript、Ruby、PHP、Python、Perl 和 C#）编写测试代码，同时能支持几乎所有浏览器的测试。

- **Selenium 2**。Selenium 2（WebDriver）作为最新版的 Selenium 工具，代表未来 Selenium 的发展方向。这套全新的自动化测试工具提供了许多功能，包括一套组织性更好、面向对象的 API，并克服了在之前 Selenium 1 版本中测试的局限性。

可以通过很少的修改就将 Selenium 1 的代码移植到 Selenium 2。同时，Selenium 2 也提供了向前兼容 Selenium 1 的接口。

- **Selenium Grid**。Selenium Grid 能够让 Selenium 1 的测试在多个不同的环境中运行，也能让测试并行执行。也就是说，各个测试能够在同一时间、不同机器上运行。这有两个好处。首先，如果拥有一套大规模的测试或执行缓慢的测试，可以通过 Selenium Grid 将测试在同一时间、不同机器上运行，从而大幅提高性能；其次，如果测试必须在多个环境中运行，那么 Selenium Grid 具有的"同一时间、不同机器"的特性也能够轻松做到这一点。不管怎么样，Selenium Grid 都能够大幅提高测试的效率。

2. 选择合适的 Selenium 工具

大多数用户都是从 Selenium IDE 开始的。如果没有编程经验，可以通过 Selenium IDE 来快速熟悉 Selenium 的命令。使用 IDE，可以快速创建简单的测试，有时甚至只需花几分钟的时间。

然而，并不建议所有的自动化测试都使用 Selenium IDE。为了有效地使用 Selnium，需要使用 Selenium 1 或 Selenium 2，并配合使用其中一种编程语言，自己创建并运行测试。

虽然，Selenium 2 是 Selenium 未来的发展方向，但 Selenium 1 和 Selenium 2 各有优劣，这需要用户进行判断。另外，Selenium 1 和 Selenium 2 可以互相转换。

Selenium Grid 一般用于分布式测试和集群测试，需要在多台机器同时执行测试时，可以选择使用该工具。

# 1.2 HTML/XML/XPath 基础

## 1.2.1 HTML 简介

Selenium 毕竟是 Web 测试工具，在编写 Selenium 测试时，大部分时间都要与 HTML 打交道，因此，能读懂 HTML 对于使用 Selenium 测试来说至关重要。

HTML （Hyper Text Markup Language）指的是超文本标记语言，它不是一种编程语言，而是一种标记语言，HTML 包括一套标记标签，它使用标记标签来描述网页。

Web 浏览器的作用是读取 HTML 文档，并以网页的形式显示出它们，可以说所有网页都是基于 HTML 的。不过浏览器不会显示 HTML 标签，而是使用标签来解释页面的内容。例如，常用的网页 www.baidu.com 如图 1-2 所示。

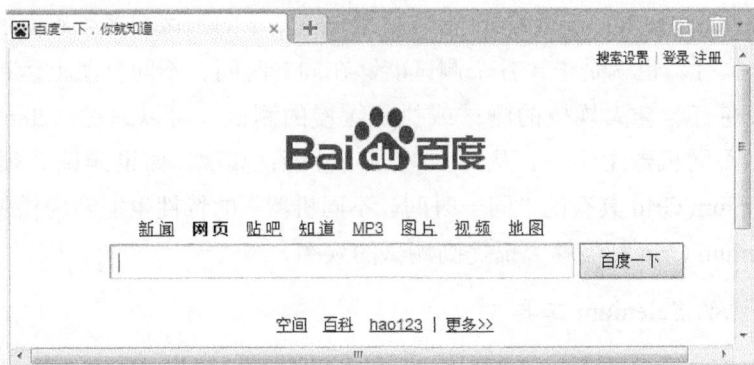

图 1-2 www.baidu.com 主页

它其实就是使用的 HTML 文档，但由 Web 浏览器将其解析成了我们看到的网页。可以在网页上单击鼠标右键，选择“查看源文件/查看源代码”可以查看它的 HTML 源码，如图 1-3 所示。

```
<!doctype html>
<html>
  <head>
    <meta http-equiv="Content-Type" content="text/html;charset=gb2312">
      <title>百度一下，你就知道      </title>
      <style>html{overflow-y:auto}body{font:12px arial;text-align:center;background:#fff}body,p,form,ul,li{margin:0;padding:0;list-style:none}body,form,#fm{position:relative
      <script type="text/javascript">function h(obj){obj.style.behavior='url(#default#homepage)';var a = obj.setHomePage('http://www.baidu.com/');}</script>
    </head>

  <body>
    <div id="u">
      <a href="http://www.baidu.com/gaoji/preferences.html" name="tj_setting">搜索设置</a>|<a href="https://passport.baidu.com/v2/?login&tpl=mn&u=http%3A%2F%2Fwww.baidu.com%
    </div>
    <div id="m">
      <p id="lg">
        <img src="http://www.baidu.com/img/baidu_sylogo1.gif" width="270" height="129" usemap="#mp">
          <map name="mp">
            <area shape="rect" coords="40,25,230,95" href="http://hi.baidu.com/baidu/" target="_blank" title="点此进入 百度的空间" >
          </map>
        </p>
      <p id="nv">
        <a href="http://news.baidu.com">新 闻</a>  <b>网 页</b>  <a href="http://tieba.baidu.com">贴 吧</a>  <a href="http://zhidao.baidu.com">知 道</a>
      </p>
      <div id="fm">
        <form name="f" action="/s">
          <span class="s_ipt_wr">
            <input type="text" name="wd" id="kw" maxlength="100" class="s_ipt">
          </span>
          <input type="hidden" name="rsv_bp" value="0">
            <input type="hidden" name="rsv_spt" value="3">
              <span class="s_btn_wr">
                <input type="submit" value="百度一下" id="su" class="s_btn" onmousedown="this.className='s_btn s_btn_h'" onmouseout="this.className='s_btn'">
              </span>
            </form>
        <span class="tools">
          <span id="mHolder">
            <div id="mCon">
              <span>输入法</span>
            </div>
          </span>
        </span>
```

图 1-3 www.baidu.com 的 HTML 源码

当然，图 1-3 所示可能是比较复杂的代码，初学者难以看懂，其实 HTML 的基本结构如下：

```
<html>
    <head>
        ......
    </head>
    <body>
        ......
    </body>
</html>
```

其中，各标签的作用如下。

<html>为文档的根元素，所有的描述都在<html></html>内部进行。

<head>为文档的头信息，头信息的元素大都不会在浏览器上显示。

<body>为文档的正文，其信息会显示到浏览器上。

**<head></head>中使用的标签**

<head></head>中可以使用以下标签：

<title></title> 将文档的题目放在浏览器标题栏中。<head>中只有该标签会显示到浏览器，其他则不会。

<script></script> 在该文档中要引用的脚本，例如 JavaScript、VBScript。

<style></style> 在该文档中要引用的 CSS 样式，以控制文档的格式。

**<body></body>中使用的标签**

在<body></body>中可使用的标签分为文本标签、链接、格式化标签、图像标签、表格标签、框架标签以及表单标签。由于内容众多，而本书篇幅有限，不会对<body></body>中可以使用的标签进行介绍。如果想要详细了解相关标签，可参考以下网址。

```
http://www.yesky.com/imagesnew/software/html/index.html
```

进入后显示的是一个 HTML 总览页面，可在网页右侧看到目录，单击即可进入详细介绍页面。

可以使用文本编辑器（例如记事本）来编辑 Web 文件。在文本编辑器中输入 HTML 代码，然后保存，并将后缀名由.txt 修改为.html。然后用浏览器打开保存的文件以查看效果。

## 1.2.2 XML 简介

XML（eXtensible Markup Language）指可扩展标记语言，与 HTML 类似，但它的设计宗

旨是传输数据，而非显示数据。由于 XML 标签没有预定义（与 HTML 不同，HTML 中所有的标签都是预定义好的），需要自定义标签。为了说明什么是 XML，先举一个简单的例子，如程序清单 1-1 所示。

**程序清单 1-1　XML 示例**

```
<?xml version="1.0" encoding="utf-8"?>
<小纸条>
  <收件人>贾伯斯</收件人>
  <发件人>比尔</发件人>
  <主题>问候</主题>
  <具体内容>嗨，过些年去找你。</具体内容>
</小纸条>
```

程序清单 1-1 中 XML 代码的含义如下。

（1）<?xml version="1.0" encoding="utf-8"?>是 XML 声明，它定义 XML 的版本（1.0 版）和所使用的编码（utf-8 字符集）。不管是什么 XML，这一行是必须有的，当然，具体的 version 和 encoding 可以与本例不同。

（2）<小纸条>描述文档的根元素，根元素至多只能拥有 1 个。

（3）接下来 4 行描述根的 4 个子元素（收件人、发件人、主题、具体内容）。

（4）</小纸条>定义根元素的结尾。

上例中的标签没有在任何 XML 标准中定义过（例如根元素<小纸条>、子元素<收件人> 和<发件人>）。这些标签是由文档的作者编写的。XML 允许开发人员定义自己的标签和自己的文档结构。

当然，XML 并不是讲解的重点，大家了解一下即可。之所以介绍 XML，是因为要使用 XML 中的 XPath 技术，下面将详细进行介绍。

## 1.2.3　使用 XPath 进行元素定位

在 Selenium 中，定位 HTML 元素经常用到 XPath 表达式，下面将进行详细的介绍。

XPath 是在 XML 文档中查找信息的一种语言，可用来在 XML 文档中对元素和属性进行导航。XPath 是 W3C XSLT 标准的主要元素，并且 XQuery 和 Xpointer 都构建于 XPath 表达之上。因此，对 XPath 的理解是很多高级 XML 应用的基础。

XPath 使用路径表达式来选取 XML 文档中的节点或者节点集。这些路径表达式和常规的计算机文件系统中看到的表达式非常相似。

虽然 XPath 用于查找 XML 的节点，但由于 HTML 和 XML 结构类似，所以 XPath 也经常用于查找 HTML 文档中的节点。

为了使读者更好地了解 XPath 表达式是什么，这里直接用实例进行说明，列举一些最常用的 XPath 语法。

**实例 1-1**

基本的 XPath 语法类似于在一个文件系统中定位文件，如果路径以斜线 "/" 开始，那么该路径就表示到一个元素的绝对路径，如表 1-1 至表 1-3 所示。

表 1-1　　　　　　　　　　　　以斜线开始的路径实例（一）

| XML 代码 | `<AAA>`<br>　　`<BBB/>`<br>　　`<CCC/>`<br>　　`<DDD>`<br>　　　　`<BBB/>`<br>　　`</DDD>`<br>　　`<CCC/>`<br>`</AAA>` |
| --- | --- |
| XPath 表达式 | /AAA |
| 目标 | 选择根元素 AAA |

表 1-2　　　　　　　　　　　　以斜线开始的路径实例（二）

| XML 代码 | `<AAA>`<br>　　`<BBB/>`<br>　　`<CCC/>`<br>　　`<DDD>`<br>　　　　`<BBB/>`<br>　　`</DDD>`<br>　　`<CCC/>`<br>`</AAA>` |
| --- | --- |
| XPath 表达式 | /AAA/CCC |
| 目标 | 选择 AAA 的子元素 CCC |

表 1-3　　　　　　　　　　　　以斜线开始的路径实例（三）

| XML 代码 | `<AAA>`<br>　　`<BBB/>`<br>　　`<CCC/>`<br>　　`<DDD>`<br>　　　　`<BBB/>`<br>　　`</DDD>`<br>　　`<CCC/>`<br>`</AAA>` |
| --- | --- |
| XPath 表达式 | /AAA/DDD/BBB |
| 目标 | 选择 AAA 的子元素 DDD 的子元素 BBB |

函数则表示选择集中的最后一个元素，如表 1-9 和表 1-10 所示。

**表 1-9　　　　　　　　使用方括号限定元素实例（一）**

| XML 代码 | `<AAA>`<br>　　**`<BBB/>`**<br>　　`<BBB/>`<br>　　`<BBB/>`<br>`</AAA>` |
|---|---|
| XPath 表达式 | /AAA/BBB[1] |
| 目标 | 选择 AAA 的第一个 BBB 子元素 |

**表 1-10　　　　　　　　使用方括号限定元素实例（二）**

| XML 代码 | `<AAA>`<br>　　`<BBB/>`<br>　　`<BBB/>`<br>　　**`<BBB/>`**<br>`</AAA>` |
|---|---|
| XPath 表达式 | /AAA/BBB[last()] |
| 目标 | 选择 AAA 的最后一个 BBB 子元素 |

**实例 1-5**

可以通过前缀 @ 来指定属性，如表 1-11 至表 1-15 所示。

**表 1-11　　　　　　　　通过@指定属性实例（一）**

| XML 代码 | `<AAA>`<br>　　`<BBB `**`id = "b1"`**`/>`<br>　　`<BBB `**`id = "b2"`**`/>`<br>　　`<BBB name = "bbb"/>`<br>　　`<BBB/>`<br>`</AAA>` |
|---|---|
| XPath 表达式 | //@id |
| 目标 | 选择所有的 id 属性（注意，选取的是元素的属性，而不是元素） |

**表 1-12　　　　　　　　通过@指定属性实例（二）**

| XML 代码 | `<AAA>`<br>　　**`<BBB`**` id = "b1"/>`<br>　　**`<BBB`**` id = "b2"/>`<br>　　`<BBB name = "bbb"/>`<br>　　`<BBB/>`<br>`</AAA>` |
|---|---|
| XPath 表达式 | //BBB[@id] |
| 目标 | 选择有 id 属性的 BBB 元素 |

**表 1-13　　　　　　　　通过@指定属性实例（三）**

| XML 代码 | `<AAA>`<br>　　`<BBB id = "b1"/>`<br>　　`<BBB id = "b2"/>`<br>　　**`<BBB`**` name = "bbb"/>`<br>　　`<BBB/>`<br>`</AAA>` |
|---|---|
| XPath 表达式 | //BBB[@name] |
| 目标 | 选择有 name 属性的 BBB 元素 |

表 1-14           通过@指定属性实例（四）

| XML 代码 | `<AAA>`<br>   `<`**`BBB`**` id = "b1"/>`<br>   `<`**`BBB`**` id = "b2"/>`<br>   `<`**`BBB`**` name = "bbb"/>`<br>   `<BBB/>`<br>`</AAA>` |
| --- | --- |
| XPath 表达式 | `//BBB[@*]` |
| 目标 | 选择有任意属性的 BBB 元素 |

表 1-15           通过@指定属性实例（五）

| XML 代码 | `<AAA>`<br>   `<BBB id = "b1"/>`<br>   `<BBB id = "b2"/>`<br>   `<BBB name = "bbb"/>`<br>   `<`**`BBB/`**`>`<br>`</AAA>` |
| --- | --- |
| XPath 表达式 | `//BBB[not(@*)]` |
| 目标 | 选择没有属性的 BBB 元素 |

### 实例 1-6

属性的值可以用来作为选择的准则，如表 1-16 和表 1-17 所示。

表 1-16           使用属性值作为选择准则（一）

| XML 代码 | `<AAA>`<br>   `<`**`BBB`**` id = "b1"/>`<br>   `<BBB name = "bbb"/>`<br>   `<BBB name = "bbb"/>`<br>   `</AAA>` |
| --- | --- |
| XPath 表达式 | `//BBB[@id='b1']` |
| 目标 | 选择含有属性 id 且其值为'b1'的 BBB 元素 |

表 1-17           使用属性值作为选择准则（二）

| XML 代码 | `<AAA>`<br>   `<BBB id = "b1"/>`<br>   `<`**`BBB`**` name = "bbb"/>`<br>   `<`**`BBB`**` name = "bbb"/>`<br>   `</AAA>` |
| --- | --- |
| XPath 表达式 | `//BBB[@name="bbb"]` |
| 目标 | 选择含有属性 name 且其值为'bbb'的 BBB 元素 |

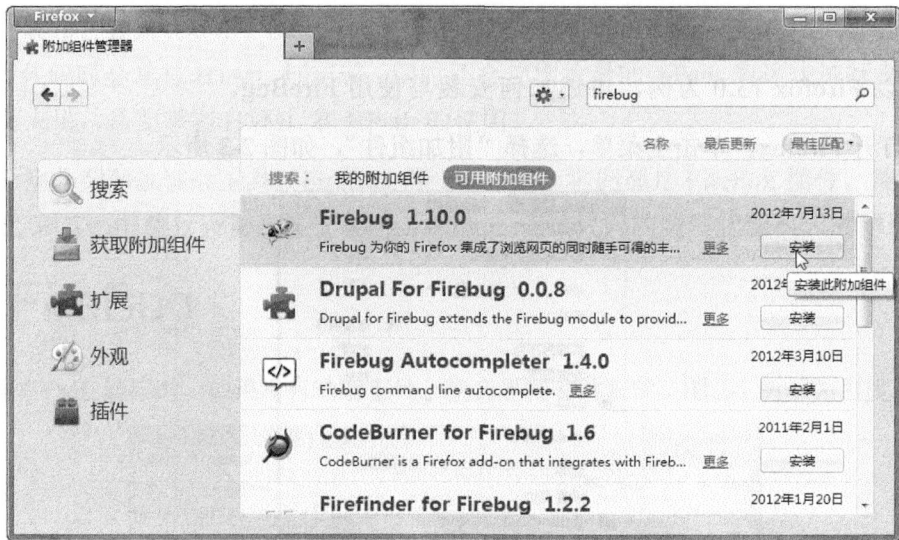

图 2-5　安装 Firebug

安装结束后，就可以在目录中看到该组件，如图 2-6 所示。

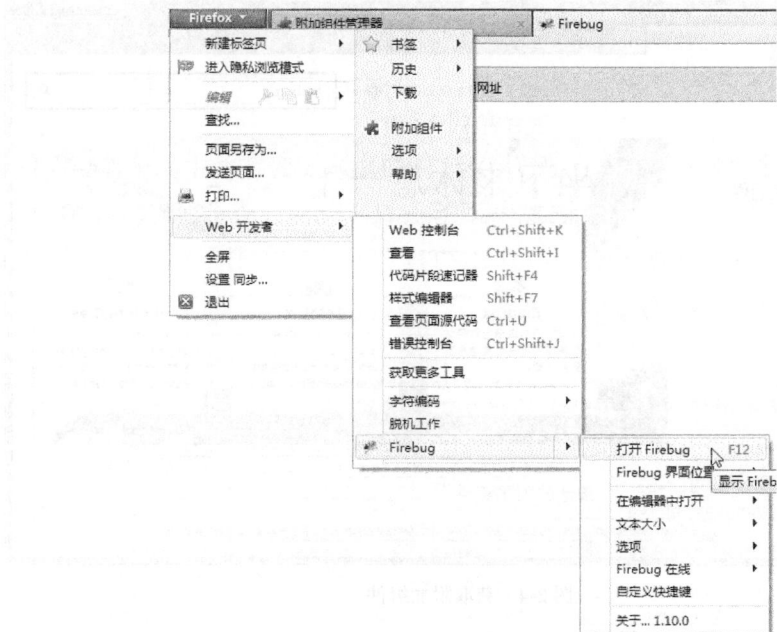

图 2-6　查看 Firebug

如果再进入百度页面，将鼠标光标移至搜索文本框中，然后单击鼠标右键，选择"使用 Firebug 查看元素"，如图 2-7 所示。

图 2-7 选择"使用 Firebug 查看元素"

这样就可以立即查看到该文本框的源码，如图 2-8 所示。

图 2-8 查看文本框的源码

当然，也可以单击 Firebug 上的"查看元素"按钮，然后在界面上移动鼠标并单击来直接查看元素的 HTML 代码，如图 2-9 所示。

图 2-9 "查看元素"按钮

除了查看元素外，还可以单击鼠标右键，选择"复制该元素的 XPath 到剪贴板"，如图 2-10 所示，这样便可在编写 Selenium 时直接使用该 XPath。

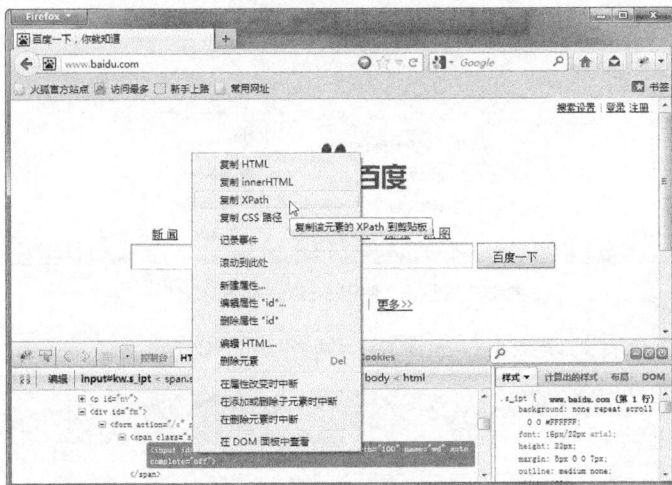

图 2-10 复制 XPath

复制后的 XPath 表达式如下所示：

```
//*[@id="kw"]
```

## 2.2 FirePath

使用 Firebug 可以很方便地复制 XPath，但是原生的 Firebug 并不支持按 XPath 查找元素。

如果需要验证编写的 XPath 是否正确，则需要使用 Firebug 的扩展插件 FirePath。

（1）打开 Firefox，单击主菜单，选择"附加组件"，如图 2-11 所示。

（2）进入"搜索"页面，在搜索文本框中输入 firepath，单击搜索按钮并进行安装，如图所示 2-12。

图 2-11　附加组件

图 2-12　安装 FirePath

安装 FirePath 之前，FireBug 的操作面板只有如图 2-13 所示的几个区域。

图 2-13　安装之前

安装 FirePath 之后，FireBug 的操作面板多了一个标签页，如图 2-14 所示。

图 2-14　安装之后

单击 FirePath，可以看到如图 2-15 所示的界面。

如图 3-5 菜单所示, 菜单项中出现最多的是 Test Case 和 Test Suite, 到底选哪个菜单项呢？在新建用例之前，首先得理解什么是 Test Case，什么是 Test Suite。

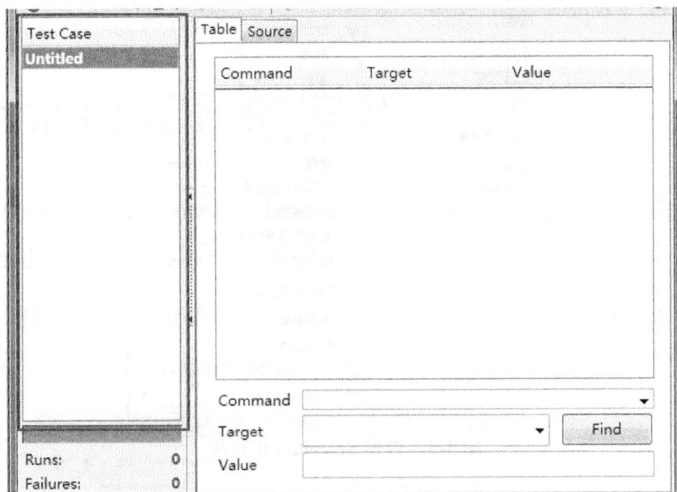

图 3-6　测试用例

通常，一组相关的测试用例（Test Case）就是一个测试套件（Test Suite）。也就是说，一个测试套件由多个测试用例串连组成，可以将测试套件理解为测试用例组。

在打开 Selenium IDE 时，IDE 已经默认建立了一个测试套件（未命名），这个测试套件中包含有一个名为"Untitled"的测试用例。如图 3-6 所示，左边的列表显示了当前测试套件中所包含的测试用例。

假设现在要用它录制测试百度搜索的动作，首先要在 Base URL 文本框中输入百度的地址，如图 3-7 所示。

然后单击录制按钮，如图 3-8 所示。

图 3-7　输入 Base URL

图 3-8　单击录制按钮

接下来在 Firefox 中打开百度主页，输入搜索关键字"selenium"，单击"百度一下"按钮，如图 3-9 所示。

返回 Selenium IDE 界面并停止录制，可以看到 Untitled 测试用例的测试步骤表格中添加了几行新数据，如图 3-10 所示。

首先简单说明下这个测试步骤表格。它使用的是关键字驱动的测试方式，包含以下 3 栏。

图 3-9 单击"百度一下"按钮

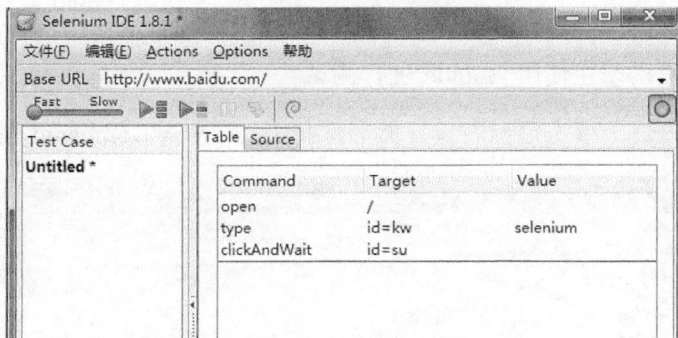

图 3-10 录制内容

- Command，表示要执行的操作是什么。

- Target，表示要操作的界面元素是哪个。

- Value，表示操作时使用的值是多少。

在图 3-10 中，第一行对目标"/"（网站基地址，也就是上面填写的 Base URL）使用 Open 命令以打开网页，第二行找到 id 为 kw 的元素（也就是搜索文本框），然后使用 Type 命令输入内容，输入的值为 selenium，第三行找到 id 为 su 的元素（也就是"百度一下"按钮），然后执行 clickAndWait 命令，先执行单击，然后等待页面加载完毕。

可以重复执行该测试，只需单击操作栏中的播放按钮即可，如图 3-11 所示。

图 3-11 播放按钮

使用 Fast-Slow 滑动条可以控制测试中每个步骤执行的时间间隔（默认为 0 毫秒）。

单击 ▶▓ 或 ▶▬ 都可以执行测试，但它们之间有一些区别。

▶▓ 表示执行整个测试套件，也就是左侧列表中所有的测试用例都会执行。

▶▬ 表示执行当前选中测试用例，也就是上面选中的 Untitled。

不过目前只有一个测试用例，所以选哪个都是一样的。单击播放后，刚才录制的测试将会自动执行。

# 3.3　编写测试用例

3.2 节介绍了如何录制测试用例，其实纵观测试用例的录制，无非就是将对网页的操作动作转换为测试步骤表格中的 Command、Target 和 Value。

了解该原理后，可以直接通过编写测试步骤表格的方式来编写用例，而不是录制用例，在之前使用的是百度，现在使用 Google 进行测试。

（1）在操作步骤表上单击鼠标右键，然后选择 Insert New Command 项，如图 3-12 所示。

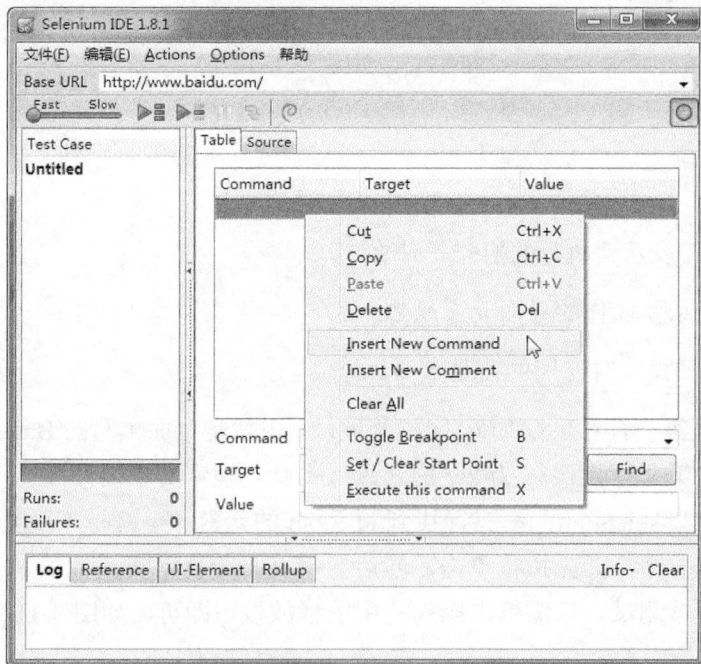

图 3-12　插入新命令

（2）接着进行编辑操作，输入 open 命令，将 Target 设置为"http://www.google.com.hk"（之前为"/"，表示使用 Base URL），如图 3-13 所示。

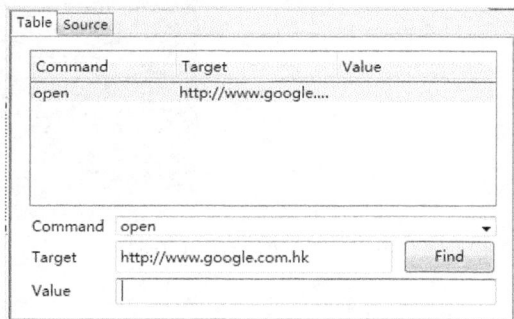

图 3-13　open 命令

（3）打开 Google 页面，然后将鼠标移至搜索文本框上，单击鼠标右键，选择"使用 Firebug 查看元素"，如图 3-14 所示。

图 3-14　查看元素

可以看到搜索文本框的 HTML 代码，其 id 为"lst-ib"，如图 3-15 所示。

（4）回到 Selenium IDE 界面，插入新行，在 Command 文本框中输入 type，在 Target 文本框中输入 id=lst-ib，表示查找 id 等于 lst-ib 的元素，输入的值为 selenium，如图 3-16 所示。

（5）回到 Google 页面，查看"Google 搜索"按钮的 HTML，如图 3-17 所示。

可以看到它没有 id 属性，但是 IDE 也支持用 name 属性进行定位，其 name 属性为 btnK，如图 3-18 所示。

图 3-15　元素的 HTML 代码

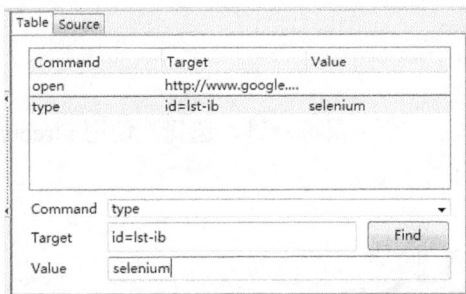

图 3-16　编辑 type 命令

图 3-17　查看元素

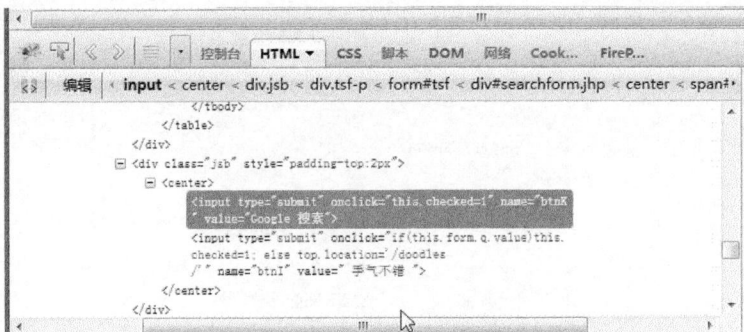

图 3-18　查看 HTML 代码

（6）回到 Selenium IDE 界面，插入第 3 个步骤，编辑 click 命令，让其单击搜索按钮，如图 3-19 所示。

（7）单击播放按钮 ▶ ，Selenium IDE 将自动打开 Google 页面，并执行关键字为"selenium"的搜索，执行结果如图 3-20 所示。

可以看到，在编写测试用例时，就是将对网页的操作动作翻译为测试步骤表格中的 Command、Target 和 Value。

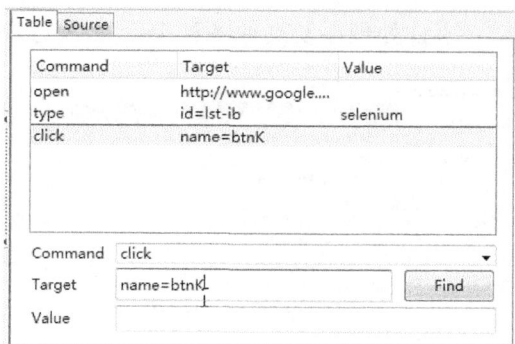

图 3-19　编辑 click 命令

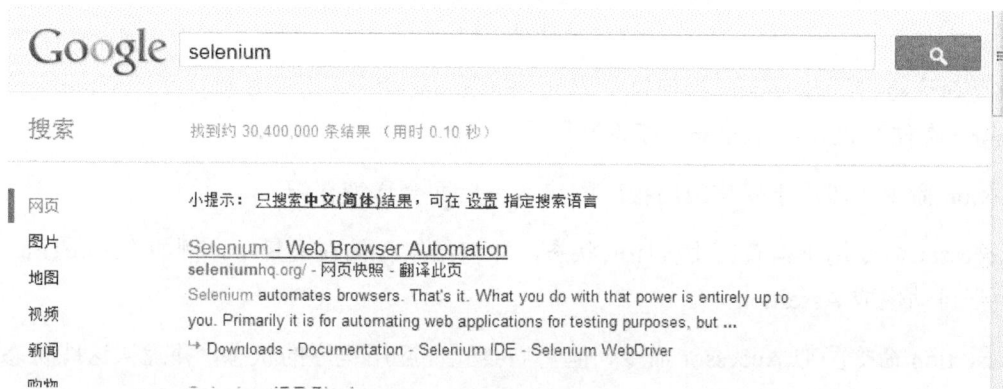

图 3-20　执行结果

然而，Command、Target 和 Value 究竟是什么，又该填写什么呢？接下来将详细说明它们的作用，并探讨应如何填写 Command、Target 和 Value。

# 3.4　Command

Command 表示要执行的操作是什么，这是一个必需的参数，而且命令还非常多。单击 Command 下拉列表框，可以看到所有的命令，如图 3-21 所示。

这些 Selenium 命令通常称为 "selenese"，它是一套用于执行测试的命令集。这些命令组合起来就构成了测试脚本。接下来将详细讨论这些命令，并提供多种选择帮助您使用 Selenium 测试 Web 应用程序。

在 selenese 中，一部分命令基于 HTML 标记，用于测试 UI 元素是否存在、验证指定内容是否正确、检查链接是否可用，并可以输入字段、选择列表的选项、提交表单并操作表格中的数据等。而另一部分 Selenium 命令用于辅助测试，例如验证窗口大小、鼠标位置、警告信息、Ajax 功能、弹出窗口、事件处理以及其他各种 Web 应用程序功能。

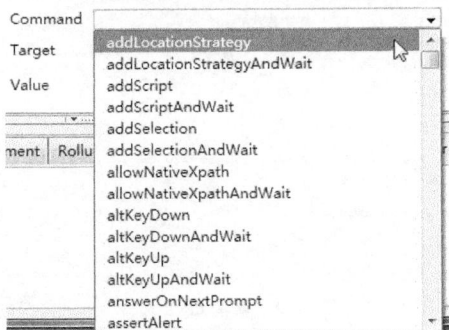

图 3-21　命令

这些命令将告诉 Selenium 如何执行测试。Selenium 命令可分为 3 种类型：Action（操作）、Accessor（存储）以及 Assertion（断言）。

Action 命令一般用于操作应用程序的状态。后面会详细介绍。

Accessor 命令用于检查应用程序的状态，并将结果存储在变量中，例如"storeTitle"。它们可用于自动生成 Assertion。

Assertion 命令类似 Accessor 命令，但它们会验证应用程序的状态，并确认这些状态符合预期结果。例如"确认该页面的标题是 xxx"或"验证该复选框为勾选状态"。

当然，常用的命令只有一部分，接下来将介绍一些常用的命令。

## 3.4.1　Action

如前所述，Action 命令一般用于操作应用程序。它们的作用就是执行操作，例如"单击"和"选择"以及"输入"。Action 命令运行失败或出现错误，将会使测试中断执行。

需要注意的是，这些操作中，有些带"...AndWait"后缀的命令。例如，除了有"type"、"select"、"mouseDown"命令外，还有"typeAndWait"、"selectAndWait"、"mouseDownAndWait"这类命令，其实这相当于是在原命令后面加了一个"waitForPageToLoad"命令。"waitForPageToLoad"命令用于在某个操作执行后，等待页面刷新完毕。之前提到的这些带后缀的命令，其功能与"type"加"waitForPageToLoad"、"select"加"waitForPageToLoad"、"mouse"加"waitForPageToLoad"相同。

如果在执行操作后不会刷新页面，就无须用"...AndWait"后缀的操作命令（用了还会导致报错）。当然，如果执行操作后会刷新页面，可以用"…AndWait"后缀的操作命令，也可以用原命令+"waitForPageToLoad"的方式。

1. 浏览器的操作

（1）open(url)

打开指定的 URL。URL 可以为相对 URL 或绝对 URL。open 命令将等待页面加载完毕再执行下一个命令。

参数：

Target - 要打开的 URL。

在 IDE 中使用 Open 时，有几种情况需要注意：

● 当 Target 为空时，将打开 Base URL 中的填写的页面。

● 当 Target 不为空时，将打开 Base URL+Taget 页面。例如，假设 Base URL 为 http://www.baidu.com/，而 Target 为 index.html，那么在执行 open 命令时，将打开 http://www.baidu.com/index.html。

● 当 Target 以 http://开头时，将忽略 Base URL，直接打开 Target 中的网址。

open 命令的使用如图 3-22 所示。

（2）goBack ( )

该命令相当于单击浏览器上的后退按钮，如图 3-23 所示。

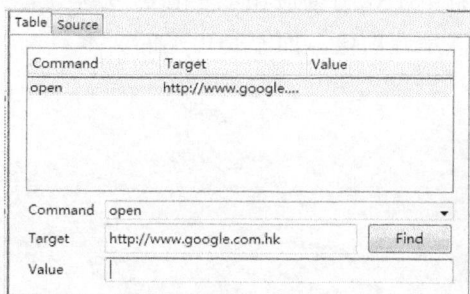

图 3-22  open 命令

图 3-23  goBack 命令

由于没有参数，所以 Target 和 Value 可以不填。

（3）refresh ( )

该命令相当于单击浏览器上的刷新按钮，如图 3-24 所示。

图 3-24    refresh 命令

由于没有参数，所以 Target 和 Value 可以不填。

（4）windowFocus（）

该命令用于激活当前选中的浏览器窗口。

由于没有参数，所以 Target 和 Value 可以不填。

（5）windowMaximize（）

该命令用于将当前选中的浏览器窗口最大化。

由于没有参数，所以 Target 和 Value 可以不填。

（6）close（）

该命令用于关闭当前选中的浏览器窗口，相当于是单击了关闭按钮。

由于没有参数，所以 Target 和 Value 可以不填。

2．界面元素的基本操作

（1）type（locator，value）

该命令用于在 input 类型的元素中输入值，就像是在用键盘输入。它也可以用于给下拉列表框、复选框赋值，但是这个时候输入的值应该是选项值，而不是可见的文本。

参数：

- Target - 元素的定位表达式。
- Value - 要输入的值。

type 命令如图 3-25 所示。

执行时将打开 Google 页面，并在搜索文本框（Google 搜索文本框的 id 为"lst=ib"）输入 selenium，如图 3-26 所示。

（2）typeKeys（locator，value）

该命令用于模拟键盘敲击事件，一个一个地输入字符。

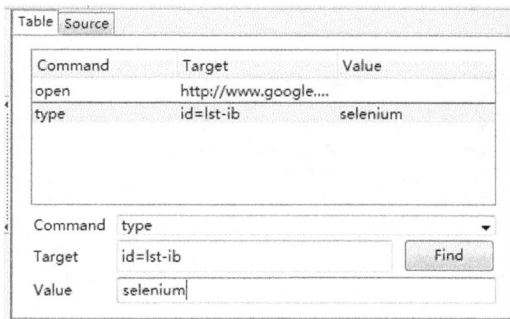

图 3-25 type 命令

图 3-26 执行结果

这相当于是调用了 keyDown、keyUp、keyPress 等事件，输入字符串中的每一个字符；这尤其适用于那些需要键盘事件才能输入的动态 UI 元素。

typeKeys 命令与 type 命令不同，type 命令会一次性强制录入指定的值（而不是键盘上拥有的字符，例如汉字），而 typeKeys 相当于一个键一个键地按。在某些特殊情况下，可能会先使用 type 命令来设置字段的值，然后使用 typeKeys 来触发刚刚输入字符对应的键盘事件。

参数：

- Target - 元素的定位表达式。
- Value - 要输入的值。

（3）click ( locator )

单击链接、复选框或单选框。如果单击动作会导致页面重新加载，最好在后面使用 waitForPageToLoad 命令（或使用 clickAndWait 命令）。

参数：

Target - 元素的定位表达式。

click 命令如图 3-27 所示。

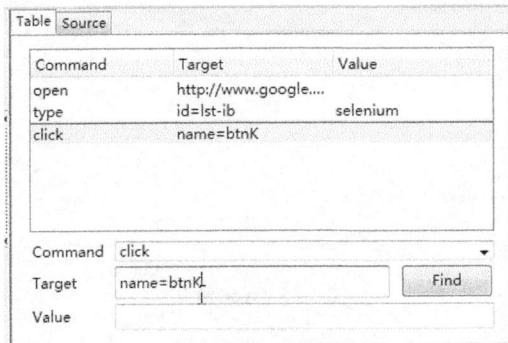

图 3-27 click 命令

在打开 google 页面并输入 selenium 作为搜索关键字后，再单击搜索按钮（搜索按钮的 name 属性为 btnK），执行结果如图 3-28 所示。

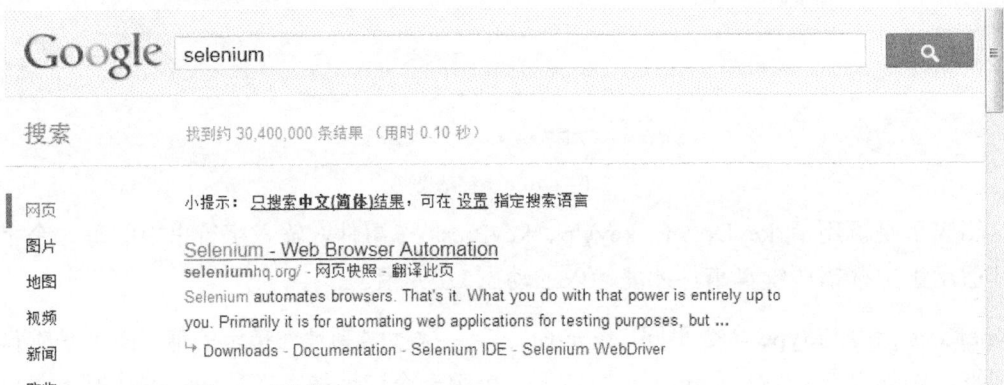

图 3-28 执行结果

（4）clickAt（locator，coordString）

与 click 命令类似，但需要填写相对坐标。

参数：

- Target - 元素的定位表达式。

- Value - 要在指定元素上进行单击的坐标（*x,y*），例如（10,20）。

例如，也可以将图 3-27 中的 click 命令改为图 3-29 所示的命令。

（5）doubleClick（locator）

双击链接、复选框或单选框。如果双击动作会导致页面重新加载，最好在后面添加

waitForPageToLoad 命令（或使用 doubleClickAndWait 命令）。

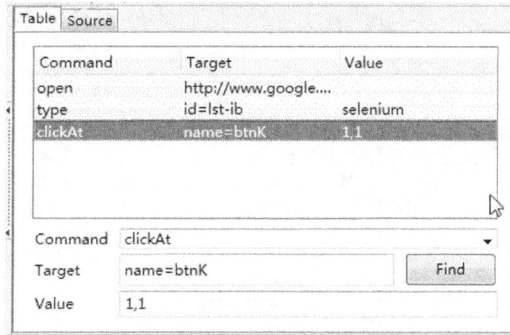

图 3-29　clickAt 命令

参数：

Target - 元素的定位表达式。

（6）doubleClickAt（locator，coordString）

与 doubleClick 命令类似，区别在于需要填写相对坐标。

参数：

- Target - 元素的定位表达式。

- Value - 要在指定元素上进行单击的坐标（$x$，$y$），例如（10，20）。

（7）select（selectLocator，optionLocator）

该命令用于在下拉列表框中选择指定选项。

注意，选项的定位方式和下拉框的定位方式有所不同，下面列出了选项的定位方式。

- label=文本值，基于选项的文本进行匹配（默认方式），例如 label=three。

- value=真实值，基于选项的真实值进行匹配，例如 value=3。

- id=id，基于选项的 id 进行匹配，例如 id=option3。

- index=index，基于选项的索引进行匹配（从 0 开始），例如 index=2。

如果选项定位表达式没有带前缀（例如，label=，value=），则默认按 label 方式匹配。

参数：

- Target - 下拉列表框的定位表达式。

- Value - 下拉列表框选项的定位表达式。

以百度贴吧搜索为例，如图 3-30 所示，假设要在排序方式下拉框中选择“按相关性进行排序”，其 HTML 代码如图 3-31 所示。

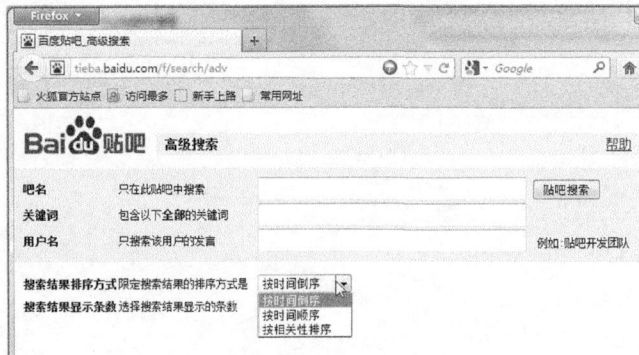

图 3-30 搜索排序

```
<select size="1" name="sm">
    <option selected="" value="1">按时间倒序</option>
    <option value="0">按时间顺序</option>
    <option value="2">按相关性排序</option>
</select>
```

图 3-31 下拉列表框 HTML 代码

可以编写对应的命令。执行图 3-32 所示的命令，即可选择“按相关性进行排序”。

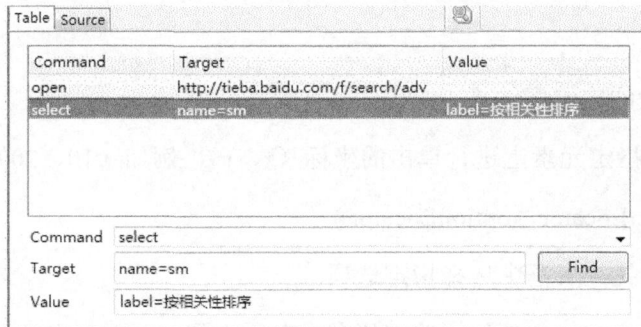

图 3-32 select 命令

按照之前提到的选项定位方式，要选择“按相关性排序”，Value 一栏还可以填写“value=2”或“index=2”。

（8）check ( locator )

勾选复选框或单选框。

需要注意的是，大多数程序员在编写复选框或单选框对应的 JavaScript 事件时，总喜欢选择 onClick，而 check 命令不会触发单击动作（也就是不会触发 onClick），所以必要的时候，可以使用 click 命令来勾选复选框或单选框。

参数：

Target - 元素的定位表达式。

（9）uncheck（locator）

与 Check 命令的功能相反，其作用为取消勾选。

参数：

Target - 元素的定位表达式。

（10）focus（locator）

将焦点转移到指定的元素上。例如，如果有一个文本框，可以先将焦点移动到文本框，再用键盘输入值。

参数：

Target - 元素的定位表达式。

例如，如果直接打开 http://tieba.baidu.com/index.html，可以看到贴吧文本框是失去焦点的，但如果使用 focus 命令，则可以将光标放置到贴吧文本框中。

3. 键盘鼠标模拟操作

除了以上操作的动作，Selenium IDE 还提供了一些用于命令，用于模拟键盘鼠标的操作，这里将进行简要说明，如表 3-1 所示。

表 3-1                                       模拟键盘的鼠标操作

| 名 称 | 作 用 | 参 数 |
| --- | --- | --- |
| altKeyDown（） | 模拟按下 Alt 键不放，直到调用 altKeyUp 命令或者加载新的页面 | 无 |
| altKeyUp（） | 松开 Alt 键 | 无 |
| controlKeyDown（） | 模拟按下 Ctrl 键不放，直到调用 controlKeyUp 命令或者加载新的页面 | 无 |
| controlKeyUp（） | 松开 Ctrl 键 | 无 |
| shiftKeyDown（） | 模拟按下 Shift 键不放，直到调用 controlKeyUp 命令或者加载新的页面 | 无 |
| shiftKeyUp（） | 松开 Shift 键 | 无 |
| keyDown（locator, keySequence） | 模拟按下某个键不放，直到执行 keyUp 命令 | Target - 元素的定位表达式。<br>Value - 要输入的字符串，是按键的 ASCII 编码，以 "\" 开头，例如 "\119"；或者单个字符，如 "w" |

续表

| 名　　称 | 作　　用 | 参　　数 |
|---|---|---|
| keyPress（locator, keySequence） | 模拟用户敲击了某个按键 | Target - 元素的定位表达式。<br>Value - 要输入的字符串，是按键的 ASCII 编码，以"\"开头，例如"\119"；或者单个字符，如"w" |
| keyUp（locator, keySequence） | 模拟松开某个键 | Target - 元素的定位表达式。<br>Value - 要输入的字符串，是按键的 ASCII 编码，以"\"开头，例如"\119"；或者单个字符，如"w" |
| mouseDown（locator） | 模拟用户在指定元素上按下鼠标左键不放 | Target - 元素的定位表达式 |
| mouseDownAt (locator,coordString) | 和 mouseDown 命令是一个概念，区别在于需要填写相对坐标 | Target - 元素的定位表达式。<br>Value - 要在指定元素上进行点击的 $x,y$ 坐标（例如 10,20） |
| mouseDownRight（locator） | 模拟用户在指定元素上按下鼠标右键不放 | Target - 元素的定位表达式 |
| mouseDownRightAt (locator,coordString) | 和 mouseDownRight 命令是一个概念，区别在于需要填写相对坐标 | Target - 元素的定位表达式。<br>Value - 要在指定元素上进行点击的 $x,y$ 坐标（例如 10,20） |
| mouseUp（locator） | 松开之前使用 mouseDown 在指定元素上按下的鼠标左键 | Target - 元素的定位表达式 |
| mouseUpAt (locator,coordString) | 松开之前使用 mouseDownAt 在指定元素上按下的鼠标左键 | Target - 元素的定位表达式。<br>Value - 要在指定元素上进行点击的 $x,y$ 坐标（例如 10,20） |
| mouseUpRight（locator） | 松开之前使用 mouseDownRight 在指定元素上按下的鼠标右键 | Target - 元素的定位表达式 |
| mouseUpRightAt (locator,coordString) | 松开之前使用 mouseDownRightAt 在指定元素上按下的鼠标右键 | Target - 元素的定位表达式。<br>Value - 要在指定元素上进行点击的 $x,y$ 坐标（例如 10,20） |
| mouseOver（locator） | 将鼠标光标移动到指定元素内 | Target - 元素的定位表达式。 |
| mouseOut（locator） | 将鼠标光标移动到指定元素外 | Target - 元素的定位表达式 |

提示

　　以上这些 KeyDown/KeyUp 命令只要按顺序调用，就可以形成组合按键，例如要按 Ctrl+Alt+C，先 CtrlKeyDown、AltKeyDown 然后再 KeyDown，这样就按下了快捷键，然后再一个一个 KeyUp。

4. 设置类操作

（1）setTimeout（timeout）

指定 Selenium 在执行某一操作时的最大等待时间，仅适用于 open 命令、以 waitFor 开头的命令以及带有 AndWait 后缀的命令。

默认超时时间是 30 秒，如果 open 命令、以 waitFor 开头的命令以及带有 AndWait 后缀的命令执行时间超过 30 秒（例如，网络太慢），那么测试将抛出错误，这个时候可以把超时时间设为更大的值。

参数：

Target - 超时时间，单位为毫秒。

（2）setSpeed ( value )

设置测试的执行速度，也就是各个测试步骤之间执行的时间间隔。默认情况下是没有间隔的，默认值为 0 毫秒。

参数：

Target - 各个步骤之间执行的时间间隔，单位为毫秒。

5. 测试控制/调试类操作

（1）pause ( waitTime )

使测试在指定时间内暂停执行。

参数：

Target - 暂停的时间，单位为毫秒。

（2）break ( )

暂停当前正在执行的测试，直到用户手动单击继续按钮，图 3-33 所示为该命令的执行情况。

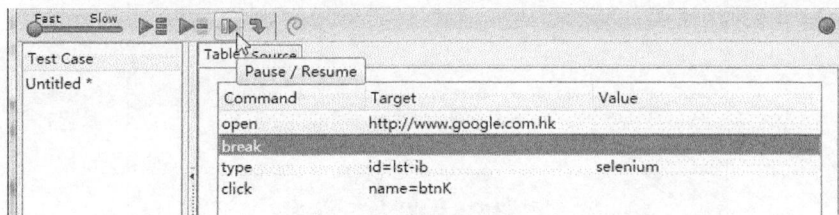

图 3-33　break 命令

由于没有参数，所以 Target 和 Value 可以不填。

使用的时候得注意哪些地方使用了该命令，以便及时单击继续按钮，否则会一直停止等待。

（3）captureEntirePageScreenshot（filename，kwargs）

将当前窗口进行截图并保存为 PNG 文件。

参数：

Target - 截图保存的路径，例如"D:\123.png"。

例如，要打开 Google 页面，然后进行截图，需要编写的命令如图 3-34 所示。执行后，会将截图文件保存在 D 盘的根目录中，文件名为 123.png，如图 3-35 所示。

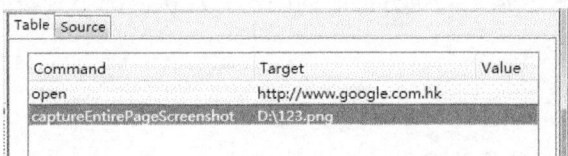

| Command | Target | Value |
|---|---|---|
| open | http://www.google.com.hk | |
| captureEntirePageScreenshot | D:\123.png | |

图 3-34　截图

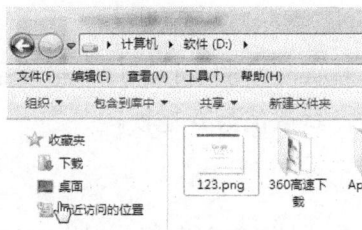

图 3-35　截图文件

打开文件后，如图 3-36 所示。

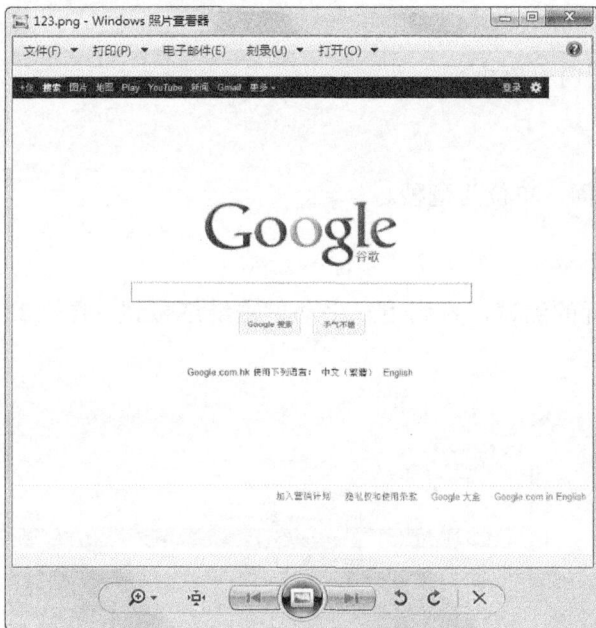

图 3-36　打开截图文件

（4）highlight（locator）

暂时将指定元素的背景色改为黄色，并在稍后取消该效果，一般用于调试。

参数：

**Target** - 元素的定位表达式。

例如，要将 Google 的搜索文本框高亮显示，命令如图 3-37 所示。

图 3-37 highlight 命令

执行结果如图 3-38 所示。

图 3-38 highlight 命令执行结果

（5）echo（message）

将指定信息打印出来，一般用于调试。

参数：

**Target** - 要打印的信息。

执行后效果如图 3-39 所示。

图 3-39 echo 命令执行结果

## 3.4.2　Accessor

Accessor 命令用于检查应用程序的状态，并将结果存储在变量中，例如 storeTitle。Accessor 命令可用于自动生成 Assertion 命令。其中，变量的值可以用"${变量名称}"来读取。

下面介绍一些常用的 Accessor 命令。

（1）store（expression,variableName）

这是最基本的存储方式，将指定的值存储在变量中。

参数：

- Target - 要存储的值。

- Value - 变量名称，该变量就是值存放的地方。

例如，存储一个值到变量 a，然后使用之前提到的 echo 命令将变量 a 的值打印出来，变量的值可以用"${变量名称}"来读取，如图 3-40 所示。

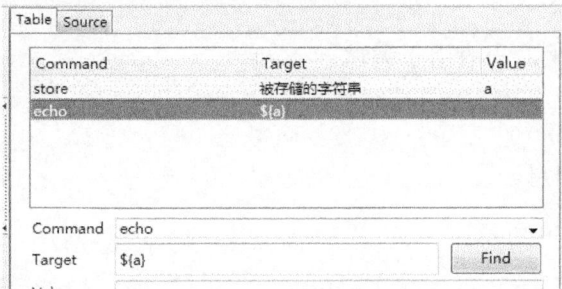

图 3-40　store 命令

执行测试，可以看到变量的值已成功打印到 Log 中，执行结果如图 3-41 所示。

（2）storeTitle（variableName）

用于存放当前网页的标题。

参数：

Target - 变量名称，该变量就是值存放的地方。

例如，当前的百度页面标题如图 3-42 所示。

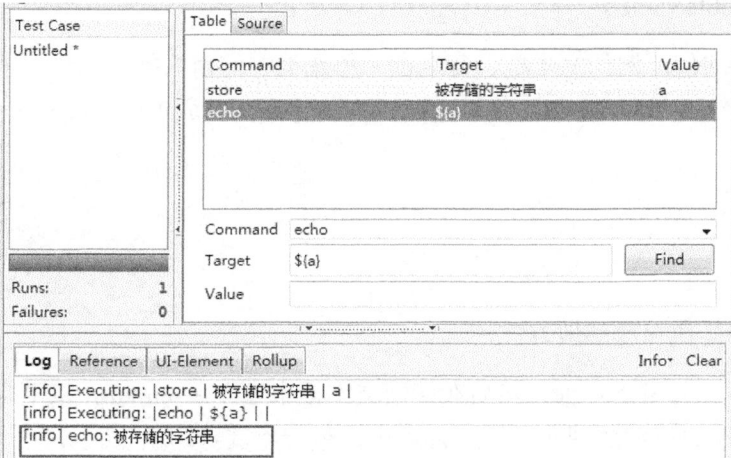

图 3-41 store 命令执行结果

图 3-42 百度标题

通过编写命令，将其存储到 title 变量中，并打印出来，命令如图 3-43 所示。

执行后，结果如图 3-44 所示，可以看到 Selenium 成功打印了页面的标题。

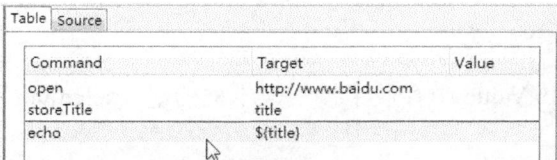

图 3-43 storeTitle 命令

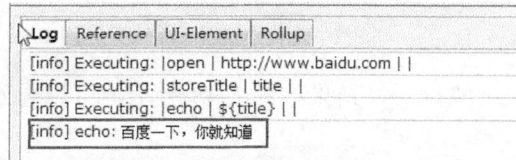

图 3-44 storeTitle 命令的执行结果

（3）storeLocation( variableName )

用于存储当前网页的 URL。

参数：

Target - 变量名称，该变量就是值存放的地方。

例如，编写如图 3-45 所示的命令，打开百度，然后将网址存放到变量 url 中。

执行后，结果如图 3-46 所示，可以看到 Selenium 成功打印了页面的网址。

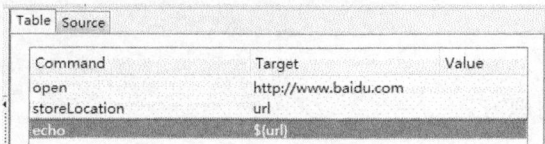

图 3-45 storeLocation 命令

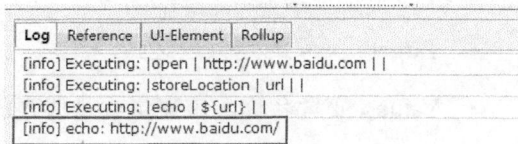

图 3-46 执行结果

（4）storeValue（locator ,variableName）

用于存储 input 元素所存放的值，例如文本框、复选框、单选框中的值（换句话说，就是读取这些元素的 value 属性的值）。对于复选框或单选框，存放的值会变成"on"（表示已勾选）或"off"（表示未勾选）。

参数：

Target - 元素的定位表达式。

Value - 变量名称，该变量就是值存放的地方。

例如，如图 3-47 所示的命令，打开 google，然后在搜索文本框中输入 selenium，接下来使用 storeValue 命令，将文本框中的值存放到变量 tbxValue 中，最后将其打印出来。

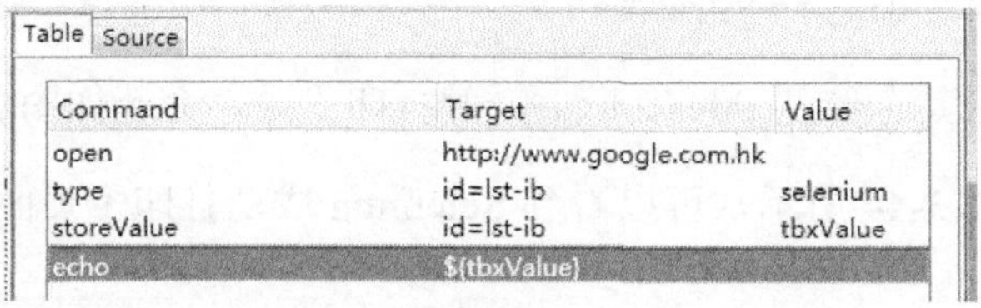

| Command | Target | Value |
|---------|--------|-------|
| open | http://www.google.com.hk | |
| type | id=lst-ib | selenium |
| storeValue | id=lst-ib | tbxValue |
| echo | ${tbxValue} | |

图 3-47　storeValue 命令

执行后，结果如图 3-48 所示，可以看到 tbxValue 中存放了搜索文本框的值"selenium"。

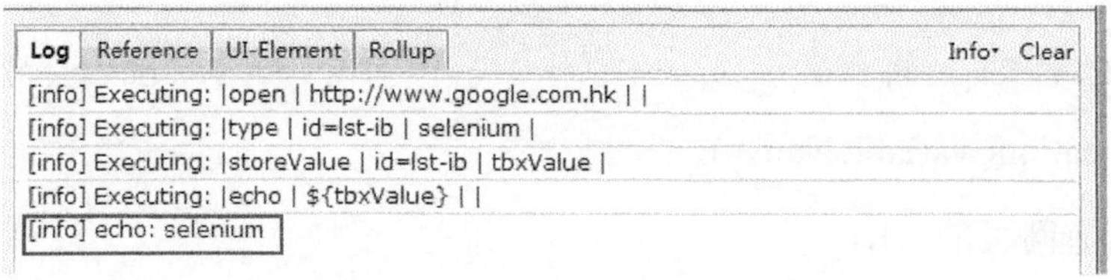

| Log | Reference | UI-Element | Rollup | Info▾ Clear |

[info] Executing: |open | http://www.google.com.hk | |
[info] Executing: |type | id=lst-ib | selenium |
[info] Executing: |storeValue | id=lst-ib | tbxValue |
[info] Executing: |echo | ${tbxValue} | |
[info] echo: selenium

图 3-48　storeValue 命令的执行结果

（5）storeEditable（locator, variableName）

用于存储 input 元素的可编辑状态，例如文本框、复选框、单选框的可编辑状态。如果可以编辑，则返回 true，否则返回 false。

参数：

- Target - 元素的定位表达式。

- Value - 变量名称，该变量就是值存放的地方。

例如，如图 3-49 所示的命令，打开 google，接下来使用该命令查看文本框是否可编辑，并将值存放在变量 editable 中打印出来。

图 3-49 storeEditable 命令

执行后，结果如图 3-50 所示，可以看到文本框是可编辑的。

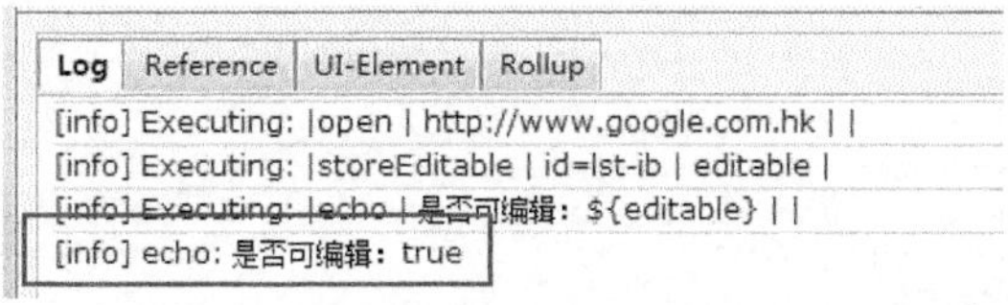

图 3-50 storeEditable 命令的执行结果

（6）storeText ( locator ,variableName )

用于存储某个元素的文本值（例如链接，纯文本等）。

参数：

- Target - 元素的定位表达式。

- Value - 变量名称，该变量就是值存放的地方。

例如，现在要获取百度首页上的"搜索设置"链接的文本值，如图 3-51 所示。

图 3-51 百度首页

首先通过 Firebug 查看其 HTML 代码，如图 3-52 所示。

图 3-52 HTML 代码

可以发现其 name 属性为"tj_setting"。接下来编写如图 3-53 所示命令，先打开百度页面，然后将"搜索设置"的文本值存放到 linkText 变量中，最后在将其打印出来。

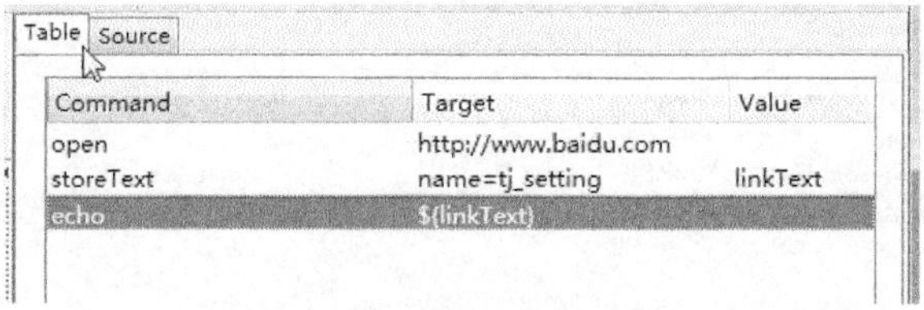

图 3-53　storeText 命令

执行结果如图 3-54 所示。可以看到，linkText 变量的值成功打印了出来。

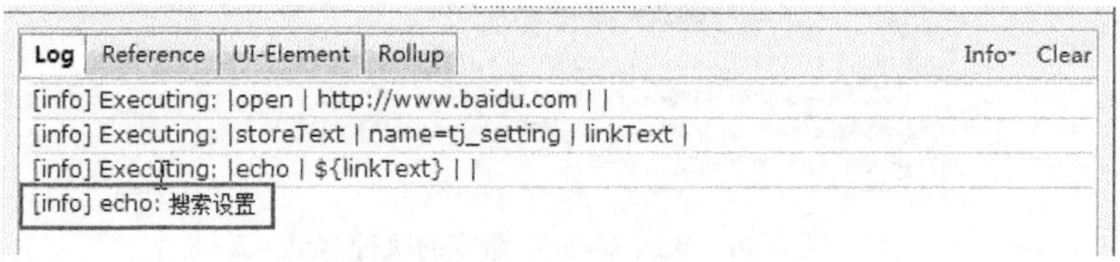

图 3-54　storeText 命令的执行结果

（7）storeChecked（locator, variableName）

存储复选框或单选框的勾选情况，返回值为 true（勾选）或 false（未勾选）。

参数：

- Target - 元素的定位表达式。

- Value - 变量名称，该变量就是值存放的地方。

例如，百度贴吧（http://tieba.baidu.com/index.html）的登录页面中有一个记住登录状态的复选框，如图 3-55 所示。

通过 Firebug 查看源码，如图 3-56 所示。

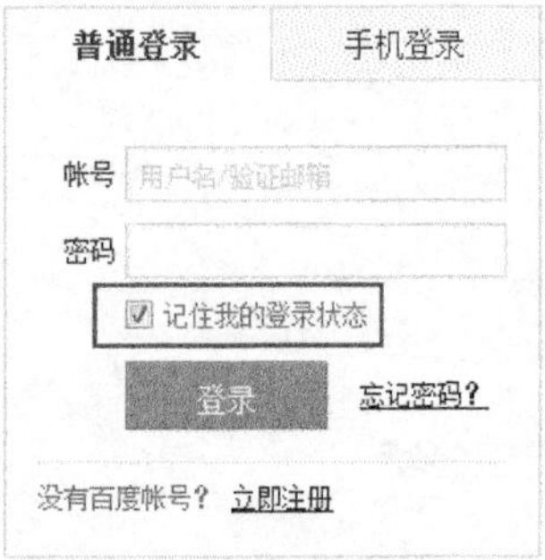

图 3-55　百度贴吧登录

图 3-56　HTML 源码

接下来编写如图 3-57 所示的命令，将勾选状态存放到 isChecked 变量中，并将其打印出来。

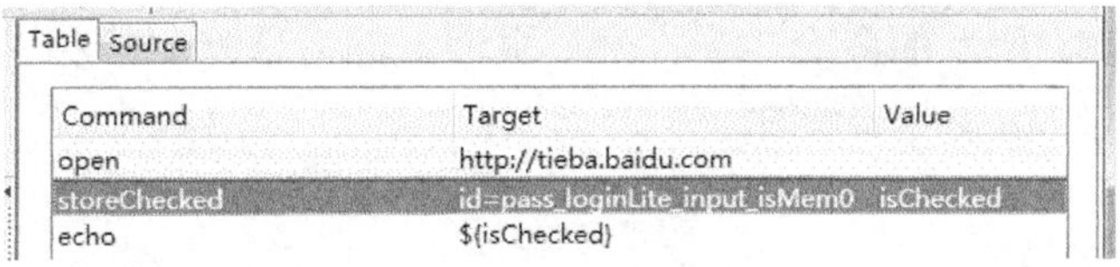

图 3-57 storeChecked 命令

测试结果如图 3-58 所示。

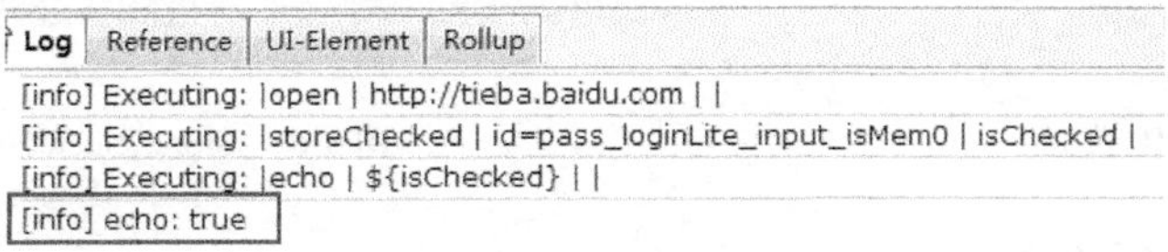

图 3-58 执行结果

（8）storeSelectedIndex（selectLocator, variableName）

获选所选项在列表中的索引（从 0 开始）。

参数：

- Target - 列表的定位表达式。

- Value - 变量名称，该变量就是值存放的地方。

以百度贴吧搜索为例（http://tieba.baidu.com/f/search/adv）。如图 3-59 所示，假设在排序方式下拉列表框中选择"按相关性进行排序"，然后获取该下拉列表框所选项的 index，"按相关性进行排序"的 index 应该为 2。

图 3-59 百度贴吧搜索

其 HTML 代码如图 3-60 所示。

可以编写如图 3-61 所示的命令，先打开该页面，然后选择"按相关性排序"，最后将选项的 index 存放到变量 index 中并打印。

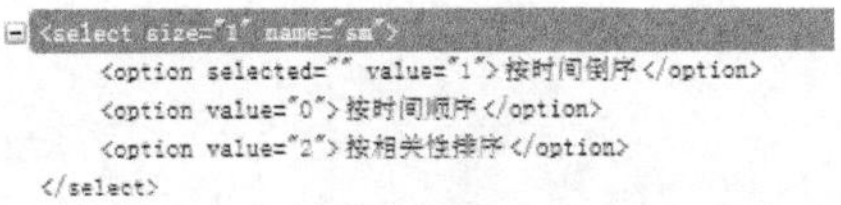

图 3-60　HTML 代码

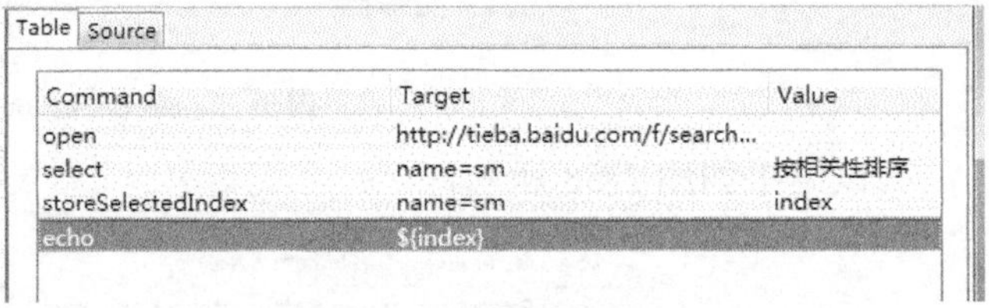

图 3-61　storeSelectedIndex 命令

执行结果如图 3-62 所示。

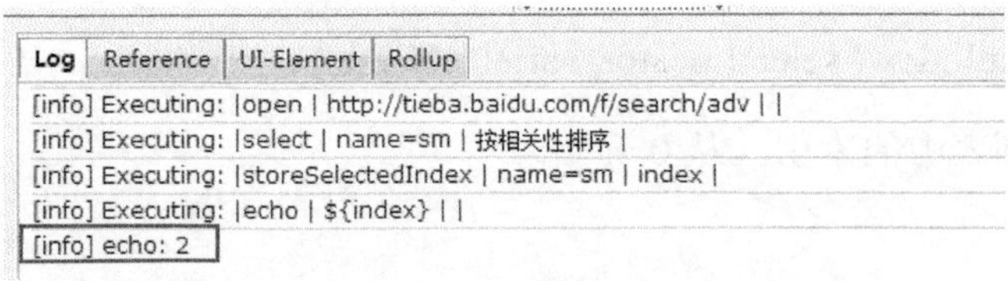

图 3-62　storeSelectedIndex 命令的执行结果

（9）storeSelectedLabel ( selectLocator, variableName )

获选指定列表中所选项的文本值。

参数：

- Target - 列表的定位表达式。

- Value - 变量名称，该变量就是值存放的地方。

仍然以百度贴吧排序下拉列表框为例，排序下拉框的源码如图 3-63 所示。

可以编写如图 3-64 所示的命令，打开该页面，然后选择"按相关性进行排序"，最后将选项的 label 存放到变量 label 中并打印。

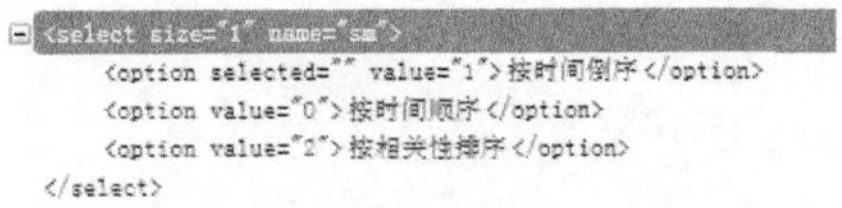

图 3-63　HTML 源码

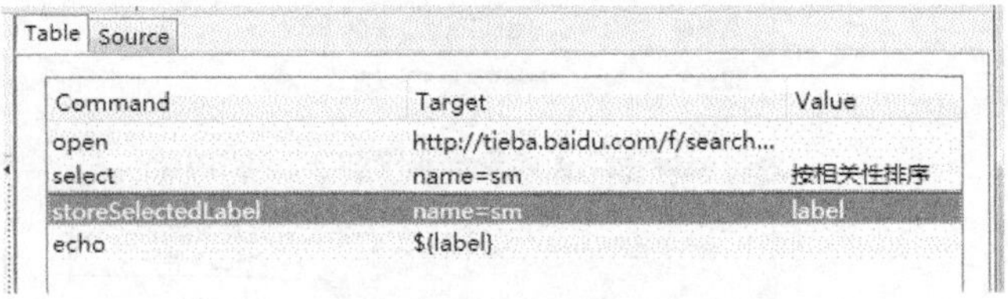

图 3-64　storeSelectLabel 命令

执行结果如图 3-65 所示。

图 3-65  storeSelectedLabel 命令的执行结果

（10）storeSelectedValue（selectLocator, variableName）

获选指定列表中所选项的真实值（即 value 属性）。

参数：

- Target - 列表的定位表达式。

- Value - 变量名称，该变量就是值存放的地方。

仍然以百度贴吧的排序下拉列表框为例，排序下拉列表框的源码如图 3-66 所示。

可以编写如图 3-67 所示的命令，打开该页面，然后选择"按相关性进行排序"，最后将选项的 value 存放到变量 Value 中并打印。

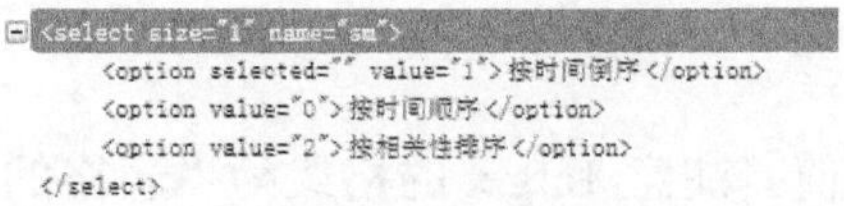

图 3-66  HTML 源码

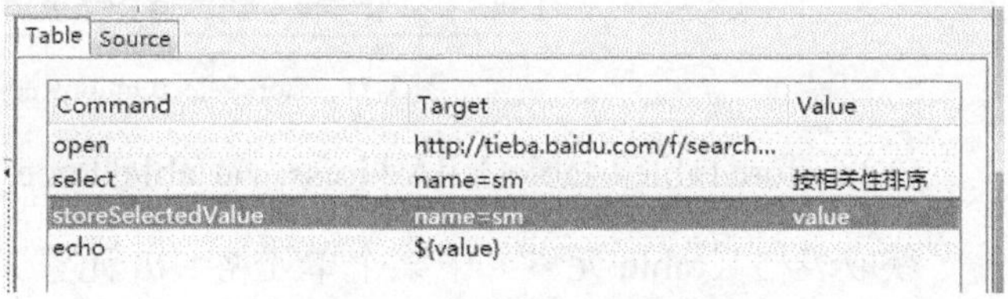

图 3-67  storeSelectedValue 命令

执行结果如图 3-68 所示。

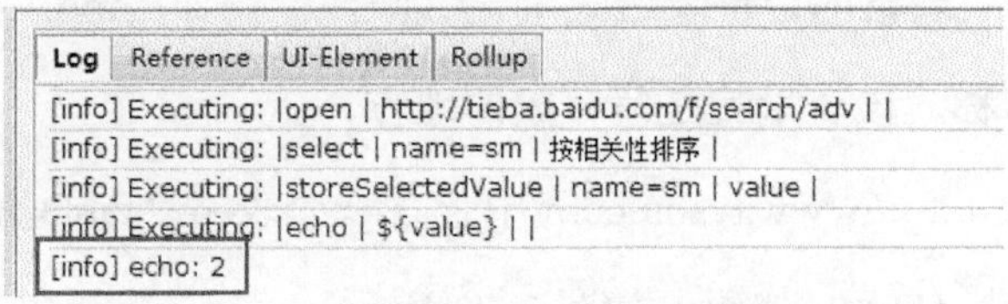

图 3-68  storeSelectedValue 命令的执行结果

（11）storeSelectOptions（selectLocator, variableName）

获选指定列表中所有选项的文本，以逗号分隔。

参数：

- Target - 列表的定位表达式。
- Value - 变量名称，该变量就是值存放的地方。

仍然以百度贴吧的排序下拉列表框为例，排序下拉列表框的源码如图 3-69 所示。

可以编写如图 3-70 所示的命令，打开该页面，然后获取所有的选项，将其存储在 options 变量中并打印。

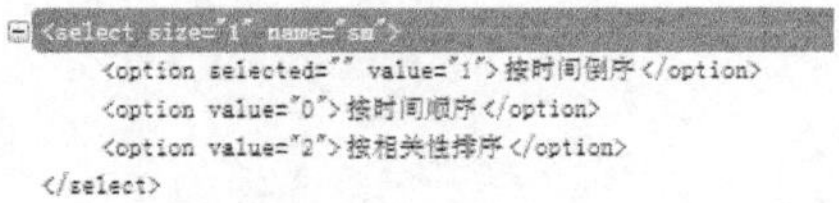

图 3-69　HTML 源码

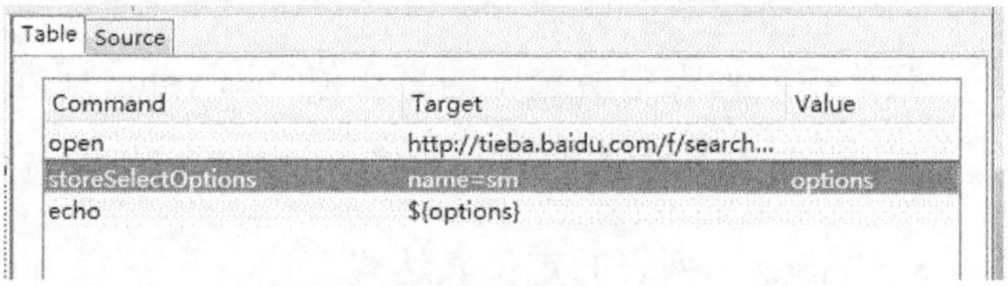

图 3-70　storeSelectOptions 命令

执行结果如图 3-71 所示。

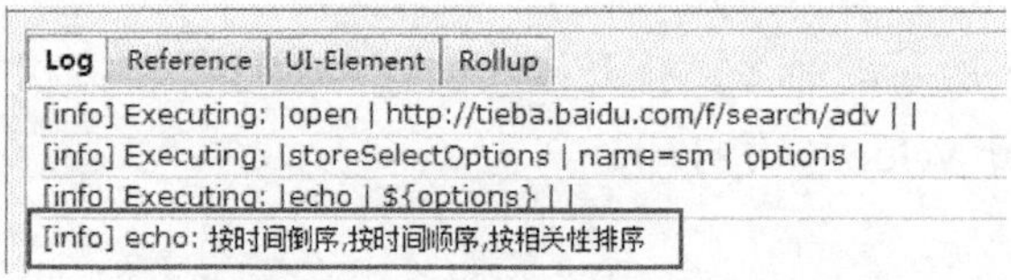

图 3-71　storeSelectOptions 命令的执行结果

（12）storeTable（tableCellAddress, variableName）

获取表格（table 元素）中某个单元格（td 元素）的值。注意 Target 的格式为"表格的定位表达式.行号.列号"，行号和列号都从 0 开始。

参数：

- Target –形式为"表格的定位表达式.行号.列号"，例如"foo.1.4"。
- Value - 变量名称，该变量就是值存放的地方。

例如，搜视网首页 http://www.tvsou.com/中包含一个表格（table 元素），如图 3-72 所示。

通过 Firebug 查看其 HTML 代码，如图 3-73 所示。

由于其没有 id 或 name 属性，因此必须使用 XPath 进行定位（关于 Target 的定位模式，可以在 3.5 节中查看），其 XPath 为"//div[@class='v3-border']/table[1]"。假设要获得第 1 行第 3 列的"体育"，并将它的值存放在变量 tv 中，那么 Target 应填写为"//div[@class='v3-

border']/table[1].0.2”。接下来可编写如图 3-74 所示的命令。

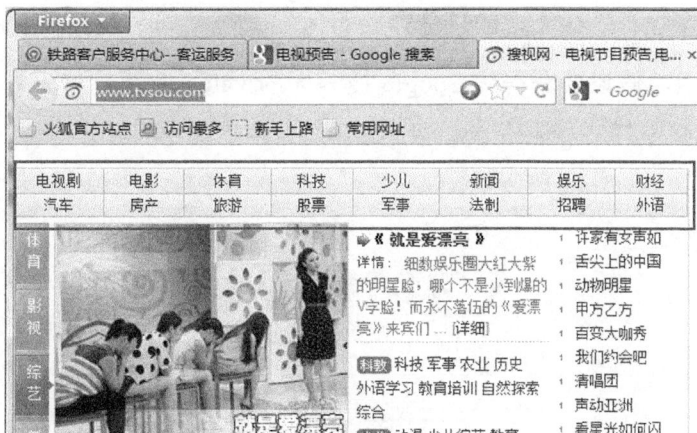

图 3-72 搜视网首页

```
<div class="v3-border">
    <table width="100%" cellspacing="1" cellpadding="0" border="0" bgcolor="#a2c4d9" align="center">
        <tbody>
    </table>
    <table width="100%" cellspacing="0" cellpadding="0" border="0" align="center" style="margin-top:5px">
</div>
```

图 3-73 表格的 HTML 代码

| Command | Target | Value |
|---|---|---|
| open | http://www.tvsou.com/ | |
| storeTable | //div[@class='v3-border']/table[1].0.2 | tv |
| echo | ${tv} | |

图 3-74 storeTable 命令

运行结果如图 3-75 所示。

```
[info] Executing: |open | http://www.tvsou.com/ | |
[info] Executing: |storeTable | //div[@class='v3-border']/table[1].0.2 | tv |
[info] Executing: |echo | ${tv} | |
[info] echo: 体育
```

图 3-75 storeTable 命令的执行结果

（13）storeAttribute ( attributeLocator, variableName )

获取指定属性的值，注意 Target 应填写属性的定位表达式，而不是元素的定位表达式。

参数：

- Target - 属性的定位表达式，格式为“元素定位表达式”+“@属性名称”，例如

“foo@bar”。

- Value - 变量名称，该变量就是值存放的地方。

如图 3-76 所示，假设要获得“Google 搜索”的 value 属性，首先打开 Google 页面，然后用 Firebug 查看其代码，如图 3-77 所示，其 name 属性为 btnK，value 属性为“Google 搜索”。

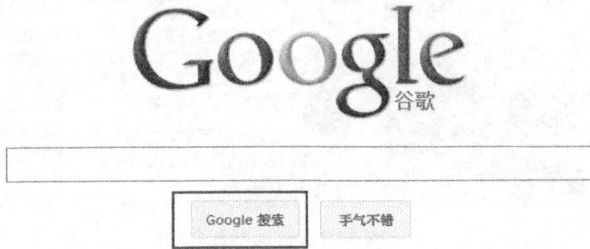

图 3-76　Google 首页

```
<input type="submit" onclick="this.checked=1" name="btnK" value="Google 搜索">
```

图 3-77　按钮的 HTML 代码

接下来编写如图 7-78 所示的命令，将它的 value 属性存放到变量 btnValue 中并打印出来。

Table | Source

| Command | Target | Value |
|---|---|---|
| open | http://www.google.com.hk | |
| storeAttribute | name=btnK@Value | btnValue |
| echo | Google搜索的Value属性为：${btnValue} | |

图 3-78　storeAttribute 命令

执行结果如图 3-79 所示。

```
Log | Reference | UI-Element | Rollup
[info] Executing: |open | http://www.google.com.hk | |
[info] Executing: |storeAttribute | name=btnK@Value | btnValue |
[info] Executing: |echo | Google搜索的Value属性为: ${btnValue} | |
[info] echo: Google搜索的Value属性为: Google 搜索
```

图 3-79　storeAttribute 命令的执行结果

（14）storeTextPresent ( pattern, variableName )

验证指定的文本是否在页面中出现，如果出现则返回 true，否则为 false。

参数:

- Target - 指定查找的文本。

- Value - 变量名称，该变量就是值存放的地方。

假设需要验证"Google.com.hk 使用下列语言"这句话是否在 Google 首页出现，如图 3-80 所示。

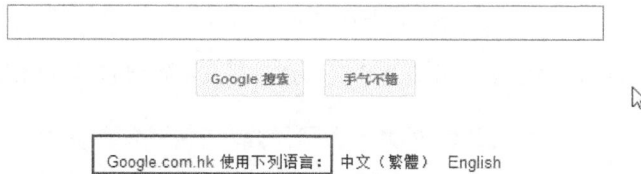

图 3-80　Google 首页

可以编写如图 3-81 所示的命令。执行结果如图 3-82 所示。

图 3-81　storeTextPresent 命令

图 3-82　storeTextPresent 命令的执行结果

（15）storeElementPresent（locator, variableName）

除了文本外，有时还会验证指定元素是否存在于页面中，这时可以使用 storeElement Present 命令，如果指定元素出现则返回 true，否则为 false。

参数:

- Target - 元素的定位表达式。

- Value - 变量名称，该变量就是值存放的地方。

如图 3-83 所示，假设要验证"Google 搜索"按钮是否在 Google 首页中，首先打开 Google 页面。

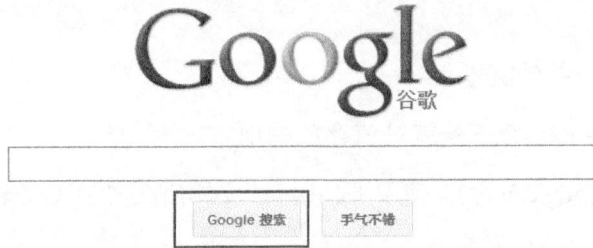

图 3-83 Google 首页

然后用 Firebug 查看其代码，如图 3-84 所示，其 name 属性为 btnK。

```
<input type="submit" onclick="this.checked=1" name="btnK" value="Google 搜索">
```

图 3-84 HTML 代码

接下来编写如图 3-85 所示的命令。

Table | Source

| Command | Target | Value |
|---|---|---|
| open | http://www.google.com.hk | |
| storeElementPresent | name=btnK | exist |
| echo | 元素是否出现：${exist} | |

图 3-85 storeElementPresent 命令

执行结果如图 3-86 所示。

Log | Reference | UI-Element | Rollup

```
[info] Executing: |open | http://www.google.com.hk | |
[info] Executing: |storeElementPresent | name=btnK | exist |
[info] Executing: |echo | 元素是否出现：${exist} | |
[info] echo: 元素是否出现：true
```

图 3-86 storeElementPresent 命令的执行结果

（16）storeVisible ( locator, variableName )

有的时候我们发现，即使在页面上看不到某个元素了，在使用 storeElementPresent 命令验证时，仍然返回 true。这是因为这个元素仍然在 HTML 代码中，只是没有显示出来（例如该元素的 visibility 属性为 hidden 或者 display 属性为 none，它就不会显示到页面上，但它确实存在于该页面），所以，这个时候用 storeVisible 才能准确进行验证。

参数：

- Target - 元素的定位表达式。

- Value - 变量名称，该变量就是值存放的地方。

仍然使用上面的例子，假设要验证"Google 搜索"按钮是否显示在页面上（而非仅存在于页面的 HTML 代码中），可编写如图 3-87 所示的命令。

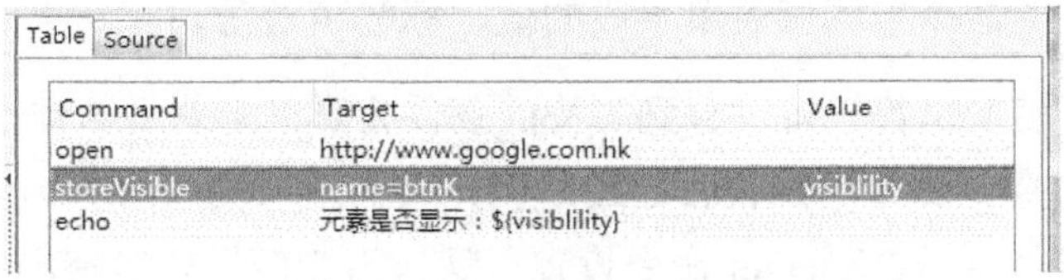

图 3-87　storeVisible 命令

执行结果如图 3-88 所示。

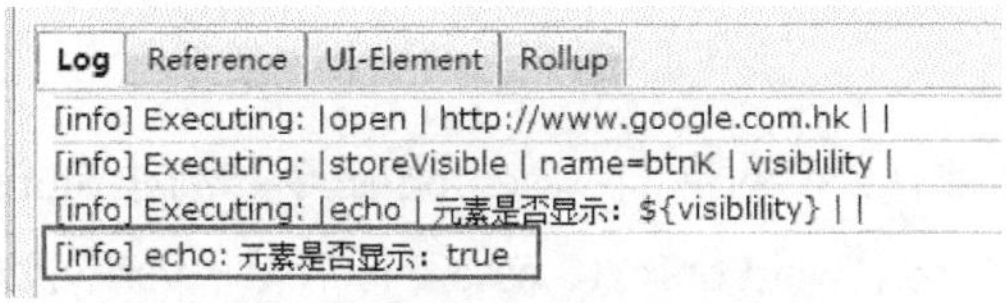

图 3-88　storeVisible 命令的执行结果

（17）storeSpeed（variableName）

获取执行速度，该命令将获取每个测试步骤之间的执行间隔时间（默认为 0，单位为毫秒）。

参数：

Target -变量名称，该变量就是值存放的地方。

编写如图 3-89 所示的命令并将其输出。

执行结果如图 3-90 所示。

图 3-89　storeSpeed 命令

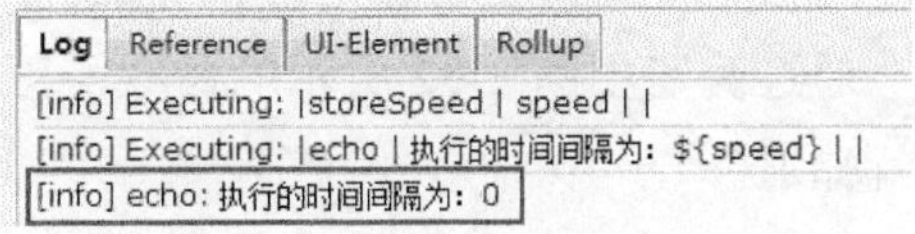

图 3-90　storeSpeed 命令的执行结果

## 3.4.3　Assertion

Assertion 命令与 Accessor 命令类似，但它们主要用于验证某个命题是否为真，例如"该元素是否存在"或"该元素的某个属性是否为×××"。

所有的 Assertion 命令都可以通过 3 种模式使用：assert、verify 和 waitFor。例如，可以使用 assertText、VerifyText 以及 waitForText。

区别在于如果 assert 失败，测试则会中断；而 verify 失败时，失败将记录下来，但测试依然会继续执行。因此建议用单个 assert 来确认当前应用程序是否位于正确的页面，然后接下来使用一系列 verify 命令来测试表单字段的值、标签值等等。

而 waitFor 命令用于执行等待，直到等待的条件为真（非常适合测试 Ajax 应用程序）。如果等待的条件变为真，那么测试将会通过。但如果等待时间超过当前的超时时间设置（之前已介绍，超时时间是由 setTimeOut 命令设置，默认为 30 秒），等待的条件仍然为假，那么测试就会失败并终止。

测试的时候，Assertion 命令是必需的。因为只有使用这类命令，才可以真正验证程序功能是否正确。

几乎每个 Accessor 命令都有一套对应的 Assertion 命令，例如 StoreText，它一共有 6 个对应的 Assertion：assertText、VerifyText、waitForText、assertNotText、VerifyNotText 和 waitForNotText。这些 6 个 Assertion 其实都大同小异，都是用于验证指定元素的文本是否等于或不等于指定值。

下面列举常用的 Assertion 命令。

1. 验证网页的标题是否等于或不等于预期值

```
assertTitle ( pattern ) /assertNotTitle ( pattern ) /verifyTitle ( pattern ) /verifyNotTitle
( pattern ) /waitForTitle ( pattern ) /waitForNotTitle ( pattern )
```

参数：

Target - 用于对比的预期值。

例如，当前的百度页面标题如图 3-91 所示。

通过编写如图 3-92 所示的命令，可以进行相应的验证，验证其标题是否为"百度一下，你就知道"。

图 3-91　百度标题

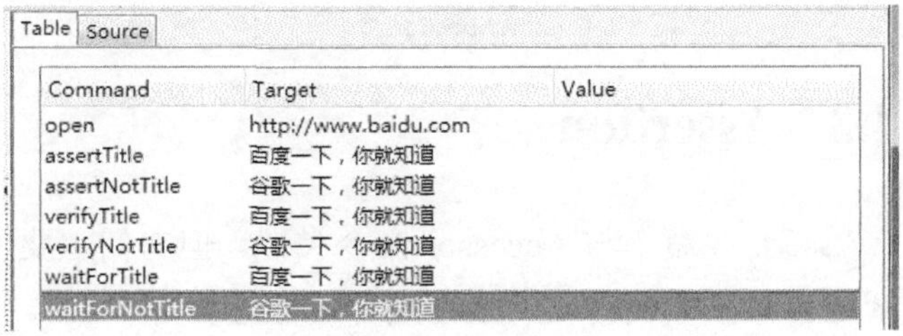

图 3-92　编写命令

2.  验证网页的 URL 是否等于或不等于预期值

```
assertLocation ( pattern ) /assertNotLocation ( pattern ) /verifyLocation ( pattern )
/verifyNotLocation ( pattern ) /waitForLocation ( pattern ) /waitForNotLocation ( pattern )
```

参数：

Target - 用于对比的预期值。

例如，在浏览器打开"http://tieba.baidu.com/"页面时，页面会自动跳转到"http://tieba.baidu.com/index.html"页面，可以示例如图 3-93 所示的命令进行验证。

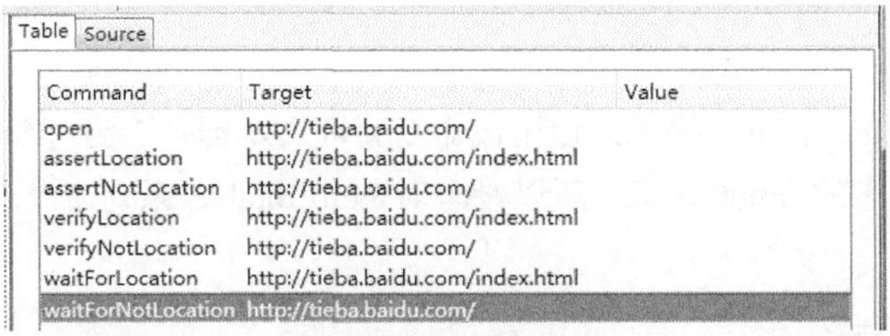

| Command | Target | Value |
|---|---|---|
| open | http://tieba.baidu.com/ | |
| assertLocation | http://tieba.baidu.com/index.html | |
| assertNotLocation | http://tieba.baidu.com/ | |
| verifyLocation | http://tieba.baidu.com/index.html | |
| verifyNotLocation | http://tieba.baidu.com/ | |
| waitForLocation | http://tieba.baidu.com/index.html | |
| waitForNotLocation | http://tieba.baidu.com/ | |

图 3-93  命令示例

3.  验证 input 元素的值是否等于或不等于预期值

```
assertValue ( locator, pattern ) /assertNotValue ( locator, pattern ) /verifyValue ( locator,
pattern ) /verifyNotValue ( locator, pattern ) /waitForValue ( locator, pattern ) /waitForNotValue
( locator, pattern )
```

例如文本框、复选框、单选框中的值（即这些元素的 value 属性）是否等于或不等于预期值。对于复选框或单选框，预期值应填写"on"（表示已勾选）或"off"（表示未勾选）。

参数：

- Target - 元素的定位表达式。
- Value - 用于对比的预期值。

例如，打开 Google 首页，然后在搜索文本框中输入"selenium"，接下来使用该命令进行检查，预期值是刚输入的"selenium"，而不是空值，命令示例如图 3-94 所示。

4.  验证 input 元素的可编辑状态是否为预期状态

```
assertEditable ( locator ) /assertNotEditable ( locator ) /verifyEditable ( locator )
/verifyNotEditable ( locator ) /waitForEditable ( locator ) /waitForNotEditable ( locator )
```

例如文本框、复选框、单选框的可编辑状态是否为预期状态。

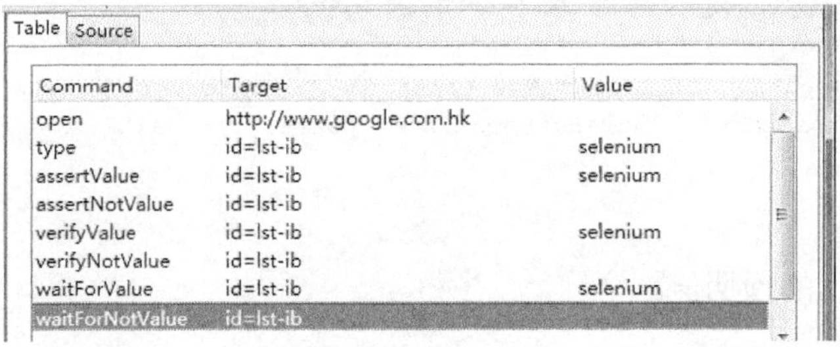

图 3-94　命令示例

参数：

Target - 元素的定位表达式。

例如，打开 Google 首页，接下来使用该命令验证文本框是否为可编辑状态（由于该页面没有处于不可编辑状态的 input 元素，所以没有对 NotEditable 系列命令进行测试），命令示例如图 3-95 所示。

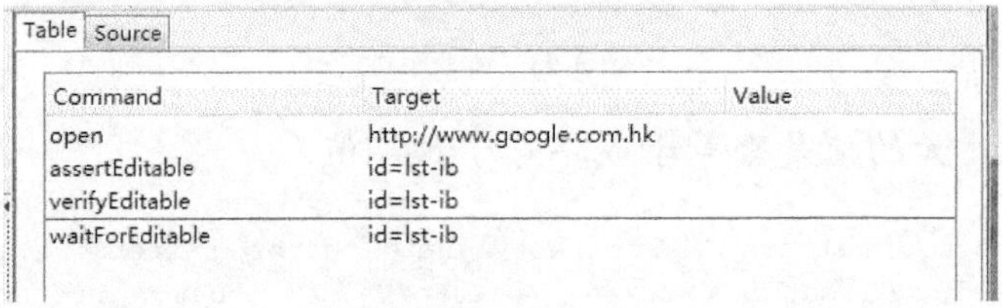

图 3-95　命令示例

5. 验证某个元素的文本值是否等于预期值

```
assertText ( locator, pattern ) /assertNotText ( locator, pattern ) /verifyText ( locator, pattern ) /verifyNotText ( locator, pattern ) /waitForText ( locator, pattern ) /waitForNotText ( locator, pattern )
```

参数：

• Target - 元素的定位表达式。

• Value - 用于对比的预期值。

如图 3-96 所示，现在验证百度首页的"搜索设置"链接的文本是否为"搜索设置"。

首先通过 FireBug 查看其 HTML 代码，如图 3-97 所示。

可以发现其 name 属性为"tj_setting"，接下来可以编写如图 3-98 所示的命令，先打开百度页面，并进行验证。

图 3-96 百度首页

图 3-97 链接的 HTML 代码

图 3-98 命令示例

### 6. 验证复选框或单选框的勾选情况是否符合预期

```
assertChecked ( locator ) /assertNotChecked ( locator ) /verifyChecked ( locator )
/verifyNotChecked ( locator ) /waitForChecked ( locator ) /waitForNotChecked ( locator )
```

参数：

Target - 元素的定位表达式。

如图 3-99 所示，百度贴吧（http://tieba.baidu.com/index.html）的登录部分有一个记住登录状态的复选框，默认为勾选状态。

通过 FireBug 查看的源码，如图 3-100 所示。

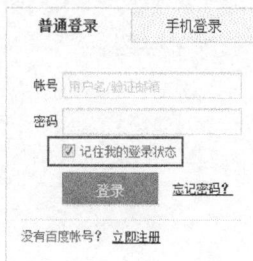

图 3-99 百度贴吧登录

图 3-100 登录状态复选框 HTML 代码

编写如图 3-101 所示的命令，先验证其是否勾选，然后将其取消勾选，再验证其是否未勾选。

图 3-101　命令示例

## 7. 验证所选项在列表中的索引是否符合预期值（从 0 开始）

```
assertSelectedIndex ( selectLocator, pattern ) /assertNotSelectedIndex ( selectLocator, pattern )
/verifySelectedIndex ( selectLocator, pattern ) /verifyNotSelectedIndex ( selectLocator, pattern )
/waitForSelectedIndex ( selectLocator, pattern ) /waitForNotSelectedIndex ( selectLocator, pattern )
```

参数：

- Target - 列表的定位表达式。

- Value - 用于对比的预期值。

以百度贴吧搜索（http://tieba.baidu.com/f/search/adv）为例，如图 3-102 所示，假设在排序方式下拉列表框中选择"按相关性排序"，该下拉列表框的 SelectedIndex 应该为 2。

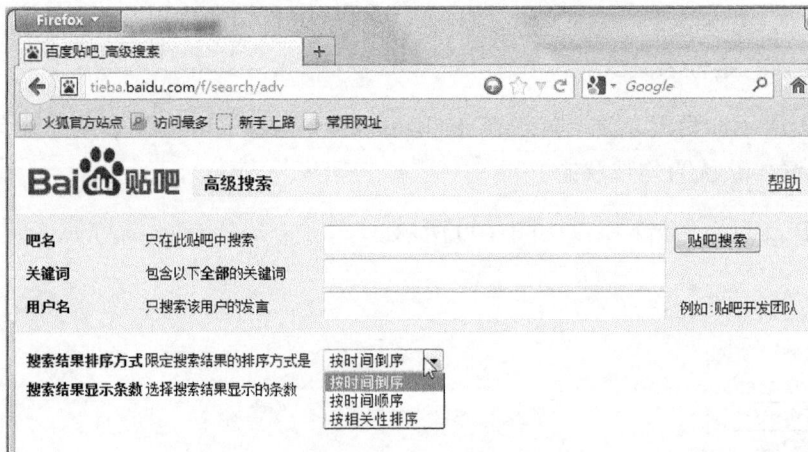

图 3-102　百度贴吧搜索

其 HTML 代码如图 3-103 所示。

可以编写如图 3-104 所示的命令，打开该页面，然后选择“按相关性排序”，然后验证 SelectedIndex 是否为 2。

```
<select size="1" name="sm">
    <option selected="" value="1">按时间倒序</option>
    <option value="0">按时间顺序</option>
    <option value="2">按相关性排序</option>
</select>
```

图 3-103 下拉列表框 HTML 代码

| Command | Target | Value |
|---|---|---|
| open | http://tieba.baidu.com/f/search/adv | |
| select | name=sm | 按相关性排序 |
| assertSelectedIndex | name=sm | 2 |
| assertNotSelectedIndex | name=sm | 0 |
| verifySelectedIndex | name=sm | 2 |
| verifyNotSelectedIndex | name=sm | 0 |
| waitForSelectedIndex | name=sm | 2 |
| waitForNotSelectedIndex | name=sm | 0 |

图 3-104 命令示例

## 8. 验证指定列表中所选项的文本值是否符合预期值

```
assertSelectedLabel ( selectLocator, pattern ) /assertNotSelectedLabel ( selectLocator, pattern )
/verifySelectedLabel ( selectLocator, pattern ) /verifyNotSelectedLabel ( selectLocator, pattern )
/waitForSelectedLabel ( selectLocator, pattern ) /waitForNotSelectedLabel ( selectLocator, pattern )
```

参数：

- Target - 列表的定位表达式。
- Value - 用于对比的预期值。

仍然以百度贴吧排序下拉列表框为例，排序下拉列表框的源码如图 3-105 所示。

编写如图 3-106 所示的命令，打开该页面，然后选择“按相关性排序”，然后验证 SelectedLabel 是否为“按相关性排序”。

```
<select size="1" name="sm">
    <option selected="" value="1">按时间倒序</option>
    <option value="0">按时间顺序</option>
    <option value="2">按相关性排序</option>
</select>
```

图 3-105 下拉列表框 HTML 代码

| Command | Target | Value |
|---|---|---|
| open | http://tieba.baidu.com/f/search/adv | |
| select | name=sm | 按相关性排序 |
| assertSelectedLabel | name=sm | 按相关性排序 |
| assertNotSelectedLabel | name=sm | 按时间倒序 |
| verifySelectedLabel | name=sm | 按相关性排序 |
| verifyNotSelectedLabel | name=sm | 按时间倒序 |
| waitForSelectedLabel | name=sm | 按相关性排序 |
| waitForNotSelectedLabel | name=sm | 按时间倒序 |

图 3-106 命令示例

## 9. 验证指定列表中所选项的真实值（value 属性）是否为预期值

```
assertSelectedValue ( selectLocator, pattern ) /assertNotSelectedValue ( selectLocator, pattern )
/verifySelectedValue ( selectLocator, pattern ) /verifyNotSelectedValue ( selectLocator, pattern )
/waitForSelectedValue ( selectLocator, pattern ) /waitForNotSelectedValue ( selectLocator, pattern )
```

参数：

- Target - 列表的定位表达式。
- Value - 用于对比的预期值。

仍然以百度贴吧排序下拉列表框为例，排序下拉列表框的源码如图 3-107 所示。

编写如图 3-108 所示的命令，打开该页面，然后选择“按相关性排序”，然后验证 SelectedValue 是否为“2”。

```
<select size="1" name="sm">
    <option selected="" value="1">按时间倒序</option>
    <option value="0">按时间顺序</option>
    <option value="2">按相关性排序</option>
</select>
```

图 3-107 下拉列表框 HTML 代码

Table | Source

| Command | Target | Value |
|---|---|---|
| open | http://tieba.baidu.com/f/search/adv | |
| select | name=sm | 按相关性排序 |
| assertSelectedValue | name=sm | 2 |
| assertNotSelectedValue | name=sm | 1 |
| verifySelectedValue | name=sm | 2 |
| verifyNotSelectedValue | name=sm | 1 |
| waitForSelectedValue | name=sm | 2 |
| waitForNotSelectedValue | name=sm | 1 |

图 3-108 命令示例

### 10. 验证指定列表中所有选项的文本是否符合预期值

```
assertSelectOptions ( selectLocator, pattern ) /assertNotSelectOptions ( selectLocator, pattern ) /verifySelectOptions ( selectLocator, pattern ) /verifyNotSelectOptions ( selectLocator, pattern ) /waitForSelectOptions ( selectLocator, pattern ) /WaitForNotSelectOptions ( selectLocator, pattern )
```

使用此命令时，各个选项的文本以逗号分隔。

参数：

- Target - 列表的定位表达式。
- Value - 用于对比的预期值。

仍然以排序下拉列表框为例，排序下拉列表框的源码如图 3-109 所示。

```
<select size="1" name="sm">
    <option selected="" value="1">按时间倒序</option>
    <option value="0">按时间顺序</option>
    <option value="2">按相关性排序</option>
</select>
```

图 3-109 下拉列表框的 HTML 代码

编写如图 3-110 所示的命令，打开该页面，然后对比所有选项的文本是否为“按时间倒序，按时间顺序，按相关性排序”。

Table | Source

| Command | Target | Value |
| --- | --- | --- |
| open | http://tieba.baidu.com/f/search/adv | |
| assertSelectOptions | name=sm | 按时间倒序,按时间顺序,按相关性排序 |
| assertNotSelectOptions | name=sm | |
| verifySelectOptions | name=sm | 按时间倒序,按时间顺序,按相关性排序 |
| verifyNotSelectOptions | name=sm | |
| waitForSelectOptions | name=sm | 按时间倒序,按时间顺序,按相关性排序 |
| waitForNotSelectOptions | name=sm | |

图 3-110　编写命令

### 11. 验证表格（table 元素）中某个单元格（td 元素）的值是否为预期值

```
    assertTable ( tableCellAddress, pattern ) /assertNotTable ( tableCellAddress, pattern )
/verifyTable ( tableCellAddress, pattern ) /verifyNotTable ( tableCellAddress, pattern )
/waitForTable ( tableCellAddress, pattern ) /waitForNotTable ( tableCellAddress, pattern )
```

注意，Target 的格式为“表格的定位表达式.行号.列号”，行号和列号从 0 开始。

参数：

- Target -格式为“表格的定位表达式.行号.列号”，例如，“foo.1.4”。
- Value - 用于对比的预期值。

如图 3-111 所示，搜视网首页 http://www.tvsou.com/中就包含一个 table 元素。

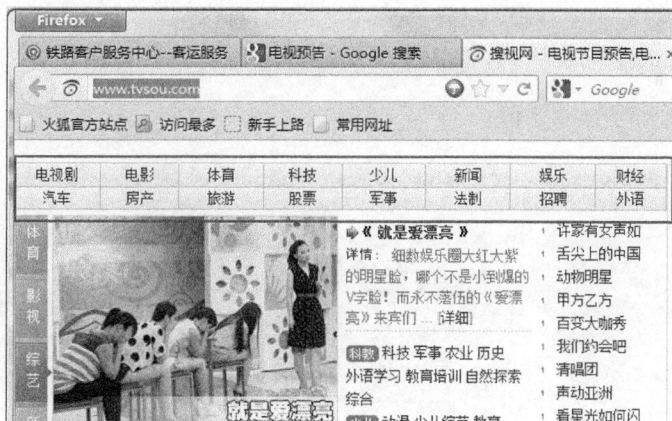

图 3-111　搜视网首页

通过 FireBug 查看其 HTML 代码，如图 3-112 所示。

```
⊟ <div class="v3-border">
    ⊟ <table width="100%" cellspacing="1" cellpadding="0" border="0" bgcolor="#a2c4d9" align="center">
        ⊞ <tbody>
      </table>
    ⊞ <table width="100%" cellspacing="0" cellpadding="0" border="0" align="center" style="margin-top:5px">
  </div>
```

图 3-112　表格的 HTML 代码

由于其没有 id 或 name 属性，因此必须使用 XPath 进行定位（关于 Target 的定位模式，可以在 3.5 节中查看），其 XPath 为 "//div[@class='v3-border']/table[1]"，假设获取第 1 行第 3 列，那么 Target 应填写为 "//div[@class='v3-border']/table[1].0.2"，而预期值应当为 "体育"，接下来可以编写如图 3-113 所示的命令来进行验证。

| Command | Target | Value |
|---|---|---|
| open | http://www.tvsou.com | |
| assertTable | //div[@class='v3-border']/table[1].0.2 | 体育 |
| assertNotTable | //div[@class='v3-border']/table[1].0.2 | 旅游 |
| verifyTable | //div[@class='v3-border']/table[1].0.2 | 体育 |
| verifyNotTable | //div[@class='v3-border']/table[1].0.2 | 旅游 |
| waitForTable | //div[@class='v3-border']/table[1].0.2 | 体育 |
| waitForNotTable | //div[@class='v3-border']/table[1].0.2 | 旅游 |

图 3-113　命令示例

12. 验证指定属性的值是否为预期值

```
assertAttribute ( attributeLocator, pattern ) /assertNotAttribute ( attributeLocator, pattern )
/verifyAttribute ( attributeLocator, pattern ) /verifyNotAttribute ( attributeLocator, pattern )
/waitForAttribute ( attributeLocator, pattern ) /waitForNotAttribute ( attributeLocator, pattern )
```

注意，Target 应填写属性的定位表达式，而不是元素的定位表达式。

参数：

- Target - 属性的定位表达式，格式为 "元素定位表达式" + "@属性名称"，例如 "foo@bar"。

- Value - 用于对比的预期值。

假设要获取 "Google 搜索" 的 value 属性，如图 3-114 所示，首先打开 Google 首页。

图 3-114　Google 首页

然后用 Firebug 查看其代码，如图 3-115 所示，其 name 属性为 btnK，Value 属性为 "Google 搜索"。

```
<input type="submit" onclick="this.checked=1" name="btnK" value="Google 搜索">
```

图 3-115　搜索按钮 HTML 代码

接下来编写如图 3-116 所示的命令，验证它的 value 属性是否为"Google 搜索"。

| Command | Target | Value |
| --- | --- | --- |
| open | http://www.google.com.hk | |
| assertAttribute | name=btnK@Value | Google 搜索 |
| assertNotAttribute | name=btnK@Value | Baidu 搜索 |
| verifyAttribute | name=btnK@Value | Google 搜索 |
| verifyNotAttribute | name=btnK@Value | Baidu 搜索 |
| waitForAttribute | name=btnK@Value | Google 搜索 |
| waitForNotAttribute | name=btnK@Value | Baidu 搜索 |

图 3-116 命令示例

### 13. 验证指定的文本是否在页面中出现

```
assertTextPresent ( pattern ) /assertTextNotPresent ( pattern ) /verifyTextPresent ( pattern )
/verifyTextNotPresent ( pattern ) /waitForTextPresent ( pattern ) /waitForTextNotPresent ( pattern )
```

参数：

Target - 用于对比的预期文本。

假设需要验证"Google.com.hk 使用下列语言"这句话是否出现，如图 3-117 所示。

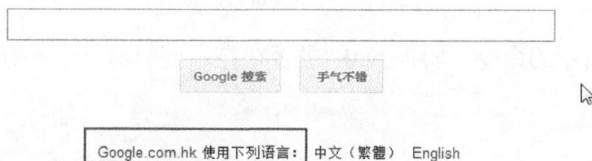

图 3-117 Google 首页

可以编写如图 3-118 所示的命令。

| Command | Target | Value |
| --- | --- | --- |
| open | http://www.google.com.hk | |
| assertTextPresent | Google.com.hk 使用下列语言 | |
| assertTextNotPresent | Baidu.com 使用下列语言 | |
| verifyTextPresent | Google.com.hk 使用下列语言 | |
| verifyTextNotPresent | Baidu.com 使用下列语言 | |
| waitForTextPresent | Google.com.hk 使用下列语言 | |
| waitForTextNotPresent | Baidu.com 使用下列语言 | |

图 3-118 命令示例

### 14. 验证指定元素是否存在于页面上

```
assertElementPresent ( locator ) /assertElementNotPresent ( locator ) /verifyElementPresent
```

```
( locator ) /verifyElementNotPresent ( locator ) /waitForElementPresent ( locator ) /waitFor
ElementNotPresent ( locator )
```

参数：

Target - 元素的定位表达式。

假设要验证"Google 搜索"按钮是否存在，如图 3-119 所示，首先打开 Google 页面。

图 3-119　Google 首页

然后用 FireBug 查看其代码，如图 3-120 所示，其 name 属性为 btnK。

图 3-120　搜索按钮 HTML 代码

编写如图 3-121 所示的命令，验证 btnK 是否存在，同时对一个不存在 btnK2222 进行验证。

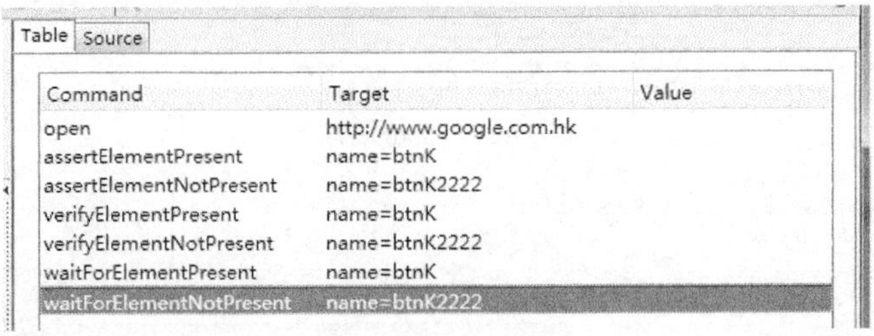

图 3-121　命令示例

### 15. 验证页面中是否显示指定元素

有的时候我们发现，即使元素以及在页面上看不到了，在使用 ElementPresent 系列命令验证时，仍然能找到该元素。这是因为这个元素仍然在 HTML 代码中，只是没有显示出来（例如该元素的 visibility 属性为 hidden 或者 display 属性为 none，它就不会显示到页面上，但它确实存在于该页面）。要验证页面上是否显示指定元素时，用 Visible 系列的验证命令才能准确进行验证。

```
    assertVisible ( locator ) /assertNotVisible ( locator ) /verifyVisible ( locator )
/verifyNotVisible ( locator ) /waitForVisible ( locator ) /waitForNotVisible ( locator )
```

参数：

Target - 元素的定位表达式。

假设要验证"Google 搜索"按钮是否显示在页面上显示（而非仅存在于页面的 HTML 代码中），可编写如图 3-122 所示的代码，由于页面上没有明显隐藏过的元素，所以 NotVisible 系列代码就不在这里举例了。

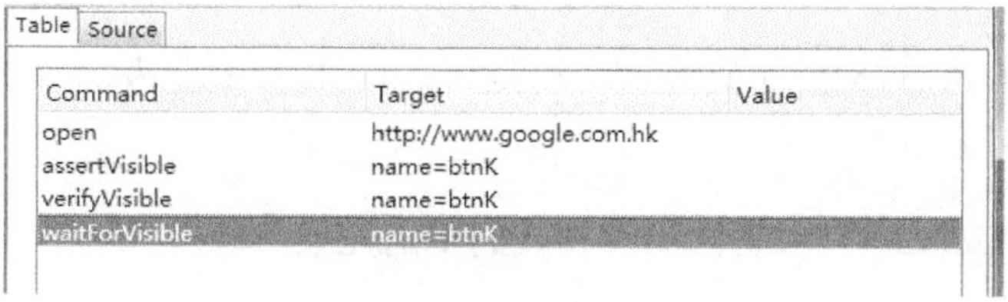

图 3-122　命令示例

关于常用命令就介绍到这里，如果想进行更加深入的了解，可参考以下网址：

http://release.seleniumhq.org/selenium-core/1.0.1/reference.html

# 3.5　Target

对大多数 Command 来说，Target 字段是必需的，Target 主要用于识别 Web 页面的元素（少部分除外），在这种情况下，Target 是一种定位表达式，其格式为"定位类型 ＝ 定位值"。在许多情况下，定位类型是可以省略的。根据使用情景的不同，定位类型也有所不同，下面将进行详细说明。

## 3.5.1　identifier 定位

这是一种最常用的元素定位方式，如果没有定位类型，那么它将是一种默认的方式。如果使用这种定位方式，IDE 会首先寻找首个 id 属性等于定位值的页面元素。如果没找到 id 属性等于定位值的元素，接下来就会寻找首个 name 属性等于定位值的页面元素。如果页面上没有 id 属性或 name 属性等于定位值的元素，那么定位就会失败。

假设有一个页面，源码如程序清单 3-1 所示，它的各个页面元素拥有不同的 id 和 name 属性。

**程序清单 3-1　HTML 代码**

```
1 <html>
2  <body>
```

```
3  <form id="loginForm">
4   <input name="username" type="text" />
5   <input name="password" type="password" />
6   <input name="continue" type="submit" value="Login" />
7  </form>
8  </body>
9  <html>
```

以程序清单 3-1 的 HTML 代码为例，使用不同的 Target 表达式将返回的页面元素如下所示。

- identifier=loginForm，将返回第 3 行代码中的元素。

- identifier=password，将返回第 5 行代码中的元素。

- identifier=continue，将返回第 6 行代码中的元素。

- continue，将返回第 6 行代码中的元素。

由于在没有写定位类型的情况下，identifier 定位方式将会是默认方式，所以在前 3 个例子中，"identifier=" 并不是必需的。

## 3.5.2　id 定位

这种方式比 identifier 定位方式的搜索范围更精细，更具体。假设已经知道某个元素的 id，就可以使用这种方式。以程序清单 3-2 所示的代码为例。

**程序清单 3-2　HTML 代码**

```
1  <html>
2   <body>
3   <form id="loginForm">
4    <input name="username" type="text" />
5    <input name="password" type="password" />
6    <input name="continue" type="submit" value="Login" />
7    <input name="continue" type="button" value="Clear" />
8   </form>
9   </body>
10  <html>
```

以程序清单 3-2 的 HTML 代码为例，使用这类 Target 表达式将返回的页面元素如下所示。

id=loginForm，将返回第 3 行代码中的元素。

## 3.5.3 name 定位

name 定位方式将会识别首个 name 属性等于定位值的页面元素。如果有多个元素的 name 属性都相同，那么可以使用过滤器来进一步细化定位。默认的过滤器类型是 value（也就是 value 属性）。以程序清单 3-3 所示的代码为例。

**程序清单 3-3　HTML 代码**

```
1  <html>
2   <body>
3    <form id="loginForm">
4    <input name="username" type="text" />
5    <input name="password" type="password" />
6    <input name="continue" type="submit" value="Login" />
7    <input name="continue" type="button" value="Clear" />
8    </form>
9   </body>
10 <html>
```

以程序清单 3-3 的 HTML 代码为例，使用不同的 Target 表达式将返回的页面元素如下所示。

- name=username，将返回第 4 行代码中的元素。
- name=continue value=Clear，将返回第 7 行代码中的元素。
- name=continue Clear，将返回第 7 行代码中的元素。
- name=continue type=button，将返回第 7 行代码中的元素。

注意：与 XPath 定位和 DOM 定位不同，上述 3 种定位方式可以让 Selenium 在测试时不依赖 UI 元素在页面上的位置。因此，当页面的结构发生变化时，测试依然能顺利执行。虽然页面结构是否变化也许并非您关心的问题，但若页面更改频繁，而又不得不进行回归测试，那么依赖 id 和 name 属性或其他任何 HTML 属性来进行定位以执行测试，就变得非常重要。

## 3.5.4 XPath 定位

XPath 表达式用于在 XML 文档中定位节点，而 HTML 可以看做 XML 的一种实现。因此，在 Selenium 中能够使用 XPath 来定位 Web 应用程序中的元素。XPath 定位比之前使用 id 或 name 属性的简单定位方式要丰富得多。

当找不到合适的 id 或 name 属性来定位元素时，XPath 便派上用场了。通过 XPath，既可以使用元素绝对路径来定位元素（不推荐），也可以像之前一样使用 id 或 name 属性。除了 id 和 name 属性外，XPath 定位还可以使用其他任何属性来定位元素。

绝对路径的 XPath 表达式包含从根元素到指定元素的所有元素路径。因此，即使对应用程序进行了很轻微的改动，也可能引起测试不通过。相比之下，通过 id 或 name 属性来查找元素，或使用相对路径，比直接通过元素与元素之间的关系来查找元素要稳定得多。

如果 XPath 表达式以 "//" 开头，那么在使用 XPath 定位时无须再包含 "xpath=" 了，以程序清单 3-4 所示的代码为例。

**程序清单 3-4　HTML 代码**

```
1  <html>
2   <body>
3    <form id="loginForm">
4     <input name="username" type="text" />
5     <input name="password" type="password" />
6     <input name="continue" type="submit" value="Login" />
7     <input name="continue" type="button" value="Clear" />
8    </form>
9   </body>
10 <html>
```

以程序清单 3-4 的 HTML 代码为例，使用不同的 Target 表达式将返回的页面元素如下所示。

- xpath=/html/body/form[1]，将返回第 3 行代码中的元素。其中采用绝对路径（即使 HTML 有轻微变动，也会导致测试不通过）。form[1]表示将返回第 3 行代码中的元素），即 HTML 中的第 1 个 form 元素。

- xpath=//form[@id='loginForm']，将返回第 3 行代码中的元素。id 属性为 loginForm 的 form 元素。

- xpath=//form[input/\@name='username']，将返回第 3 行代码中的元素。定位 form 元素，该 form 元素要求包含 input 子元素，且该子元素的 name 属性为 username。

- //input[@name='username']，将返回第 4 行代码中的元素。name 属性为 username 的 input 元素。

- //form[@id='loginForm']/input[1]，将返回第 4 行代码中的元素。id 属性为 loginForm 的 form 元素的第一个 input 子元素。

- //input[@name='continue'][@type='button']，将返回第 7 行代码中的元素。name 属性为 continue，type 属性为 button 的 input 元素。

- //form[@id='loginForm']/input[4]，将返回第 7 行代码中的元素。id 属性为 loginForm 的 form 元素的第 4 个 input 子元素。

这里的例子比较简单，详细的 XPath 可参照第 2 章的 XPath 部分。

## 3.5.5　链接文字定位

通过链接文字定位方式，只需简单提供链接文本就可以定位到对应的链接。如果有两个链接的文本相同，则会匹配第一个链接，接下来以程序清单 3-5 所示的代码为例进行说明。

**程序清单 3-5　HTML 代码**

```
1 <html>
2 <body>
3 <p>Are you sure you want to do this?</p>
4 <a href="continue.html">Continue</a>
5 <a href="cancel.html">Cancel</a>
6 </body>
7 <html>
```

以程序清单 3-5 的 HTML 代码为例，使用不同的 Target 表达式将返回的页面元素如下所示。

- link=Continue，将返回第 4 行代码中的元素。

- link=Cancel，将返回第 5 行代码中的元素。

## 3.5.6 DOM 定位

DOM（Document Object Model）用于描述 HTML 文档，可以通过 JavaScript 进行访问。该定位方式需要 JavaScript 来计算出元素在页面上的位置，通过分级符号（.）可以轻松定位元素。

由于只有 DOM 定位才会在开头使用"document"，所以没有必要再写"dom="，接下来以程序清单 3-6 所示的代码为例进行说明。

**程序清单 3-6　HTML 代码**

```
1  <html>
2  <body>
3  <form id="loginForm">
4   <input name="username" type="text" />
5   <input name="password" type="password" />
6   <input name="continue" type="submit" value="Login" />
7   <input name="continue" type="button" value="Clear" />
8  </form>
9  </body>
10 <html>
```

以程序清单 3-6 的 HTML 代码为例，使用不同的 Target 表达式将返回的页面元素如下所示。

- dom=document.getElementById（'loginForm'），将返回第 3 行代码中的元素。

- dom=document.forms['loginForm']，将返回第 3 行代码中的元素。

- dom=document.forms[0]，将返回第 3 行代码中的元素。

- document.forms[0].username，将返回第 4 行代码中的元素。

- document.forms[0].elements['username']，将返回第 4 行代码中的元素。

- document.forms[0].elements[0]，将返回第 4 行代码中的元素。

- document.forms[0].elements[3]，将返回第 7 行代码中的元素。

在 Selenium 中，可能会更多地用到 XPath 而不是 DOM，如果想进行深入的了解，可在以下网址查找更详细的信息：

http://www.w3schools.com/HTMLDOM/dom_reference.asp

## 3.5.7 CSS 定位

CSS（Cascading Style Sheets）是一种描述 HTML 和 XML 文档显示方式的语言。CSS 使用选择器来为文档中的元素绑定样式属性，这些选择器也可以用在 Selenium 中，作为一种额外的定位方式。以程序清单 3-7 所示的代码为例说明。

**程序清单 3-7　HTML 代码**

```
1  <html>
2  <body>
3  <form id="loginForm">
4  <input class="required" name="username" type="text" />
5  <input class="required passfield" name="password" type="password" />
6  <input name="continue" type="submit" value="Login" />
7  <input name="continue" type="button" value="Clear" />
8  </form>
9  </body>
10 <html>
```

以程序清单 3-7 的 HTML 代码为例，使用不同的 Target 表达式将返回的页面元素如下所示。

- css=form#loginForm，将返回第 3 行代码中的元素。

- css=input[name="username"]，将返回第 4 行代码中的元素。

- css=input.required[type="text"]，将返回第 4 行代码中的元素。

- css=input.passfield，将返回第 5 行代码中的元素。

- css=#loginForm input[type="button"]，将返回第 4 行代码中的元素。

- css=#loginForm input:nth-child，将返回第 5 行代码中的元素。

更多关于 CSS 选择器的信息，可参照网站 http://www.w3.org/TR/css3-selectors/。

提示：大多数有经验的 Selenium 用户都推荐使用 CSS 定位，因为这种方式比 XPath 更快，更容易找到在 HTML 中的复杂对象。

### 3.5.8　隐式定位

在遇到以下情况时，Target 表达式中可以省略"定位类型="。

- Target 表达式没有指定明确的定位方式时，将默认使用 identifier 定位。
- 如果 Target 表达式以"//"开头，则会使用 XPath 定位。
- 如果 Target 表达式以"document"开头，则会使用 DOM 定位。

# 3.6　Value

Value 填不填以及具体填什么，要看具体的 Command 是什么。所以这里仅讨论 Value 格式的问题。除了纯文本值以外，Value 的值还可以是带变量的字符串或带 JavaScript 的字符串，下面分别举例说明。

### 3.6.1　带变量的字符串

假设要填写某个值到 Google 的搜索框，但这个值由两个变量组成：firstName（值为 Bill）和 lastName（值为 Gates）。然后要将这两个变量组合在一起填写到 Google 搜索框，那么应编写如图 3-123 所示的命令。

| Command | Target | Value |
| --- | --- | --- |
| store | Bill | firstName |
| store | Gates | lastName |
| open | http://www.google.com.hk | |
| type | id=lst-ib | Full name is : ${firstName} ${lastName} |

图 3-123　命令示例

执行结果如图 3-124 所示。

Google 谷歌

Full name is : Bill Gates

图 3-124　执行结果

## 3.6.2 带 JavaScript 的字符串

同样假设要填写某个值到 Google 的搜索框，这个值仍然由两个变量组成：firstName（值为 Bill）和 lastName（值为 Gates）。然后要将这两个变量组合在一起填写到 Google 搜索框，但与上个例子不同的是，这次要把 firstName 和 lastName 转换为大写，那么应编写如图 3-125 所示的命令。

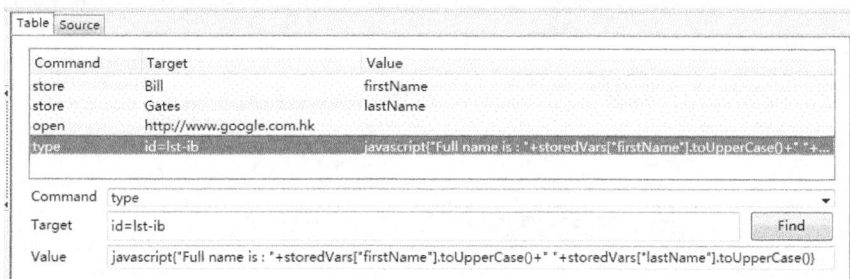

图 3-125 编写命令

执行结果如图 3-126 所示。

图 3-126 执行结果

## 3.7 日志与引用

在 Selenium IDE 的界面上，还有一个包括 Log（日志）、Reference（引用）、UI-Element（UI 元素）、Rollup 选项卡的对话框，如图 3-127 所示。

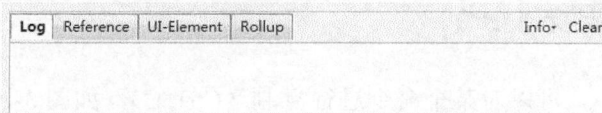

图 3-127 日志、引用、UI 元素、Rollup

其中，最常用的是日志和引用选项卡。

日志选项卡用于显示执行测试时的信息，这些信息对调试非常有帮助，单击 Info 按钮可以对日志进行过滤，而单击 Clear 按钮将清除所有的日志，如图 3-128 所示。

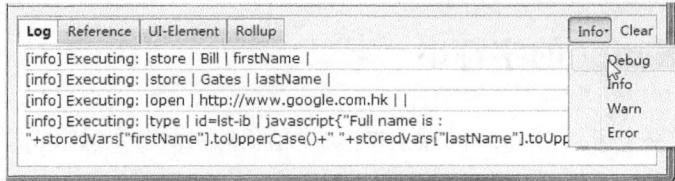

图 3-128　日志选项卡

引用选项卡用于显示当前所用命令的帮助文档，例如在测试步骤选项卡中选择 type 这个步骤，如图 3-129 所示。

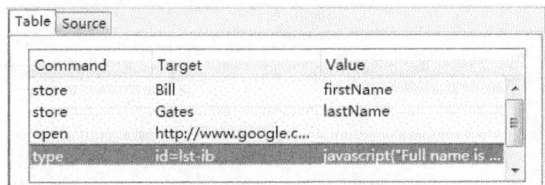

图 3-129　选择 type

此时，引用选项卡的内容会切换为 type 命令的说明，如图 3-130 所示。

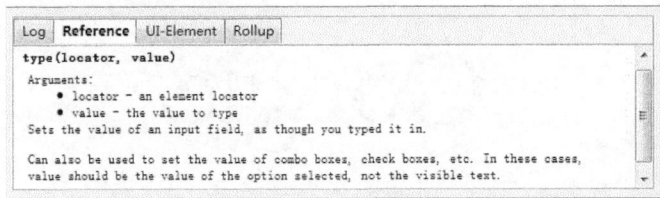

图 3-130　引用选项卡

UI-Element 和 Rollup 面板主要用于对象的映射，比较复杂，不怎么常用，所以这里不再做具体介绍，其具体细节可参考帮助菜单中的文档。

# 3.8　将命令复制或导出为代码

## 3.8.1　将命令复制为代码

在测试步骤列表中，可以对某个命令进行复制（Ctrl+C），如图 3-131 所示。

在记事本中进行粘贴，代码如图 3-132 所示。

默认是复制为 HTML 源码，但也可以进行设置，将其复制为其他类型的源码，以便编码时进行参考。只需在菜单中选择 Options -> ClipBoardFormat，然后选择对应语言和 Selenium 版本即可，例如这里选择 "C# (Remote Control)"，如图 3-133 所示。

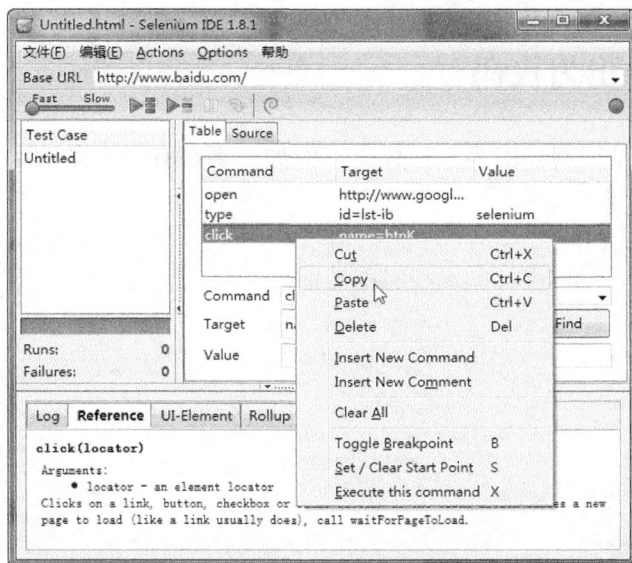

图 3-131　复制命令

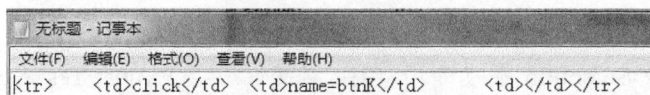

图 3-132　粘贴命令

此时，再对 Click 命令进行复制，并将其粘贴到记事本，如图 3-134 所示，可以看到代码已变成 C# (Selenium RC)版的代码。

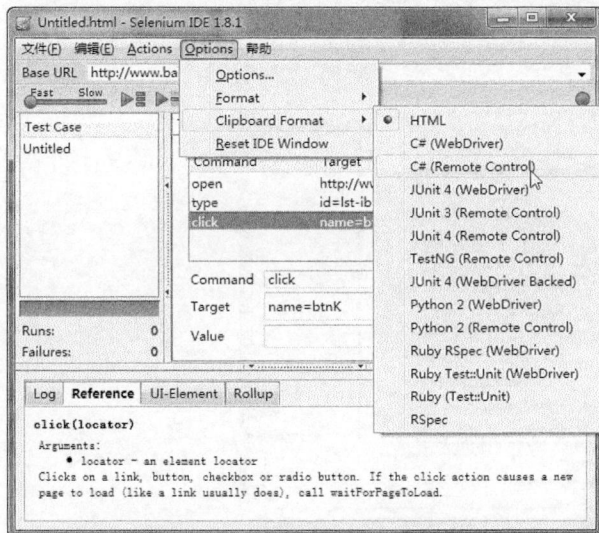

图 3-133　选择语言和版本

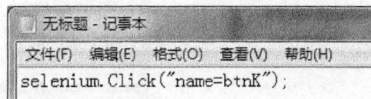

图 3-134　C#(Selenium RC)版代码

### 3.8.2　将命令导出为代码

还可以将整个测试用例导出为其他代码。例如，现在有一个测试用例"Untitled"，它有 3 个步骤，如图 3-135 所示。

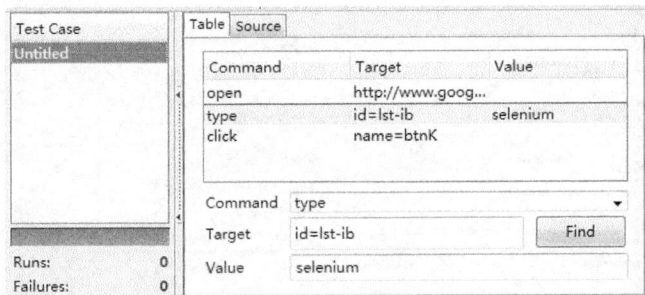

图 3-135　测试用例

只需在菜单中选择"文件"-> Export Test Case As 或"文件"-> Export Test Suite As，然后选择对应的语言及 Selenium 版本即可（注："文件"-> Export Test Suite As 不支持 C#和 Python 2），如图 3-136 所示。

导出后的代码如图 3-137 所示。

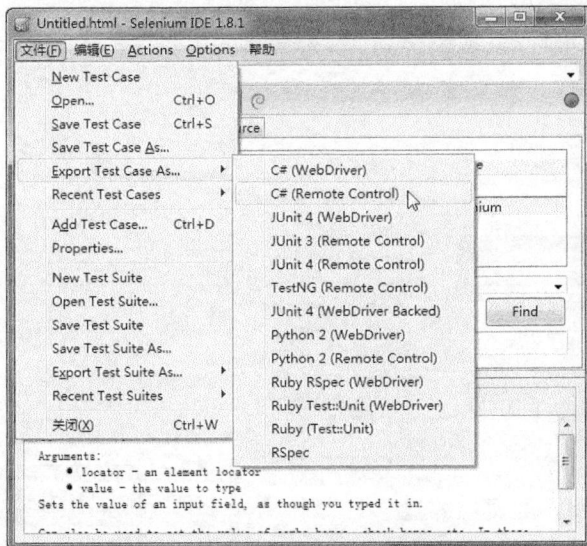

图 3-136　选择语言版本

```csharp
using System;
using System.Text;
using System.Text.RegularExpressions;
using System.Threading;
using NUnit.Framework;
using Selenium;

namespace SeleniumTests
{
    [TestFixture]
    public class Untitled
    {
        private ISelenium selenium;
        private StringBuilder verificationErrors;

        [SetUp]
        public void SetupTest()
        {
            selenium = new DefaultSelenium("localhost", 4444, "*chrome", "http://www.baidu.com/");
            selenium.Start();
            verificationErrors = new StringBuilder();
        }

        [TearDown]
        public void TeardownTest()
        {
            try
            {
                selenium.Stop();
            }
            catch (Exception)
            {
                // Ignore errors if unable to close the browser
            }
            Assert.AreEqual("", verificationErrors.ToString());
        }

        [Test]
        public void TheUntitledTest()
        {
            selenium.Open("http://www.google.com.hk");
            selenium.Type("id=lst-ib", "selenium");
            selenium.Click("name=btnK");
        }
    }
}
```

图 3-137　导出的代码

第 4 章

# Selenium 1（Remote Control）

Selenium 1（Selenium-RC）是 Selenium 中最主要的第一代测试工具，较之 Selenium 2，它更加成熟、稳定与全面，甚至目前比 Selenium 2 拥有更多功能；同时它还能支持几乎所有浏览器的测试。Selenium 1 的缺点在于受到 JavaScript 安全模型导致的限制，并且其编程方式更像是面向过程的而非面向对象的。我们可以使用多种语言（Java、JavaScript、Ruby、PHP、Python、Perl 以及 C#）来编写 Selenium 1 测试代码。

# 4.1 Selenium 1 的工作原理

首先介绍 Selenium 1 组件是如何运行的，以及它们在测试脚本运行过程中的作用是什么。

## 4.1.1 Selenium 1 的组件

Selenium 1 组件包括以下内容。

- Selenium 服务器，它负责启动或关闭浏览器；解释和运行从测试程序中传来的 Selenese 命令；并可以扮演 HTTP 代理的角色；截获和验证在浏览器和被测试的应用程序之间传递的 HTTP 消息。

- 客户端库文件提供了各种编程语言和 Selenium RC 服务器之间的接口。

图 4-1 所示为简单的 Selenium 1 架构。

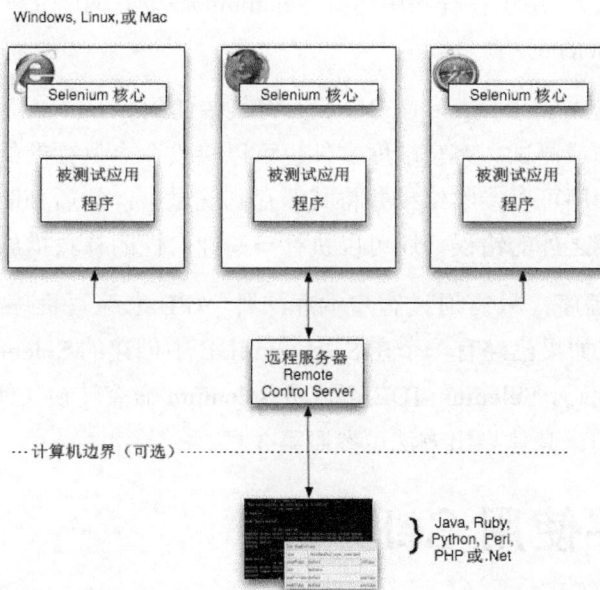

图 4-1　Selenium 1 架构

接下来将详细描述 Selenium 服务器和 Selenium 客户端库文件的作用。

## 4.1.2　Selenium 服务器

Selenium 服务器用于接收测试程序传来的 Selenium 命令，解释并执行它们，然后向测试程序反馈测试的结果。

RC 服务器捆绑了 Selenium Core 并自动将其注入浏览器，这一切发生在测试程序打开浏览器（使用客户端库文件的 API 函数）的时候。Selenium-Core 是 JavaScript 程序，换句话说，它是一系列 JavaScript 函数，用于调用浏览器内置的 JavaScript 解释器，以解释和执行 Selenese 命令。

该服务器同样可以接收来自测试程序的使用简单 HTTP GET/POST 请求的 Selenese 命令，这意味着可以使用任何支持 HTTP 请求的编程语言来编写 Selenium 测试代码。

## 4.1.3　Selenium 客户端库文件

客户端库文件提供了对编程的支持，这样就可以自己设计程序来运行 Selenium 命令。对于每一种支持的编程语言，都有不同的客户端库文件。Selenium 客户端库文件提供了编程接口（例如，一系列函数），用于在程序中运行 Selenium 命令。对于每一种接口，都有对应的编程函数支持每一种 Selenese 命令。

客户端库文件可以生成 Selenese 命令，然后将其传递到 Selenium 服务器，对被测试的应用程序执行指定的动作或测试。客户端库文件也可以接收命令执行的结果，并将其传递给应用程序。接着，应用程序可以接收结果并将其保存到变量中，然后判断当前测试是通过还是失败，如果发生了预期之外的错误，还可以执行一些针对性的补救措施。

因此要创建测试程序，只需通过客户端库文件 API 来编写程序，用它来执行一系列 Selenium 命令。当然，如果已经有一个在 Selenium IDE 中创建的 Selenese 测试脚本，可以用其生成 Selenium 1 的代码。Selenium-IDE 可以将 Selenium 命令转换（使用导出功能）成客户端驱动的 API 函数调用。具体导出方法可参照第 3 章。

# 4.2　安装并使用 Selenium

Selenium 的下载地址为：http://seleniumhq.org/download/，位于"Selenium Client Drivers"

栏，选择使用的编程语言版本下载即可，这些包中同时包含了 Selenium 1 和 Selenium 2 的文件，如图 4-2 所示。

**Selenium Client Drivers**

In order to create scripts that interact with the Selenium Server (Selenium RC, Selenium Remote Webdriver) or create local Selenium WebDriver script you need to make use of language-specific client drivers. Unless otherwise specified, drivers include both 1.x and 2.x style drivers.

While drivers for other languages exist, these are the core ones that are supported by the main project.

**Language Client Version Release Date**

| | | | | | |
|---|---|---|---|---|---|
| Java | 2.20.0 | 2012-02-27 | Download | Change log | Javadoc |
| C# | 2.20.0 | 2012-02-27 | Download | Change log | API docs |
| Ruby | 2.20.0 | 2012-02-28 | Download | Change log | API docs |
| Python | 2.20.0 | 2012-02-27 | Download | Change log | API docs |

图 4-2　下载 Selenium 1

由于在本书中的 Selenium 示例都将采用 C#或 Java 编写，因此需要至少掌握 C#或 Java 中的一种语言。如果您是 C#或 Java 的初学者，可以先在网上参阅相关的资料。

接下来分别介绍如何在 C#和 Java 的 IDE 中进行使用并创建程序。

## 4.2.1　在 C# IDE 中使用 Selenium

下载之后进行解压，可以看到两个不同的文件夹，一个是.Net 3.5 版本；另一个是.Net 4.0 版本，可以根据自己的版本进行选择，然后进入对应版本的文件夹，如图 4-3 所示。

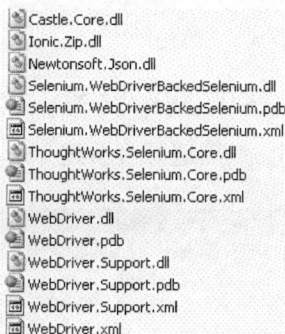

```
Castle.Core.dll
Ionic.Zip.dll
Newtonsoft.Json.dll
Selenium.WebDriverBackedSelenium.dll
Selenium.WebDriverBackedSelenium.pdb
Selenium.WebDriverBackedSelenium.xml
ThoughtWorks.Selenium.Core.dll
ThoughtWorks.Selenium.Core.pdb
ThoughtWorks.Selenium.Core.xml
WebDriver.dll
WebDriver.pdb
WebDriver.Support.dll
WebDriver.Support.pdb
WebDriver.Support.xml
WebDriver.xml
```

图 4-3　Selenium .Net 类库

接下来分别介绍部分文件的作用。

- Castle.Core.dll：Castle 的核心，它是个轻量级容器，实现了 IoC（Inversion of Control）模式的容器，基于此核心容器所建立的应用程序，可以达到程序组件的松散耦合，让程序组件可以进行验证，这些特性可以简化整个应用程序的架构，并易于维护。此文件与测试的关系不大。

- Ionic.Zip.dll：用于压缩和解压的库文件，可以把文件压缩成 WinZip 格式，也可以从该格式中解压。此文件与测试的关系不大。

- Selenium.WebDriverBackedSelenium.dll：通过这个类库，可以实现用 Selenium 1 的语法来执行 Selenium 2。这是一种过渡性方案，基本是针对老的 Selenium 1 代码，让它们以最小的代价迁移到 Selenium 2 去。

- ThoughtWorks.Selenium.Core.dll：Selenium 1 的主要 API 文件，在使用 Selenium 1 自动化测试时就靠这个类库来实现。它也是本章关注的重点。

- WebDriver.dll：Selenium 2 的主要 API 文件，在使用 Selenium 2 进行自动化测试时主要就靠这个类库来实现。将在下一章介绍其相关知识。

- WebDriver.Support.dll：Selenium 2 的支持类，起辅助作用。其中包含一些 HTML 元素选择、条件等待、页面对象创建等的辅助类。将在下一章介绍其相关知识。

至于.pdb 类型的数据库文件，一般用于 dll 文件的调试，与 Selenium 测试本身没多大关系。而.xml 文件则是各个 dll 文件的 API 参考文档，应该仔细研究。

C#编程使用的是 Visual Studio，Visual Studio 2010 的下载地址是：

http://www.microsoft.com/visualstudio/zh-cn/download

关于 Visual Studio 的安装，可参见：

http://www.cnblogs.com/eastson/archive/2012/05/30/2525831.html

安装结束后，打开 Visual Studio，然后选择"新建"→"项目"菜单命令，如图 4-4 所示。

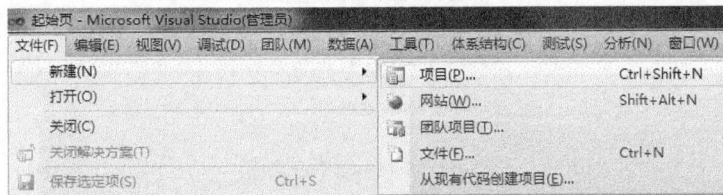

图 4-4　选择"项目"菜单命令

在弹出的"新建项目"对话框中选择"控制台应用程序"，如图 4-5 所示。

图 4-5 "新建项目"对话框

创建完毕后,将打开新建立的项目,可以看到默认创建了一个名为 Program.cs 的类文件,如图 4-6 所示。

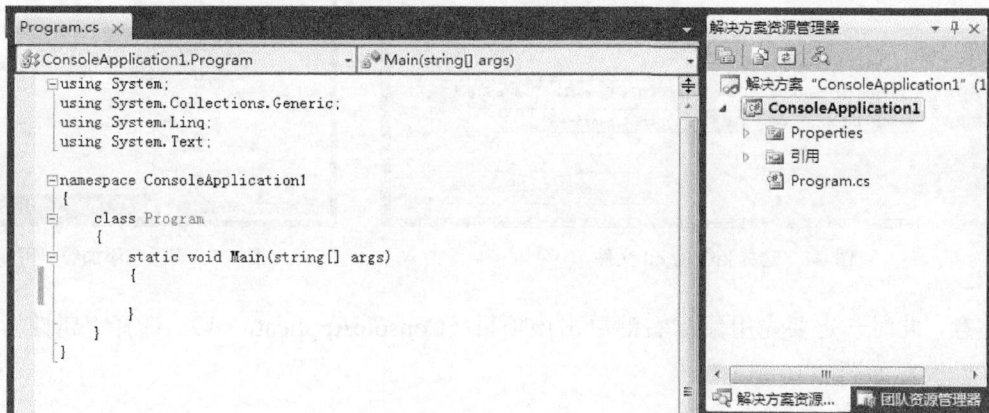

图 4-6 默认创建的 Program.cs 类文件

在解决方案资源管理器中,用鼠标右键单击"引用"图标,选择"添加引用",如图 4-7 所示。

图 4-7　"添加引用"命令

　　打开"添加引用"窗口，选择所有相关的.dll 文件引入到项目中[1]，单击"确定"按钮，如图 4-8 所示，这样将选择的所有文件引入项目中。

　　在解决方案资源管理器中可看到这些引用，如图 4-9 所示。

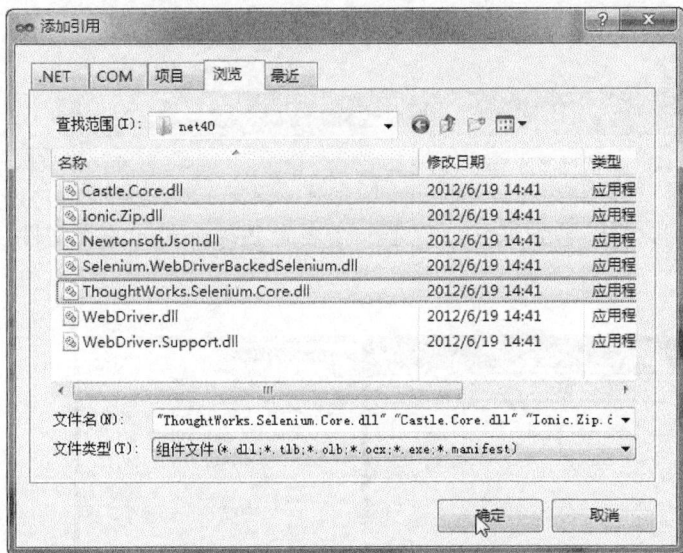

图 4-8　选择相关的.dll 文件

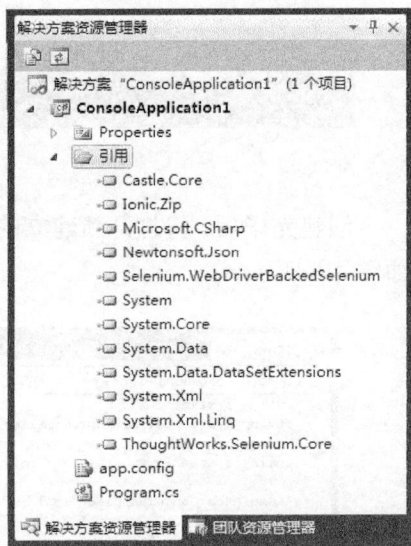

图 4-9　查看已添加的引用

　　注意，此时一定要先用鼠标右键单击该项目（ConsoleApplication1），选择"属性"，进入项目属性设置如图 4-10 所示。

　　在属性页面上，将目标框架更改为".NET Framework4"，如图 4-11 所示。

_____

[1] 如果仅 Selenium 1，则无需同时引用 WebDriver.dll 和 WebDriver.Support.dll 这两个文件。

图 4-10 "属性"命令

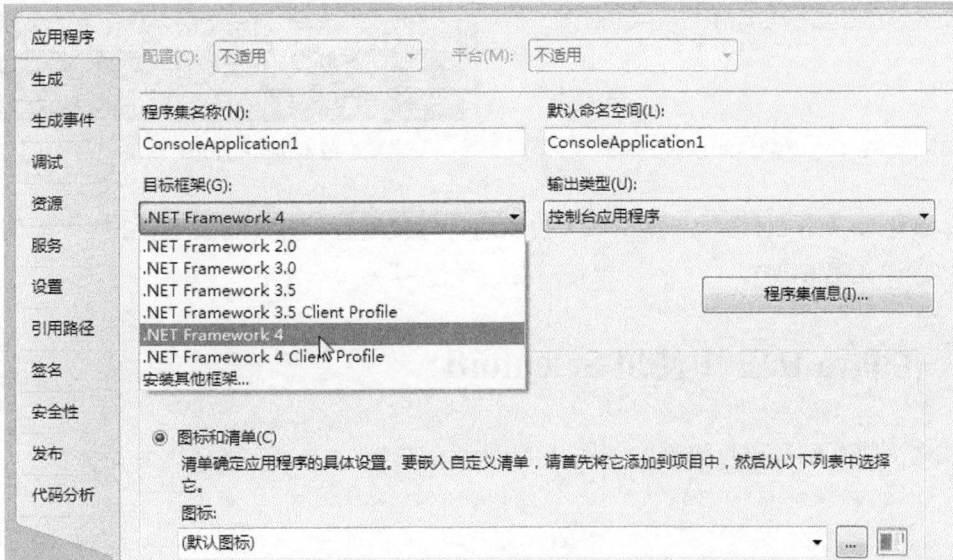

图 4-11 更改目标框架

之所以将目标框架更改为".NET Framework4",是因为默认目标框架".NET Framework4 Client Profile"不依赖于 System.Web 命名空间,如果不更改目标框架,程序将无法正常编译,如图 4-12 所示。

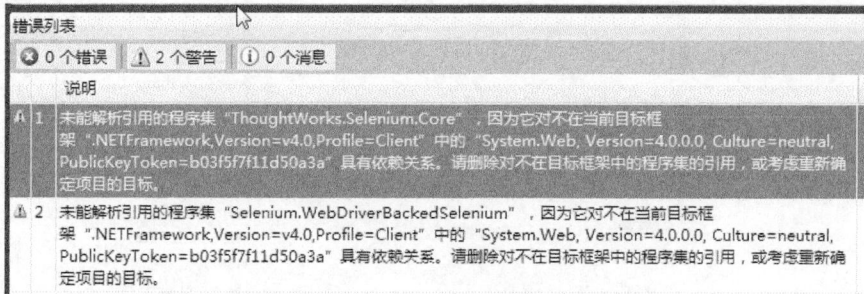

图 4-12　使用默认目标框架致使编译失败

将目标框架更改为 ".NET Framework4" 后，接下来可在 main 函数中输入如图 4-13 所示的代码，然后按 F5 键执行。

运行结果如图 4-14 所示。

```
namespace ConsoleApplication1
{
    class Program
    {
        static void Main(string[] args)
        {
            Console.WriteLine("Hello World");
            Console.ReadKey();
        }
    }
}
```

图 4-13　编写 C#代码

图 4-14　程序运行结果

在本章中以及第 5 章的 C#程序都可按照这种方式进行创建（Selenium 2 程序的创建方法略有不同，详见第 6 章）。

## 4.2.2　在 Java IDE 中使用 Selenium

下载之后进行解压，可以看到如图 4-15 所示的内容。

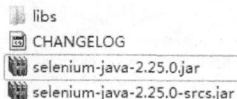

图 4-15　Selenium Java 类库

这些文件和文件夹的作用如下。

- Libs 文件夹：其中包含各种 Java 相关的基础框架。

- CHANGELOG：记录了 Selenium 的变更情况，可以用记事本将其打开阅读。

- Selenium-java-2.25.0.jar：Selenium 1 和 Selenium 2 的主要 API 文件，在进行自动化测试时主要就靠这个类库来实现。

- Selenium-java-2.25.0-srcs.jar：Selenium 的部分源码，感兴趣的读者可以仔细研究。

运行 Java 程序和 Selenium 服务器都需要先安装 JDK，JDK 的下载地址为：

http://www.oracle.com/technetwork/java/javase/downloads/index.html

注意下载时要选择对应的操作系统版本，下载后直接单击"下一步"按钮安装即可。

然后安装 Eclipse，下载地址是：

http://www.eclipse.org/downloads/

下载 Eclipse Classic，然后解压即可使用。

1. 创建 Java 项目

（1）打开 Eclipse，然后选择 New→Java Project 菜单命令，如图 4-16 所示。

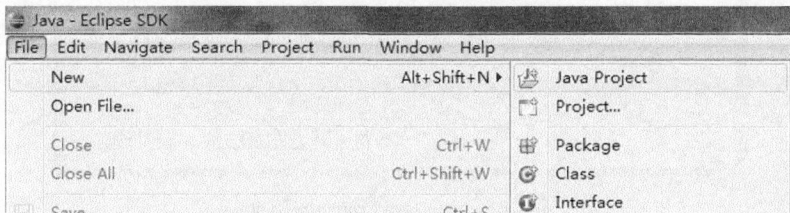

图 4-16　Java Project 菜单命令

（2）在弹出的 New Java Project 对话框中输入 Project name，JRE 选择当前安装的 JRE，然后单击 Finish 按钮，如图 4-17 所示。

（3）进入项目页面，在 Package Explorer 中鼠标右键单击该项目名称，选择 New→Class 命令，如图 4-18 所示。

（4）输入包名称和类名称，并勾选 public static void main 项以生成 main 函数，如图 4-19 所示。

操作完毕后，可看到如图 4-20 所示的新建项目。

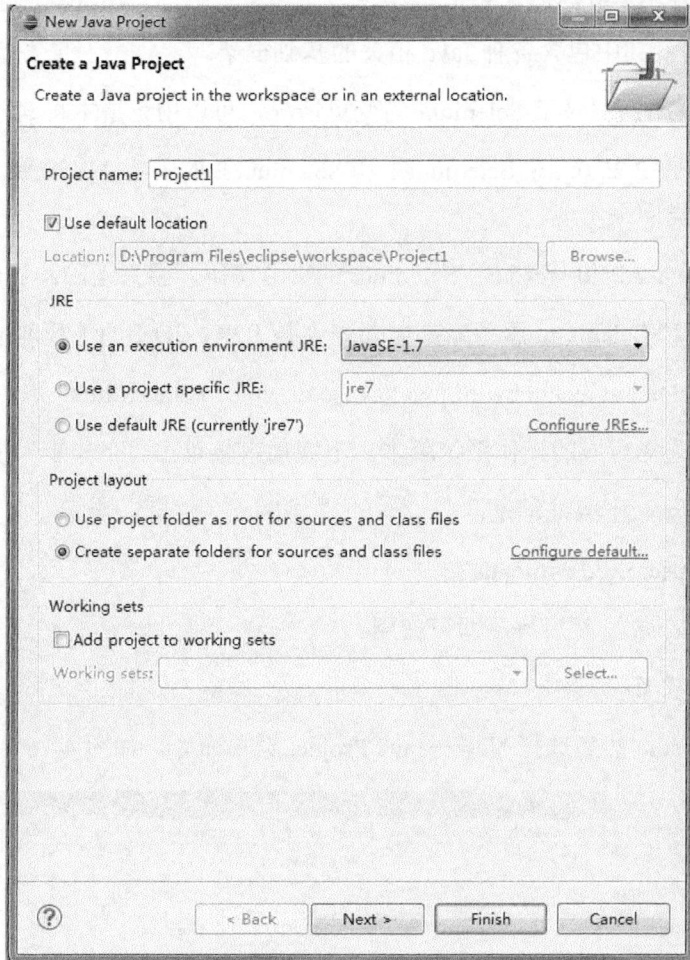

图 4-17　New Java Project 对话框

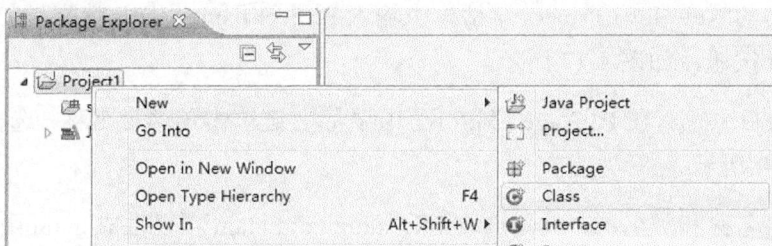

图 4-18　选择 Class 菜单命令

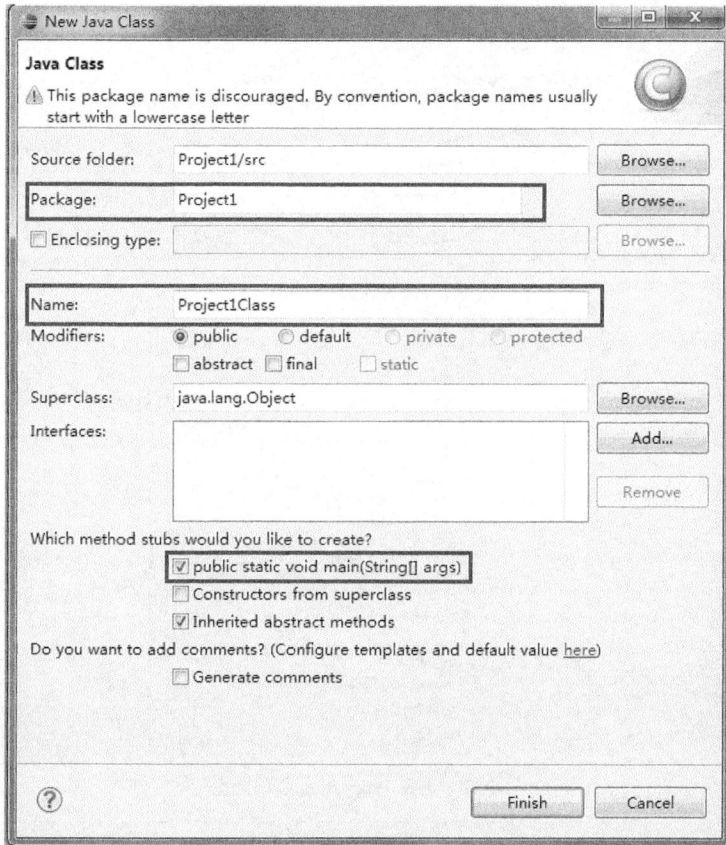

图 4-19 设置 Java 类

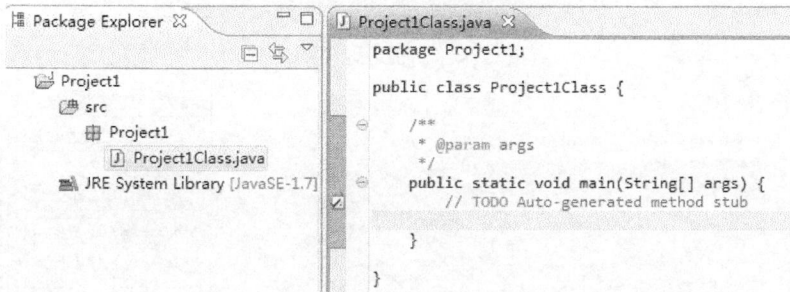

图 4-20 新建的 Java 项目

2. 添加引用

（1）在 Package Explorer 中用鼠标右键单击项目名称 Project1，选择 Properties 命令，如图 4-21 所示。

（2）选择 Java Build Path，在右边选择 Libraries 选项卡，单击 Add External JARs 按钮，

如图 4-22 所示。

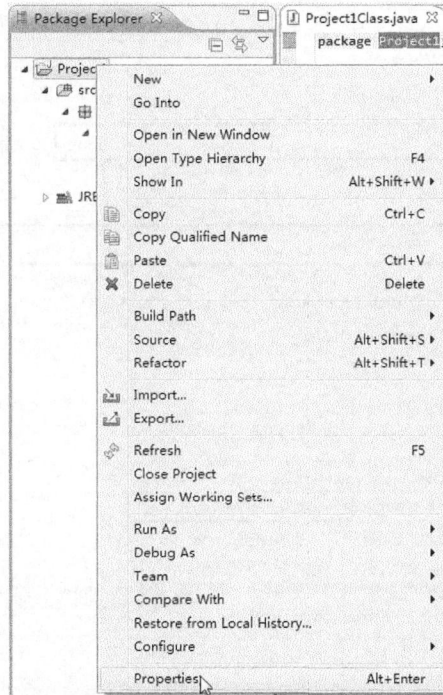

图 4-21　选择 Properties 菜单命令

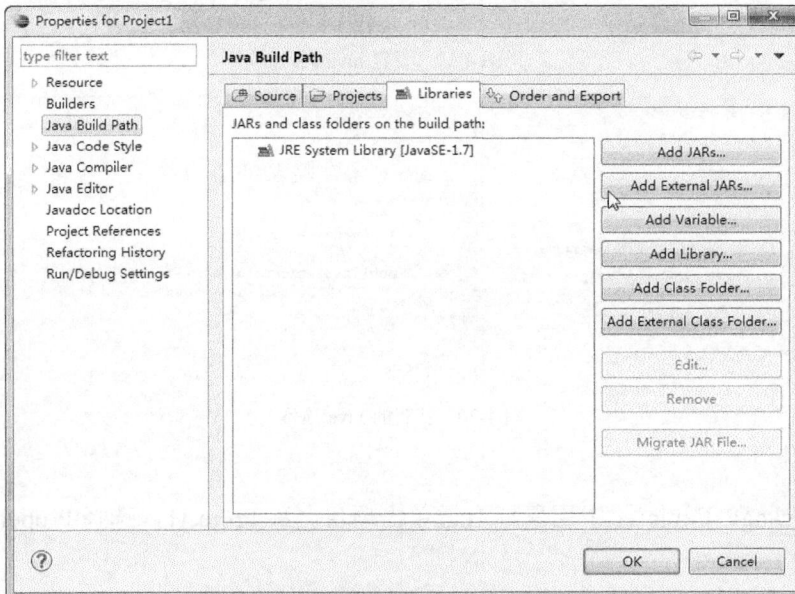

图 4-22　Add External JARs 按钮

（3）选择要添加的 Jar 文件 selenium-java-2.25.0.jar，如图 4-23 所示。

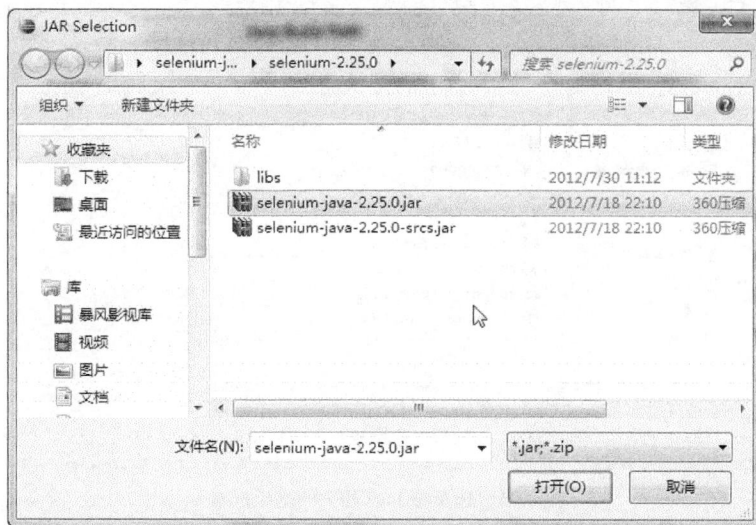

图 4-23　选择要添加的 jar 文件

（4）单击"打开"按钮后，再单击 Add External JARs 按钮，如图 4-24 所示。

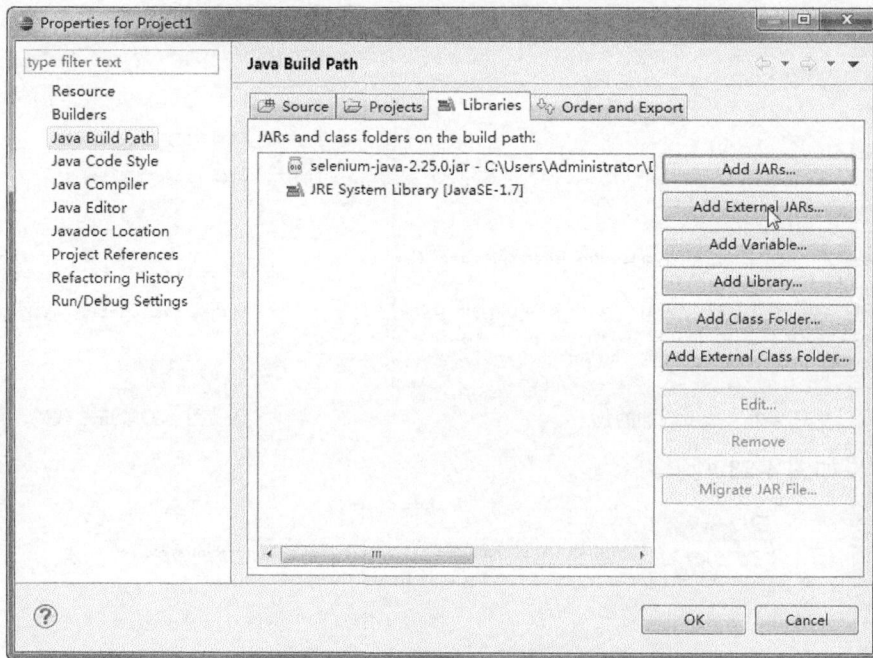

图 4-24　Add External JARs 按钮

（5）选择 Selenium 的 Libs 文件夹中所有与 Java 相关的基础框架，如图 4-25 所示。

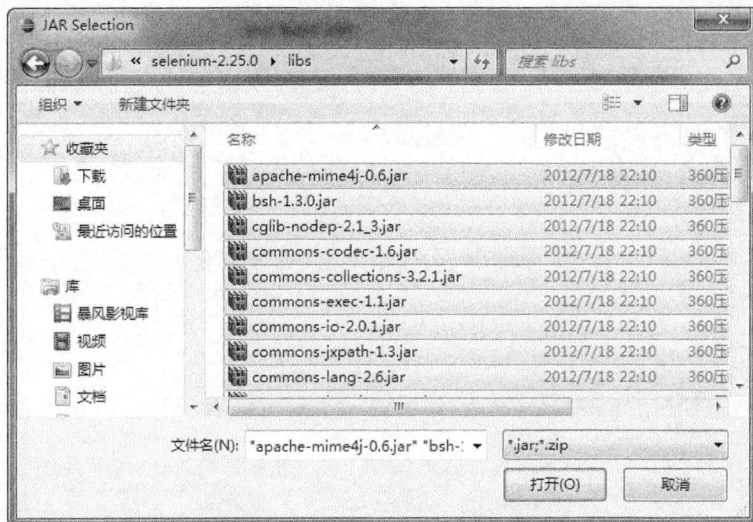

图 4-25 选择与 Java 相关的基础框架

（6）单击"打开"按钮，然后单击 OK 按钮。在 Package Explorer 中，可以看到刚才添加的包，如图 4-26 所示。

（7）在 main 函数中输入如图 4-27 所示的代码，然后按 F11 键执行。

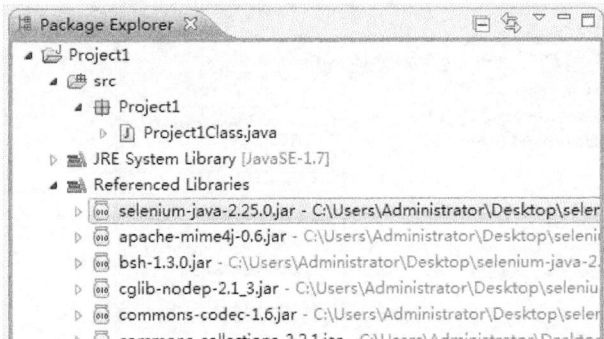

图 4-26 查看添加的包

图 4-27 Java 代码

运行结果如图 4-28 所示。

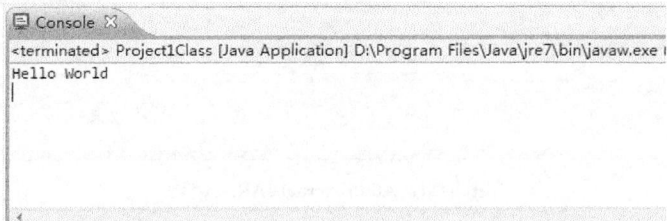

图 4-28 程序运行结果

本章中所有 Java 程序都可按照这种方式进行创建。

# 4.3　下载并启动 Selenium 服务器

在执行 Selenium 1 测试之前，必须先启动 Selenium 服务器。Selenium 服务器的下载地址为 http://seleniumhq.org/download/，位于 Selenium Server 栏，单击 Download version 后面的版本号即可，如图 4-29 所示。

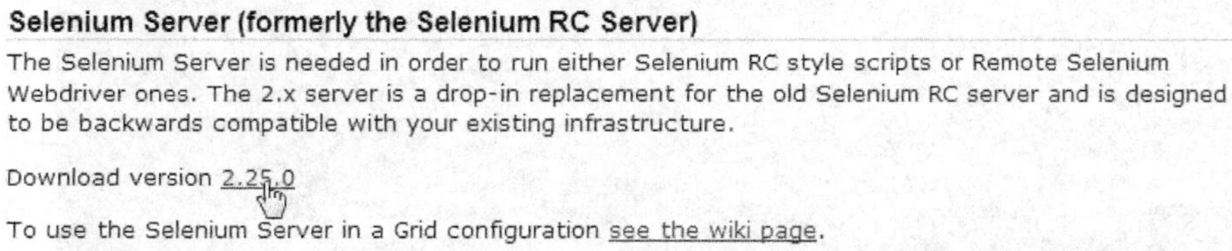

**Selenium Server (formerly the Selenium RC Server)**

The Selenium Server is needed in order to run either Selenium RC style scripts or Remote Selenium Webdriver ones. The 2.x server is a drop-in replacement for the old Selenium RC server and is designed to be backwards compatible with your existing infrastructure.

Download version 2.25.0

To use the Selenium Server in a Grid configuration see the wiki page.

图 4-29　下载 Selenium 服务器

下载完毕后，将得到一个.jar 文件，例如 selenium- server-standalone-2.25.0.jar。

注意，运行 Selenium 服务器需要先安装 JDK，JDK 的下载地址为：

http://www.oracle.com/technetwork/java/javase/downloads/index.html

注意下载时要选择对应的操作系统版本，下载后直接单击"下一步"按钮安装即可。

如果已经安装了 JDK，可以直接双击这个 jar 文件来启动 Selenium 服务器，也可以通过下面的命令行来启动：

```
java -jar <selenium 服务器文件路径>.jar
```

例如：java -jar C:\Users\Administrator\Desktop\selenium-server-standalone-2.25.0.jar

执行后结果如图 4-30 所示。

当然，这只是最基本的启动方式，Selenium 服务器还可以通过不同的参数进行启动，将在以后进行详细介绍。

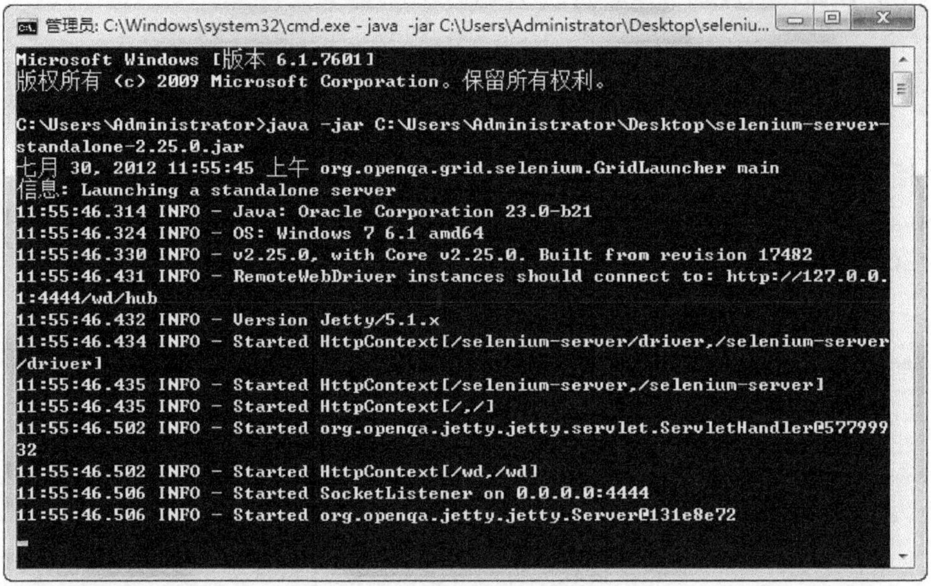

图 4-30　启动 Selenium 服务器

# 4.4　选择浏览器开始测试

要开始测试，首先得创建 Selenium 的实例。通过 DefaultSelenium 的构造函数即可创建 Selenium 实例，如程序清单 4-1 和程序清单 4-2 所示。

**程序清单 4-1　C#代码**

```csharp
using System;

using Selenium; //注意这里引用了 Selenium 的命名空间

namespace ConsoleApplication1

{

    class Program

    {

        static void Main(string[] args)

        {

            DefaultSelenium selenium = new DefaultSelenium("localhost", 4444, "*iexplore",
"http://www.google.com");

            selenium.Start();
```

```
        }
    }
}
```

**程序清单 4-2　Java 代码**

```java
package Project1;
import com.thoughtworks.selenium.*; //注意这里导入了Selenium包中的内容
public class Project1Class {
    public static void main(String[] args) {
        DefaultSelenium selenium = new DefaultSelenium("localhost", 4444, "*iexplore",
"http://www.google.com");
        selenium.start();
    }
}
```

执行该命令后，可以发现屏幕打开了两个窗口，如图 4-31 所示。它们都是 IE 窗口，上面一个是 Selenium 1 的控制界面，而下方是被测试的 Web 程序界面。

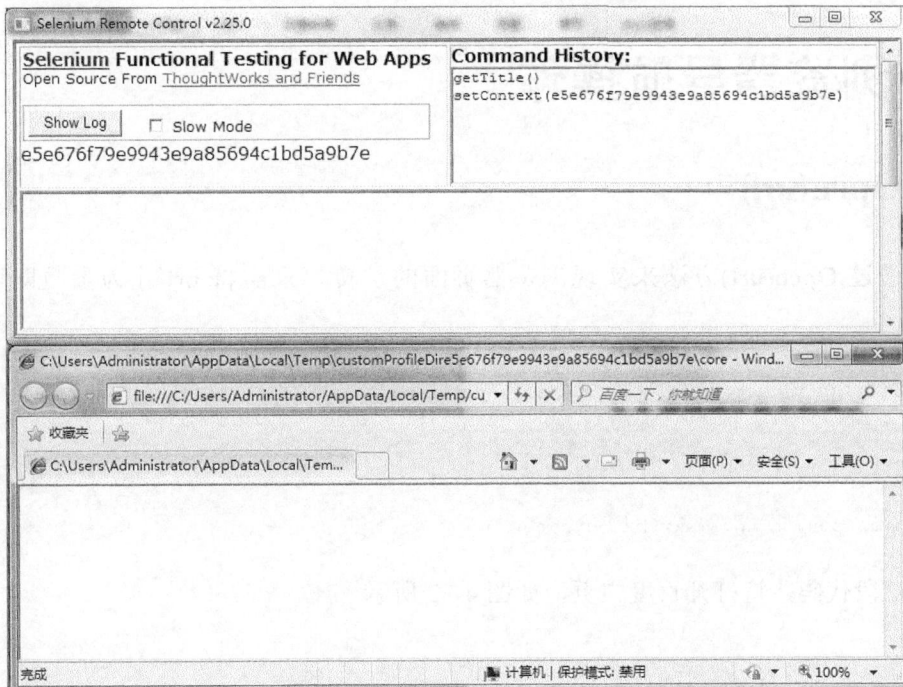

图 4-31　创建 Selenium 实例

其中"DefaultSelenium selenium = new DefaultSelenium("localhost", 4444, "*iexplore", "http://www.google.com");"用于创建 Selenium 测试实例，在 DefaultSelenium 的构造函数中分别有 4 个参数，具体如下。

- serverHost，Selenium 服务器的主机名称或 IP 地址。

- serverPort，Selenium 服务器的端口，默认为 4444。

- browserString，用于加载对应的浏览器，可以使用"*浏览器名"的方式加载，也可以使用绝对路径加载，例如"c:\\program files\\internet explorer\\iexplore.exe"。

如果使用"*浏览器名"的方式加载，支持的浏览器名有*firefox、*mock、*firefoxproxy、*pifirefox、*chrome、*iexploreproxy、*iexplore、*firefox3、*safariproxy、*googlechrome、*konqueror、*firefox2、*safari、*piiexplore、*firefoxchrome、*opera、*iehta 和*custom。

- browserURL，只包含域名的起始 URL。浏览器会指向在该 URL 上的 Selenium 资源。例如，如果输入"http://www.google.com"，那么浏览器将会默认跳转到"http://www.google.com/selenium-server/RemoteRunner.html"。

在创建了 Selenium 实例后，再使用它的 Start()方法，来打开对应的浏览器和控制界面。

# 4.5　浏览器导航操作

## 4.5.1　Open(url)

可以通过 Open(url)方法来实现浏览器页面的跳转，只需将 url 作为参数即可，如下所示。

```
DefaultSelenium selenium = new DefaultSelenium("localhost", 4444, "*iexplore", "http://
www.baidu.com");

selenium.Start();

selenium.Open("http://www.baidu.com");
```

执行这段代码，将打开百度主页，如图 4-32 所示。

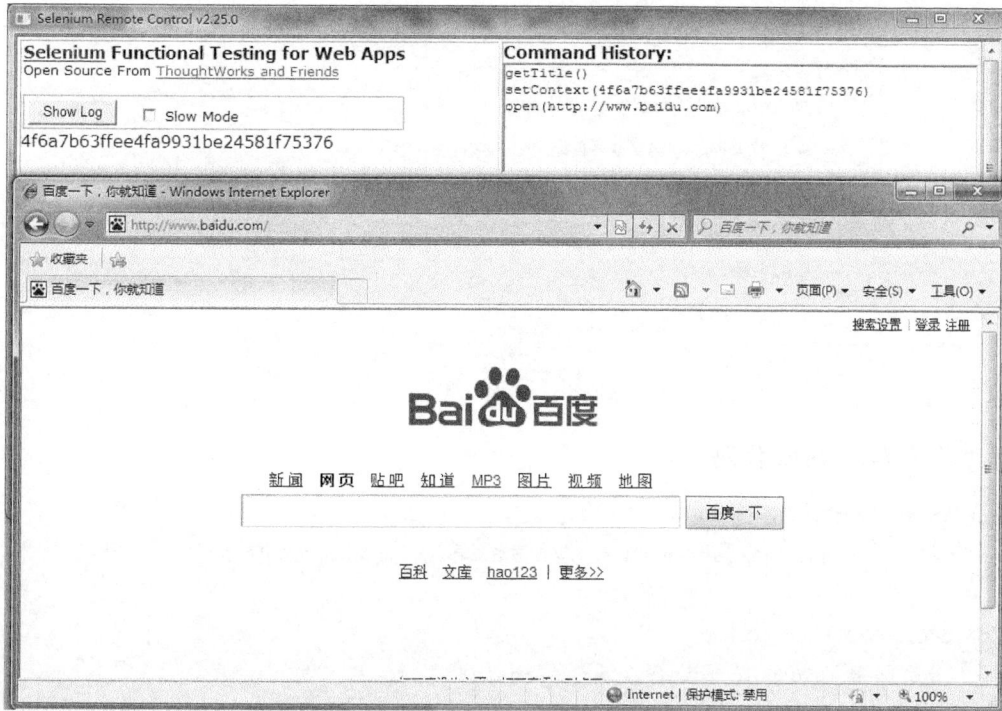

图 4-32　打开百度主页

## 4.5.2　GoBack(url)

在浏览器上，可以按"后退"按钮来进行导航，想必大家都不陌生，通过 GoBack()方法，也可以实现这种导航功能。

下面举例说明，先打开百度，再打开 Google，之后进行后退的操作，代码参见程序清单 4-3 和程序清单 4-4，为防止执行过快，每个操作后面加了 3s 等待时间。

**程序清单 4-3　C#代码**

```
using System;
using Selenium; //注意这里引用了Selenium的命名空间
namespace ConsoleApplication1
{
    class Program
    {
        static void Main(string[] args)
```

```
            {
                        DefaultSelenium selenium = new DefaultSelenium("localhost", 4444, "*iexplore",
"http://www.baidu.com");

                        selenium.Start();

                        selenium.Open("http://www.baidu.com");

                        selenium.Open("https://www.google.com.hk");

                        System.Threading.Thread.Sleep(3000);//等待 3 秒

                        selenium.GoBack();

            }

        }

}
```

**程序清单 4-4    Java 代码**

```
package Project1;
import com.thoughtworks.selenium.*; //注意这里导入了 Selenium 包中内容


public class Project1Class {

    public static void main(String[] args) {

            DefaultSelenium selenium = new DefaultSelenium("localhost", 4444, "*iexplore",
"http://www.baidu.com");

            selenium.start();

            selenium.open("http://www.baidu.com");

            selenium.open("https://www.google.com.hk");

            try {

                    Thread.sleep(3000);

            } catch (InterruptedException e) {

                    e.printStackTrace();

            }//等待 3 秒

            selenium.goBack();

        }

    }
```

执行后可以发现，程序依次打开了两个页面：百度和谷歌。然后退到了百度页面。

## 4.5.3    Refresh()，WindowFocus()，WindowMaximize()和 Close()

refresh()方法可以刷新整个页面（类似于按 F5 键），多用于执行某些操作后需要刷新的情况，例如登录后页面未自动刷新。

WindowFocus()方法用于激活当前选中的浏览器窗口。

WindowMaximize()方法用于将当前选中的浏览器窗口最大化。

Close()方法用于关闭当前选中的浏览器窗口，相当于是单击了关闭按钮。

示例代码如程序清单 4-5 所示。

**程序清单 4-5 Refresh()、WindowFocus()、WindowMaximize()和 Close()示例**

```
DefaultSelenium selenium = new DefaultSelenium("localhost", 4444, "*iexplore", "http://
www.baidu.com");

selenium.Start();

selenium.Open("http://www.baidu.com");

selenium.WindowFocus();

selenium.WindowMaximize();

selenium.Refresh();

selenium.Close();
```

# 4.6 操作页面元素

在打开对应的页面后，就可以对页面上的元素进行操作了。Selenium 1 提供了大量的方法，可用于操作页面元素。

在操作页面元素时，首先需要对页面元素进行定位，Selenium1 的元素定位表达式和 Selenium IDE 的表达式几乎是一样的，具体可参见"3.5 Target"一节。

## 4.6.1 Type (locator, value)

使用该命令可以在 input 类型的页面元素中输入指定值，input 类型的元素主要为文本框，当然也可以为下拉框、复选框等等复制，但是输入的值必须是指定格式（复选框）或选项（下拉框）。

在某些特殊情况下，您可能需要先使用 type 命令来设置字段的值，然后使用 typeKeys 命令来触发您刚刚键入字符的对应键盘事件。

参数：

- locator-元素的定位表达式。

- value-要输入的值。

使用方式如程序清单 4-6 所示。

**程序清单 4-6　Type (locator,value)**

```
DefaultSelenium selenium = new DefaultSelenium("localhost", 4444, "*iexplore", "https://
www.google.com.hk");
selenium.Start();
selenium.Open("https://www.google.com.hk");
selenium.Type("id=lst-ib", "selenium");
```

执行时将打开 Google 页面，并在搜索文本框（Google 搜索文本框的 id 为 lst=ib）输入 selenium，如图 4-33 所示。

图 4-33　执行结果

## 4.6.2　TypeKeys (locator, value)

该命令与 type 命令有相似点也有不同点，相似点在于都是输入，不同点在于，type()命令可以输入任意值（例如汉字，日文），而 typeKeys()命令只能输入键盘拥有的字符，其效果等同从键盘一个个的按，这相当于是调用了 keyDown、keyUp、keyPress 等事件，这尤其适用于那些需要键盘事件才能输入或者需要根据即时输入做出变化的动态 UI 元素。

在某些特殊情况下，您可能需要先使用 type 命令来设置字段的值，然后使用 typeKeys 来触发您刚刚键入字符的对应键盘事件。

参数：

- locator-元素的定位表达式。
- value-要输入的值。

## 4.6.3　Click (locator)

使用该命令，可以对链接、复选框或单选框等元素进行单击（几乎所有的页面元素都支持单击操作）。如果单击操作会导致页面重新加载（例如，跳转页面、页面重新加载等），最好在后面加个 waitFor PageToLoad 命令，让 Selenium 等待页面加载完毕之后才执行下一步操作。

参数：

locator-元素的定位表达式。

使用方式如程序清单 4-7 所示。

**程序清单 4-7　Click (locator)**

```
DefaultSelenium selenium = new DefaultSelenium("localhost", 4444, "*iexplore", "https://
www.google.com.hk");

selenium.Start();

selenium.Open("https://www.google.com.hk");

selenium.Type("id=lst-ib", "selenium");

selenium.Click("name=btnK");
```

执行这段代码，将打开 Google 页面，并输入 selenium 作为搜索关键字后，再单击搜索按钮（搜索按钮的 name 属性为 btnK），执行后结果如图 4-34 所示。

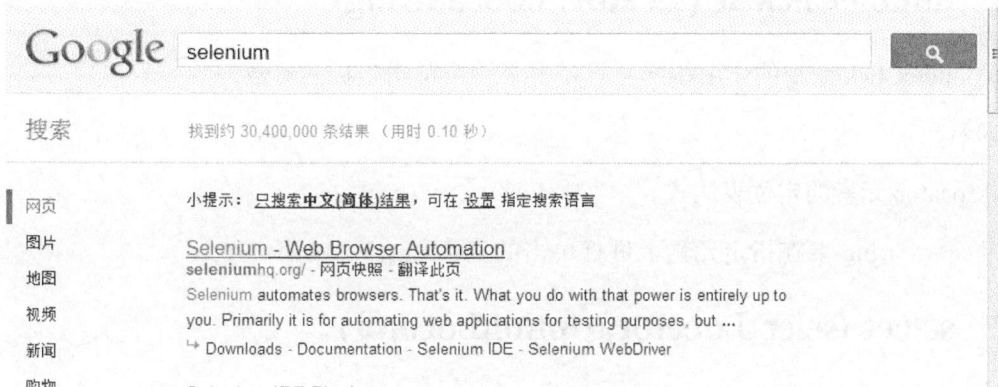

图 4-34　执行结果

## 4.6.4　ClickAt (locator, coordString)

与 click 命令类似，只是多了一个单击坐标的参数。

参数：

- locator-元素的定位表达式。

- coordString-要在指定元素上进行单击的坐标（$x,y$），例如（10, 20）。

例如，4.6.2 中的示例代码也可以改为程序清单 4-8 所示的代码。

**程序清单 4-8　ClickAt (locator, coordString)**

```
DefaultSelenium selenium = new DefaultSelenium("localhost", 4444, "*iexplore", "https://
www.google.com.hk");

selenium.Start();

selenium.Open("https://www.google.com.hk");

selenium.Type("id=lst-ib", "selenium");

selenium.ClickAt("name=btnK","1,1");
```

## 4.6.5　doubleClick (locator)

双击链接、复选框或单选框。如果双击动作会导致页面重新加载，最好在后面添加
waitForPageToLoad 命令。

参数：

locator-元素的定位表达式。

## 4.6.6　doubleClickAt (locator, coordString)

和 doubleClick 命令的作用相同，只是多了一个单击坐标的参数。

参数：

- locator-元素的定位表达式。

- coordString-要在指定元素上进行单击的坐标（$x,y$），例如（10,20）。

## 4.6.7　select (selectLocator, optionLocator)

参数：

selectLocator-下拉框的定位表达式。

optionLocator-下拉框选项的定位表达式。

注意，选项的定位方式和下拉框的定位方式有所不同，下面列出了选项的定位方式。

- label=文本值，基于选项的文本进行匹配（默认方式），例如 label=three。

- value=真实值，基于选项的真实值进行匹配，例如 value=3。

- id=id，基于选项的 id 进行匹配，例如 id=option3。

- index=index，基于选项的索引进行匹配 (从 0 开始)，例如 index=2。

如果选项定位表达式没有带前缀（例如，label=，value=），则默认按 label 方式匹配。

以百度贴吧搜索为例，如图 4-35 所示，假设要在排序方式下拉框中选择"按相关性进行排序"，其 HTML 代码如图 4-36 所示。

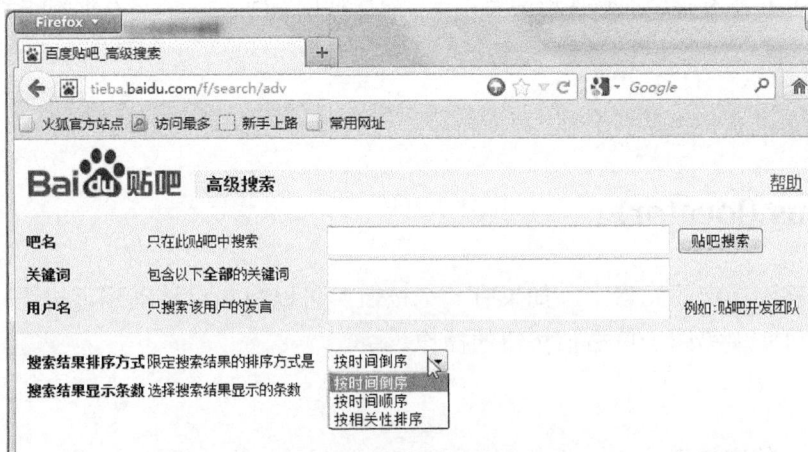

图 4-35　搜索排序

图 4-36　下拉列表框 HTML 代码

可以编写对应的代码，即可选择"按相关性排序"，参见代码清单 4-9。

**程序清单 4-9　Select (selectLocator, optionLocator)**

```
DefaultSelenium selenium = new DefaultSelenium("localhost", 4444, "*iexplore", "https://
www.google.com.hk");

selenium.Start();

selenium.Open("http://tieba.baidu.com/f/search/adv");

selenium.Select("name=sm","label=按相关性排序");
```

按照之前提到的选项定位方式，要选择"按相关性排序"，Value 一栏还可以填写"value=2"

或"index=2"。

### 4.6.8 check (locator)/unCheck (locator)

check(locator)：勾选复选框或单选框。

unCheck(locator)：与 check 命令相反，作用为取消勾选。

需要注意的是，大多数程序员在编写复选框或单选框对应的 JavaScript 事件时，总喜欢选择 onClick 事件，而 check 命令不会触发单击动作（也就是不会触发 onClick 事件），所以必要的时候，可以使用 click 命令来勾选复选框或单选框，然后使用 isChecked()命令来判断单击后的状态。

参数：

locator-元素的定位表达式。

### 4.6.9 focus (locator)

将焦点转移到指定的元素上。如果有一个按钮，可以将焦点移动到该按钮，再触发键盘的回车键，即可实现等同于单击该按钮的操作。

参数：

locator-元素的定位表达式。

例如，如果直接打开 http://tieba.baidu.com/index.html，可以看到贴吧文本框是失去焦点的，但如果使用 focus 命令，则可以将光标放置到贴吧文本框中。

## 4.7 键盘鼠标模拟操作

对于 Selemiun 1，除了上一节所述那些命令可以操作页面元素外，还有一些也可以执行操作，它们用于模拟键盘鼠标的操作，和 Selemiun IDE 中的命令类似，如表 4-1 所示。

表 4-1 模拟键盘的鼠标操作

| 名　　称 | 作　　用 | 参　　数 |
|---|---|---|
| altKeyDown ( ) | 模拟按下 Alt 键不放，直到调用 altKeyUp 命令或者加载新的页面 | 无 |
| altKeyUp ( ) | 松开 Alt 键 | 无 |

| 名　称 | 作　用 | 参　数 |
|---|---|---|
| controlKeyDown ( ) | 模拟按下 Ctrl 键不放，直到调用 controlKeyUp 命令或者加载新的页面 | 无 |
| controlKeyUp ( ) | 松开 Ctrl 键 | 无 |
| shiftKeyDown ( ) | 模拟按下 Shift 键不放，直到调用 controlKeyUp 命令或者加载新的页面 | 无 |
| shiftKeyUp ( ) | 松开 Shift 键 | 无 |
| keyDown ( locator, keySequence ) | 模拟按下某个键不放，直到执行 keyUp 命令 | locator - 元素的定位表达式。keySequence - 要输入的字符串，是按键的 ASCII 编码，以 "\" 开头，例如 "\119"；或者单个字符，如 "w" |
| keyPress ( locator, keySequence ) | 模拟用户敲击了某个按键 | locator - 元素的定位表达式。keySequence - 要输入的字符串，是按键的 ASCII 编码，以 "\" 开头，例如 "\119"；或者单个字符，如 "w" |
| keyUp ( locator, keySequence ) | 模拟松开某个键 | locator - 元素的定位表达式。keySequence - 要输入的字符串，是按键的 ASCII 编码，以 "\" 开头，例如 "\119"；或者单个字符，如 "w" |
| mouseDown ( locator ) | 模拟用户在指定元素上按下鼠标左键不放 | locator - 元素的定位表达式 |
| mouseDownAt ( locator, coordString ) | 和 mouseDown 命令是一个概念，区别在于需要填写相对坐标 | locator - 元素的定位表达式。coordString - 要在指定元素上进行点击的 x,y 坐标（例如 10,20） |
| mouseDownRight ( locator ) | 模拟用户在指定元素上按下鼠标右键不放 | locator - 元素的定位表达式 |
| mouseDownRightAt (locator,coordString) | 和 mouseDownRight 命令是一个概念，区别在于需要填写相对坐标 | locator - 元素的定位表达式。coordString - 要在指定元素上进行点击的 x,y 坐标（例如 10,20） |
| mouseUp ( locator ) | 松开之前使用 mouseDown 在指定元素上按下的鼠标左键 | locator - 元素的定位表达式 |
| mouseUpAt (locator,coordString) | 松开之前使用 mouseDownAt 在指定元素上按下的鼠标左键 | locator - 元素的定位表达式。coordString - 要在指定元素上进行点击的 x,y 坐标（例如 10,20） |
| mouseUpRight ( locator ) | 松开之前使用 mouseDownRight 在指定元素上按下的鼠标右键 | locator - 元素的定位表达式 |

续表

| 名　　称 | 作　　用 | 参　　数 |
|---|---|---|
| mouseUpRightAt (locator,coordString) | 松开之前使用 mouseDownRightAt 在指定元素上按下的鼠标右键 | locator - 元素的定位表达式。<br>coordString - 要在指定元素上进行点击的 x,y 坐标（例如 10,20） |
| mouseOver（locator） | 将鼠标光标移动到指定元素内 | locator - 元素的定位表达式。 |
| mouseOut（locator） | 将鼠标光标移动到指定元素外 | locator - 元素的定位表达式 |

> **提示**
>
> 　　以上这些 KeyDown/KeyUp 命令只要按顺序调用，就可以形成组合按键，例如要按 Ctrl+Alt+C，先 CtrlKeyDown、AltKeyDown 然后再 KeyDown，这样就按下了快捷键，然后再一个一个 KeyUp。

# 4.8　获取页面元素的内容

有些方法可用于获取元素的内容，并将这些内容保存在变量中，与预期值进行比较，以判断应用程序是否正确执行。

## 4.8.1　getTitle ()

返回当前网页的标题。

例如，当前的百度主页的标题如图 4-37 所示。

图 4-37　百度主页标题

可以通过编写代码，将其存储到 title 变量中，并将其打印出来，如程序清单 4-10 或程序清单 4-11 所示。

**程序清单 4-10　C#代码**

```
using System;
using Selenium;//注意这里引用了 Selenium 的命名空间
```

```
namespace ConsoleApplication1
{
    class Program
    {
        static void Main(string[] args)
        {
            DefaultSelenium selenium = new DefaultSelenium("localhost", 4444, "*iexplore",
"http://www.baidu.com");
            selenium.Start();
            selenium.Open("http://www.baidu.com");
            string title = selenium.GetTitle();
            Console.WriteLine(title);
            Console.ReadKey();
        }
    }
}
```

**程序清单 4-11　Java 代码**

```
package Project1;
import com.thoughtworks.selenium.*;//注意这里导入了Selenium包中内容


public class Project1Class {
    public static void main(String[] args) {
        DefaultSelenium selenium = new DefaultSelenium("localhost", 4444, "*iexplore",
"http:// www.baidu.com");
        selenium.start();
        selenium.open("http://www.baidu.com");
        String title = selenium.getTitle();
        System.out.println(title);
    }
}
```

执行后，结果如图 4-38 所示，可以看到 Selenium 成功打印了页面的标题。

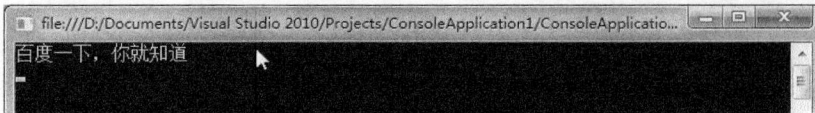

图 4-38 执行结果

## 4.8.2 getLocation()

获取当前网页的 URL。

例如，打开百度，然后将网址存放到变量 url 中，代码如程序清单 4-12 或程序清单 4-13 所示。

**程序清单 4-12 C#代码**

```
DefaultSelenium selenium = new DefaultSelenium("localhost", 4444, "*iexplore", "http://
www.baidu.com");
selenium.Start();
selenium.Open("http://www.baidu.com");
string url = selenium.GetLocation();
Console.WriteLine(url);
Console.ReadKey();
```

**程序清单 4-13 Java 代码**

```
DefaultSelenium selenium = new DefaultSelenium("localhost", 4444, "*iexplore", "http://
www.baidu.com");
selenium.start();
selenium.open("http://www.baidu.com");
String url = selenium.getLocation();
System.out.println(url);
```

执行后，结果如图 4-39 所示，可以看到 Selenium 成功打印了页面的网址。

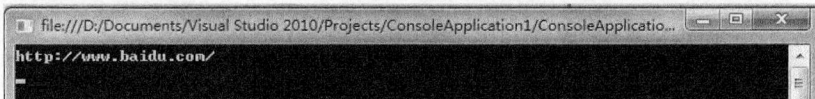

图 4-39 执行结果

## 4.8.3 getValue (locator)

用于存储 input 元素所存放的值，例如文本框、复选框、单选框中的值（换句话说，就是取这些元素的 value 属性的值）。对于复选框或单选框，存放的值会变成"on"（表示已勾选）或"off"（表示未勾选）。

参数：

locator-元素的定位表达式。

如程序清单 4-14 或程序清单 4-15 所示，打开 Google，然后再搜索文本框中输入 Selenium，接下来使用 getValue 命令，将文本框中的值存放到变量 tbxValue 中，最后将其打印出来。

### 程序清单 4-14　C#代码

```
DefaultSelenium selenium = new DefaultSelenium("localhost", 4444, "*iexplore", "https://
www.google.com.hk");

selenium.Start();

selenium.Open("https://www.google.com.hk");

selenium.Type("id=lst-ib", "selenium");

string tbxValue = selenium.GetValue("id=lst-ib");

Console.WriteLine(tbxValue);

Console.ReadKey();
```

### 程序清单 4-15　Java 代码

```
DefaultSelenium selenium = new DefaultSelenium("localhost", 4444, "*iexplore", "https://
www.google.com.hk");

selenium.start();

selenium.open("https://www.google.com.hk");

selenium.type("id=lst-ib", "selenium");

String tbxValue = selenium.getValue("id=lst-ib");

System.out.println(tbxValue);
```

执行后，结果如图 4-40 所示，可以看到 tbxValue 中存放了搜索文本框的值"selenium"。

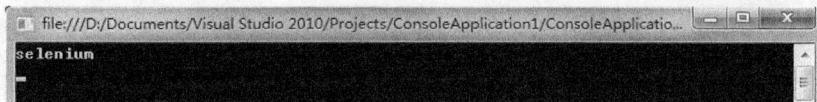

图 4-40　执行结果

## 4.8.4　isEditable (locator)

用于存储 input 元素的可编辑状态，例如文本框、复选框、单选框的可编辑状态，如果可以编辑，则返回 true，否则返回 false。

参数：

locator-元素的定位表达式。

例如程序清单 4-16 或程序清单 4-17 所示，打开 Google，接下来使用该命令查看文本框是否可编辑，然后将值存放在变量 editable 中并打印出来。

**程序清单 4-16　C#代码**

```
DefaultSelenium selenium = new DefaultSelenium("localhost", 4444, "*iexplore", "https://
www.google.com.hk");

selenium.Start();

selenium.Open("https://www.google.com.hk");

bool editable = selenium.isEditable("id=lst-ib");

Console.WriteLine("是否可编辑: " + editable);

Console.ReadKey();
```

**程序清单 4-17　Java 代码**

```
DefaultSelenium selenium = new DefaultSelenium("localhost", 4444, "*iexplore", "https://
www.google.com.hk");

selenium.start();

selenium.open("https://www.google.com.hk");

boolean editable = selenium.isEditable("id=lst-ib");

System.out.println("是否可编辑: " + editable);
```

执行后，结果如图 4-41 所示，可以看到文本框是可编辑的。

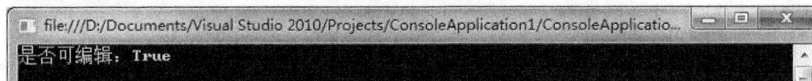

图 4-41　执行结果

## 4.8.5　getText (locator)

用于存储某个元素的文本值，例如链接，纯文本等。

参数：

locator-元素的定位表达式。

例如，现在要获取百度的"搜索设置"链接的文本值，如图 4-42 所示。

图 4-42 百度首页

首先通过 FireBug 查看其 HTML 代码，如图 4-43 所示。

图 4-43 HTML 代码

可以发现其 name 属性为 tj_setting。接下来可以编写如程序清单 4-18 或程序清单 4-19 所示的代码，先打开百度页面，然后将"搜索设置"的文本值存放到 linkText 变量中，最后将其打印出来。

### 程序清单 4-18 C#代码

```
DefaultSelenium selenium = new DefaultSelenium("localhost", 4444, "*iexplore", "http://
www.baidu.com");

selenium.Start();

selenium.Open("http://www.baidu.com");

string linkText = selenium.GetText("name=tj_setting");

Console.WriteLine(linkText);

Console.ReadKey();
```

### 程序清单 4-19 Java 代码

```
DefaultSelenium selenium = new DefaultSelenium("localhost", 4444, "*iexplore", "http://
www.baidu.com");

selenium.start();

selenium.open("http://www.baidu.com");

String linkText = selenium.getText("name=tj_setting");

System.out.println(linkText);
```

执行结果如图 4-44 所示，可以看到，linkText 变量的值成功打印了出来。

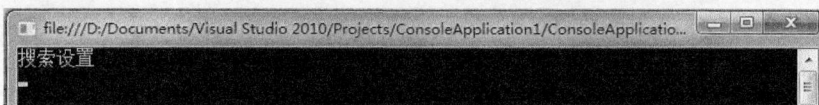

图 4-44 执行结果

## 4.8.6 isChecked (locator)

存储复选框或单选框的勾选情况，返回值为 true（勾选）或 false（未勾选）。

参数：

locator-元素的定位表达式。

例如，百度贴吧（http://tieba.baidu.com/index.html）的登录选项卡中，有一个记住登录状态的复选框，如图 4-45 所示。

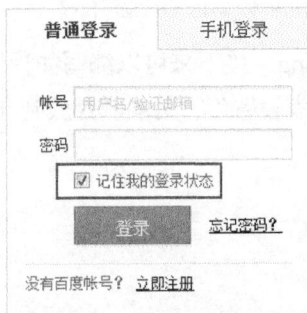

图 4-45  百度贴吧登录选项卡

通过 FireBug 查看的源码，如图 4-46 所示。

图 4-46  HTML 源码

接下来编写如程序清单 4-20 或程序清单 4-21 所示的代码，将勾选状态存放到 isChecked 变量中，并将其打印出来。

**程序清单 4-20  C#代码**

```
DefaultSelenium selenium = new DefaultSelenium("localhost", 4444, "*iexplore", "http://
www.baidu.com");

selenium.Start();

selenium.Open("http://tieba.baidu.com");

bool isChecked = selenium.IsChecked("id=pass_loginLite_input_isMem0");

Console.WriteLine("是否勾选: " + isChecked);

Console.ReadKey();
```

程序清单 4-21 Java 代码

```
DefaultSelenium selenium = new DefaultSelenium("localhost", 4444, "*iexplore", "http://
www.baidu.com");

selenium.start();

selenium.open("http://tieba.baidu.com");

boolean isChecked = selenium.isChecked("id=pass_loginLite_input_isMem0");

System.out.println(isChecked);
```

测试结果如图 4-47 所示。

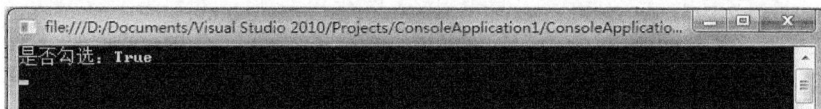

图 4-47 执行结果

## 4.8.7 getSelectedIndex (selectLocator)

获取所选项在列表中的索引（从 0 开始）。

参数：

selectLocator-列表的定位表达式。

以百度贴吧搜索 http://tieba.baidu.com/f/search/adv 为例。如图 4-48 所示，假设在排序方式

图 4-48 百度贴吧搜索

下拉列表框中选择"按相关性排序"，然后获取该下拉框所选选项的 index，"按相关性排序"的 index 应该为 2。

其 HTML 代码如图 4-49 所示。

```
<select size="1" name="sm">
    <option selected="" value="1">按时间倒序</option>
    <option value="0">按时间顺序</option>
    <option value="2">按相关性排序</option>
</select>
```

图 4-49　HTML 代码

可以编写如程序清单 4-22 或程序清单 4-23 所示的代码，先打开该页面，然后选择"按相关性排序"，最后将选项的 index 存放到变量 index 中并打印。

**程序清单 4-22　C#代码**

```csharp
DefaultSelenium selenium = new DefaultSelenium("localhost", 4444, "*iexplore", "http://www.baidu.com");

selenium.Start();

selenium.Open("http://tieba.baidu.com/f/search/adv");

selenium.Select("name=sm", "按相关性排序");

string index = selenium.GetSelectedIndex("name=sm");

Console.WriteLine(index);

Console.ReadKey();
```

**程序清单 4-23　Java 代码**

```java
DefaultSelenium selenium = new DefaultSelenium("localhost", 4444, "*iexplore", "http://www.baidu.com");

selenium.start();

selenium.open("http://tieba.baidu.com/f/search/adv");

selenium.select("name=sm", "按相关性排序");

String index = selenium.getSelectedIndex("name=sm");

System.out.println(index);
```

执行结果如图 4-50 所示。

图 4-50　执行结果

## 4.8.8 getSelectedLabel (selectLocator)

获取指定列表中所选项的文本值。

参数：

selectLocator-列表的定位表达式。

仍然以百度贴吧的排序下拉列表框为例，排序下拉列表框的源码如图 4-51 所示。

```
<select size="1" name="sm">
    <option selected="" value="1">按时间倒序</option>
    <option value="0">按时间顺序</option>
    <option value="2">按相关性排序</option>
</select>
```

图 4-51 HTML 源码

可以编写如程序清单 4-24 或程序清单 4-25 所示的代码，打开该页面，然后选择"按相关性排序"，最后将选项的 label 存放到变量 label 中并打印。

### 程序清单 4-24 C#代码

```
DefaultSelenium selenium = new DefaultSelenium("localhost", 4444, "*iexplore", "http://www.baidu.com");

selenium.Start();

selenium.Open("http://tieba.baidu.com/f/search/adv");

selenium.Select("name=sm", "按相关性排序");

string label = selenium.GetSelectedLabel("name=sm");

Console.WriteLine(label);

Console.ReadKey();
```

### 程序清单 4-25 Java 代码

```
DefaultSelenium selenium = new DefaultSelenium("localhost", 4444, "*iexplore", "http://www.baidu.com");

selenium.start();

selenium.open("http://tieba.baidu.com/f/search/adv");

selenium.select("name=sm", "按相关性排序");
```

```
String label = selenium.getSelectedLabel("name=sm");
System.out.println(label);
```

执行结果如图 4-52 所示。

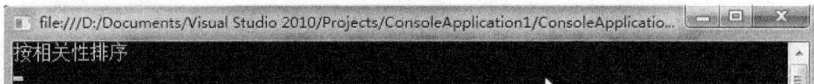

图 4-52 执行结果

## 4.8.9 getSelectedValue (selectLocator)

获取指定列表中所选项的值（即 value 属性）。

参数：

selectLocator-列表的定位表达式。

仍然以百度贴吧的排序下拉列表框为例，排序下拉列表框的源码如图 4-53 所示。

```
<select size="1" name="sm">
    <option selected="" value="1">按时间倒序</option>
    <option value="0">按时间顺序</option>
    <option value="2">按相关性排序</option>
</select>
```

图 4-53 HTML 源码

可以编写如程序清单 4-26 或程序清单 4-27 所示的代码，打开该页面，然后选择“按相关性排序”，最后将选项的 value 存放到变量 value 中并打印。

**程序清单 4-26 C#代码**

```
DefaultSelenium selenium = new DefaultSelenium("localhost", 4444, "*iexplore", "http://www.baidu.com");
selenium.Start();
selenium.Open("http://tieba.baidu.com/f/search/adv");
selenium.Select("name=sm", "按相关性排序");
string value = selenium.GetSelectedValue("name=sm");
Console.WriteLine(value);
Console.ReadKey();
```

**程序清单 4-27　Java 代码**

```
DefaultSelenium selenium = new DefaultSelenium("localhost", 4444, "*iexplore", "http://
www.baidu.com");

selenium.start();

selenium.open("http://tieba.baidu.com/f/search/adv");

selenium.select("name=sm", "按相关性排序");

String value = selenium.getSelectedValue("name=sm");

System.out.println(value);
```

执行结果如图 4-54 所示。

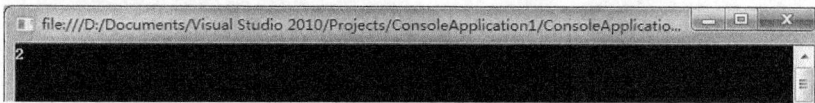

图 4-54　执行结果

## 4.8.10　getSelectOptions (selectLocator)

获取指定列表中所有选项的文本，返回值为字符串数组。

参数：

selectLocator-列表的定位表达式。

仍然以百度贴吧的排序下拉列表框为例，排序下拉列表框的源码如图 4-55 所示。

图 4-55　HTML 源码

我们可以编写如程序清单 4-28、程序清单 4-29 所示的代码，打开该页面，然后获取所有的选项，将其存放到 options 变量中并打印。

**程序清单 4-28　C#代码**

```
DefaultSelenium selenium = new DefaultSelenium("localhost", 4444, "*iexplore", "http://
www.baidu.com");

selenium.Start();
```

```
selenium.Open("http://tieba.baidu.com/f/search/adv");

string[] options = selenium.GetSelectOptions("name=sm");

for (int i = 0; i < options.Length; i++)

{

        Console.WriteLine(options[i]);

}

Console.ReadKey();
```

### 程序清单 4-29    Java 代码

```
DefaultSelenium selenium = new DefaultSelenium("localhost", 4444, "*iexplore", "http://
www.baidu.com");

selenium.start();

selenium.open("http://tieba.baidu.com/f/search/adv");

String[] options = selenium.getSelectOptions("name=sm");

for (int i = 0; i < options.length; i++)

{

        System.out.println(options[i]);

}
```

执行结果如图 4-56 所示。

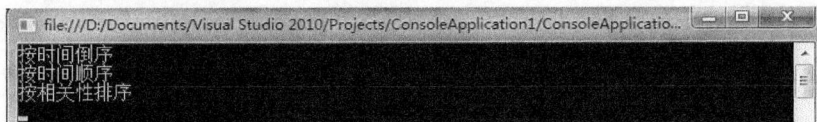

图 4-56  执行结果

## 4.8.11    getTable( tableCellAddress )

获取表格（table 元素）中某个单元格（td 元素）的值。注意 tableCellAddress 的格式为"表格的定位表达式.行号.列号"，行号和列号从 0 开始。

参数：

tableCellAddress -格式为"表格的定位表达式.行号.列号"，例如 foo.1.4。

例如，搜视网首页 http://www.tvsou.com/中就包含一个表格（table 元素），如图 4-57 所示。

图 4-57 搜视网首页

通过 FireBug 查看其 HTML 代码，如图 4-58 所示。

```
☐ <div class="v3-border">
    ☐ <table width="100%" cellspacing="1" cellpadding="0" border="0" bgcolor="#a2c4d9" align="center">
        ⊞ <tbody>
      </table>
    ⊞ <table width="100%" cellspacing="0" cellpadding="0" border="0" align="center" style="margin-top:5px">
  </div>
```

图 4-58 HTML 代码

由于其没有 id 或 name 属性，因此必须使用 XPath 进行定位，其 XPath 为"//div[@class='v3-border']/table[1]"，假设要获取第 1 行第 3 列的"体育"，并将它的值存放在变量 tv 中，那么 Target 应填写为"//div[@class='v3-border']/table[1].0.2"，接下来可编写如程序清单 4-30 或程序清单 4-31 所示的代码。

**程序清单 4-30    C#代码**

```
DefaultSelenium selenium = new DefaultSelenium("localhost", 4444, "*iexplore", "http://
www.tvsou.com");

selenium.Start();

selenium.Open("http://www.tvsou.com");

string tv = selenium.GetTable("//div[@class='v3-border']/table[1].0.2");

Console.WriteLine(tv);

Console.ReadKey();
```

**程序清单 4-31    Java 代码**

```
DefaultSelenium selenium = new DefaultSelenium("localhost", 4444, "*iexplore", "http://
www.tvsou.com");
```

```
selenium.start();

selenium.open("http://www.tvsou.com");

String tv = selenium.getTable("//div[@class='v3-border']/table[1].0.2");

System.out.println(tv);
```

运行结果如图 4-59 所示。

图 4-59　执行结果

## 4.8.12　getAttribute (attributeLocator)

获取指定属性的值，注意 attributeLocator 应填写属性的定位表达式，而不是元素的定位表达式。

参数：

attributeLocator-属性的定位表达式，格式为"元素定位表达式"+"@属性名称"，例如"foo@bar"。

假设要获取"Google 搜索"的 value 属性。首先打开 Google 页面，如图 4-60 所示。

图 4-60　Google 首页

然后用 FireBug 查看其代码，如图 4-61 所示，其 name 属性为 btnK，type 属性为"submit"。

图 4-61　按钮的 HTML 代码

接着编写如程序清单 4-32 或程序清单 4-33 所示的代码，将它的 type 属性存放到变量

btnType 中并打印出来。

**程序清单 4-32　C#代码**

```
DefaultSelenium selenium = new DefaultSelenium("localhost", 4444, "*iexplore", "https://
www.google.com.hk");

selenium.Start();

selenium.Open("https://www.google.com.hk");

string btnType = selenium.GetAttribute("name=btnK@type");

Console.WriteLine("Google 搜索的 type 属性为: " + btnType);

Console.ReadKey();
```

**程序清单 4-33　Java 代码**

```
DefaultSelenium selenium = new DefaultSelenium("localhost", 4444, "*iexplore", "https://
www.google.com.hk");

selenium.start();

selenium.open("https://www.google.com.hk");

String btnType = selenium.getAttribute("name=btnK@type");

System.out.println("Google 搜索的 type 属性为: " + btnType);
```

执行结果如图 4-62 所示。

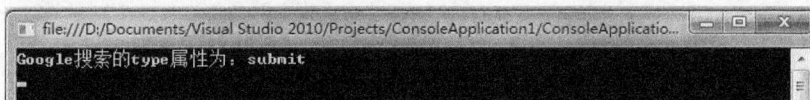

图 4-62　执行结果

# 4.8.13　isTextPresent (pattern)

验证指定的文本是否在页面中出现，如果出现则返回 true，否则为 false。

参数：

pattern-用于查找的文本。

假设需要验证 "Google.com.hk 使用下列语言" 这句话是否在 Google 主页中出现，如图 4-63 所示。

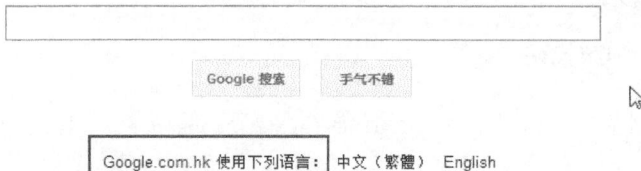

图 4-63　Google 首页

编写如程序清单 4-34 或程序清单 4-35 所示的代码。

**程序清单 4-34　C#代码**

```
DefaultSelenium selenium = new DefaultSelenium("localhost", 4444, "*iexplore", "https://
www.google.com.hk");

selenium.Start();

selenium.Open("https://www.google.com.hk");

bool exist = selenium.IsTextPresent("Google.com.hk 使用下列语言");

Console.WriteLine("文本是否出现: " + exist);

Console.ReadKey();
```

**程序清单 4-35　Java 代码**

```
DefaultSelenium selenium = new DefaultSelenium("localhost", 4444, "*iexplore", "https://
www.google.com.hk");

selenium.start();

selenium.open("https://www.google.com.hk");

boolean exist = selenium.isTextPresent("Google.com.hk 使用下列语言");

System.out.println("文本是否出现: " + exist);
```

执行结果如图 4-64 所示。

图 4-64　执行结果

## 4.8.14　isElementPresent (locator)

除了文本外，有时还会验证指定元素是否存在于页面上，这时可以使用 isElementPresent

命令，如果指定元素出现则返回 true，否则为 false。

参数：

locator-元素的定位表达式。

假设要验证"Google 搜索"按钮是否存在。首先打开 Google 首页，如图 4-65 所示。

图 4-65　Google 首页

然后用 Firebug 查看其代码，如图 4-66 所示，其 name 属性为 btnK。

图 4-66　HTML 代码

编写如程序清单 4-36 或程序清单 4-37 所示的代码。

### 程序清单 4-36　C#代码

```
DefaultSelenium selenium = new DefaultSelenium("localhost", 4444, "*iexplore", "https://
www.google.com.hk");

selenium.Start();

selenium.Open("https://www.google.com.hk");

bool exist = selenium.IsElementPresent("name=btnK");

Console.WriteLine("元素是否出现: " + exist);

Console.ReadKey();
```

### 程序清单 4-37　Java 代码

```
DefaultSelenium selenium = new DefaultSelenium("localhost", 4444, "*iexplore", "https://
www.google.com.hk");

selenium.start();

selenium.open("https://www.google.com.hk");

boolean exist = selenium.isElementPresent("name=btnK");

System.out.println("元素是否出现: " + exist);
```

执行结果如图 4-67 所示。

图 4-67　执行结果

## 4.8.15　isVisible (locator)

有的时候会发现，即使元素在页面上看不到了，在使用 isElementPresent 命令验证时，仍然返回 true。这是因为这个元素仍然在 HTML 代码中，只是没有显示出来（例如该元素的 visibility 属性为 hidden 或者 display 属性为 none，它就不会显示到页面上，但它确实存在于该页面），所以，这个时候用 isVisible 才能准确地验证元素是否在页面上显示。

参数：

locator-元素的定位表达式。

假设要验证"Google 搜索"按钮是否显示在页面上（而非仅存在于页面的 HTML 代码中），可编写如程序清单 4-38 或程序清单 4-39 所示的代码。

**程序清单 4-38　　C#代码**

```
DefaultSelenium selenium = new DefaultSelenium("localhost", 4444, "*iexplore", "https://
www.google.com.hk");

selenium.Start();

selenium.Open("https://www.google.com.hk");

bool visiblility = selenium.IsVisible("name=btnK");

Console.WriteLine("元素是否显示: " + visiblility);

Console.ReadKey();
```

**程序清单 4-39　　Java 代码**

```
DefaultSelenium selenium = new DefaultSelenium("localhost", 4444, "*iexplore", "https://
www.google.com.hk");

selenium.start();

selenium.open("https://www.google.com.hk");

boolean visiblility = selenium.isVisible("name=btnK");

System.out.println("元素是否显示: " + visiblility);
```

执行结果如图 4-68 所示。

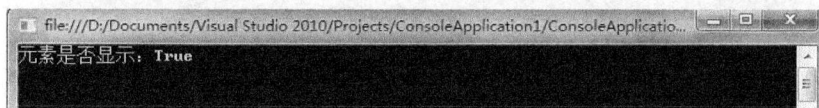

图 4-68 执行结果

## 4.8.16 getXpathCount (locator)

获取符合 XPath 表达式的元素的数量。

参数：

locator -元素的 XPath 表达式。

编写如程序清单 4-40 或程序清单 4-41 所示的代码，显示符合 Xpath 为 "//*[@name='btnK']" 的元素共有多少个。

**程序清单 4-40　C#代码**

```
DefaultSelenium selenium = new DefaultSelenium("localhost", 4444, "*iexplore", "https://www.google.com.hk");

selenium.Start();

selenium.Open("https://www.google.com.hk");

decimal count = selenium.GetXpathCount("//*[@name='btnK']");

Console.WriteLine("符合元素共有" + count + "个");

Console.ReadKey();
```

**程序清单 4-41　Java 代码**

```
DefaultSelenium selenium = new DefaultSelenium("localhost", 4444, "*iexplore", "https://www.google.com.hk");

selenium.start();

selenium.open("https://www.google.com.hk");

Number count = selenium.getXpathCount("//*[@name='btnK']");

System.out.println("符合元素共有" + count + "个");
```

执行结果如图 4-69 所示。

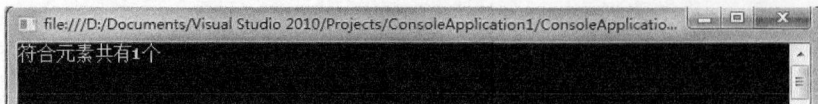

图 4-69 执行结果

# 4.9 设置等待

## 4.9.1 WaitForPageToLoad (timeout)

等待页面加载完毕，浏览器状态栏为"完成"时，表示页面加载完毕。

当进行了某个操作，页面将会发生跳转或刷新时，最好使用该命令进行等待，直到页面加载完毕再进行下一步操作。

注意，之前讲到的 Open()命令，已自动带有 WaitForPageToLoad()的功能，所以在使用Open()打开一个新页面时，无须再在后面添加 WaitForPageToLoad()。

参数：

timeout-超时时间，单位为毫秒。如果页面在这个时间内加载完毕，则执行下一语句。否则产生异常。

接下来先来看一个例子，先进入百度主页，然后进入百度贴吧，并单击贴吧搜索，如图 4-70所示。

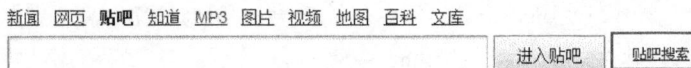

图 4-70 贴吧搜索

执行如程序清单 4-42 所示的代码。

**程序清单 4-42　waitForPageToLoad (timeout)**

```
DefaultSelenium selenium = new DefaultSelenium("localhost", 4444, "*iexplore", "http://
www.baidu.com");

selenium.Start();

selenium.Open("http://www.baidu.com");

selenium.Click("name=tj_tieba");                  //单击"贴吧"超链接

selenium.Click("//a[@class='j_global_search']");  //单击"贴吧搜索"按钮
```

执行之后，页面报错了，如图 4-71 所示。

```
static void Main(string[] args)
{
    DefaultSelenium selenium = new DefaultSelenium("localhost", 4444, "*iexplore", "http://www.baidu.com");
    selenium.Start();
    selenium.Open("http://www.baidu.com");
    selenium.Click("name=tj_tieba");//点击"贴吧"按钮
    selenium.Click("//a[@class='j_global_search']");
}
}
```

> ⚠ 未处理 **SeleniumException**
>
> ERROR: Command execution failure. Please search the user group at https://groups.google.com/forum/#!forum/selenium-users for error details from the log window. The error message is: 没有权限

图 4-71　执行报错

为什么会出现错误呢？因为在单击"贴吧"超链接时，页面发生了跳转，在页面加载完毕前，页面中没有"贴吧搜索"按钮的，因此这时执行 selenium.Click("//a[@class='j_global_search']");就会报错。

解决的办法也很简单，添加 WaitForPageToLoad()命令，在单击"贴吧"超链接后进行等待，代码如程序清单 4-43 所示。

### 程序清单 4-43　waitForPageToLoad (timeout)

```
DefaultSelenium selenium = new DefaultSelenium("localhost", 4444, "*iexplore", "http://www.baidu.com");

selenium.Start();

selenium.Open("http://www.baidu.com");

selenium.Click("name=tj_tieba");//单击"贴吧"超链接

selenium.WaitForPageToLoad("10000");

selenium.Click("//a[@class='j_global_search']");
```

## 4.9.2　setTimeOut (timeout)

用于设置默认超时时间，主要与 Open()或 WaitForXXX()等方法结合使用。在目前的 Selenium 版本中，因为 WaitForXXX()这些方法都带有时间参数，所以用 setTimeOut()方法实际只会对 Open()方法有效，用于设置 Open()方法的等待时间，默认的超时时间是 30 秒。

参数：

timeout-超时时间，单位为毫秒。

## 4.9.3　setSpeed (value)

设置测试的执行速度（也就是各个测试步骤之间执行时的时间间隔）。默认情况下是没有间隔的，即为 0 毫秒。

参数：

value-各个步骤之间执行时的时间间隔，单位为毫秒。

# 4.10 测试控制和调试类操作

## 4.10.1 captureEntirePageScreenshot (filename, kwargs)

将当前窗口进行截图并保存为 PNG 文件。

注意，截图功能只能在浏览器为"*firefox"、"*chrome"和"*iexploreproxy"时使用。

参数：

- filename-截图保存的路径，例如 D:\123.png。

- kwargs-设定截图的保存方式。

例如，要打开 google 页面，然后进行截图，可以编写如程序清单 4-44 所示的代码。

**程序清单 4-44　captureEntirePageScreenshot (filename, kwargs)**

```
DefaultSelenium selenium = new DefaultSelenium("localhost", 4444, "*firefox D:\\Program
Files (x86)\\Mozilla Firefox\\firefox.exe", "https://www.google.com.hk");

selenium.Start();

selenium.Open("https://www.google.com.hk");

selenium.CaptureEntirePageScreenshot("D:\\123.png", "");
```

执行后，效果如图 4-72 所示。

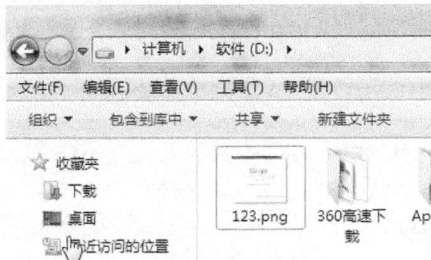

图 4-72　程序清单 4-44 的执行结果

打开后，将看到图 4-73 所示的内容。

图 4-73  保存的图片的内容

## 4.10.2  captureEntirePageScreenshot (filename)

该方法可以用于截图。它和 captureEntirePageScreenshot()的区别如下。

（1）captureEntirePageScreenshot()只截取浏览器窗口中的内容，而 CaptureScreenshot 截取的是整个屏幕的内容。

（2）captureEntirePageScreenshot()只能在浏览器为"*firefox"、"*chrome"和"*iexploreproxy"时使用，而 CaptureScreenshot 不限浏览器。

参数：

filename-截图保存的路径，例如 D:\123.png。

### 4.10.3　highlight (locator)

暂时将指定元素的背景色改为黄色，并在稍后取消该效果。一般用于调试。

参数：

locator-元素的定位表达式。

例如，要将 Google 的搜索文本框高亮显示，可编写如程序清单 4-45 所示的代码。

**程序清单 4-45　highlight (locator)**

```
DefaultSelenium selenium = new DefaultSelenium("localhost", 4444, "*iexplore", "https://
www.google.com.hk");

selenium.Start();

selenium.Open("https://www.google.com.hk");

selenium.Highlight("id=lst-ib");
```

执行结果如图 4-74 所示。

图 4-74　执行结果

## 4.11　JavaScript 弹出对话框的处理

由于 Selenium 1 使用 JavaScript 注入的方式来进行测试，所以无法直接处理 JavaScript
弹出对话框，而是对弹出对话框进行"预处理"。因此，在手工测试会出现弹出对话框时，
使用 Selenium 1 测试不会弹出 JavaScript 弹出对话框，这是因为在弹出前已经"处理"了。

JavaScript 弹出对话框共分为 3 种：Alert、Confirmation 以及 Prompt，下面分别进行介绍。

- Alert：警告对话框，只有一个"确定"按钮（对应的 JavaScript 代码为"alert('这是
Alert');"），如图 4-75 所示。

- Confirmation：确认对话框，需要选择（对应的 JavaScript 代码为"confirm('这是 Confirmation');"），如图 4-76 所示。

图 4-75　提示对话框

图 4-76　确认对话框

- Prompt：输入对话框，需要输入内容（对应的 JavaScript 代码为"prompt('这就是 prompt','');"），如图 4-77 所示。

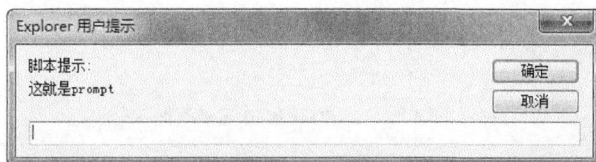

图 4-77　输入对话框

在执行 Selenium 1 的测试时，这 3 类 JavaScript 弹出对话框都会进行"预处理"，因此无法看到它们弹出来，但它们确实已经弹出来并进行处理了（例如单击"确定"或"取消"按钮）。

由于目前网站上很难找到同时带有上述 3 个弹出对话框的网页，所以下面先编写一个网页。首先新建一个文本文件，然后输入程序清单 4-46 所示的代码。

**程序清单 4-46　testPage.html**

```html
<html>
<head>
    <title></title>
</head>
<body>
        <input type="button" onclick="alert('这是 Alert');" value="Alert"/>
        <br/>
```

```
            <input type="button" onclick="confirm('这是 Confirmation');" value="Confirmation"/>
            <br/>
            <input type="button" onclick="prompt('这就是 Prompt','');" value="prompt"/>
</body>
</html>
```

保存文件并将其更名为 testPage.html，使用浏览器将其打开，可以看到如图 4-78 所示的页面。

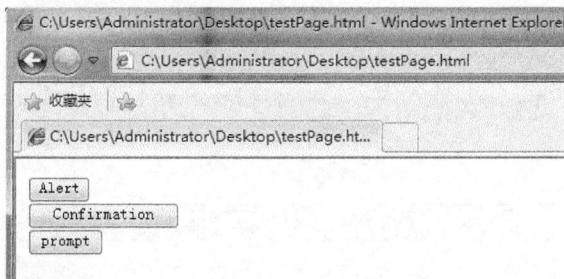

图 4-78　testPage.html 显示页面

单击不同的按钮，将会弹出对应的弹出对话框，接下来将在这个页面进行测试。

## 4.11.1　IsAlertPresent()

验证是否弹出过提示框，如果出现则返回 true，否则为 false。

编写如程序清单 4-47 或程序清单 4-48 所示的代码，打开图 4-78 所示的页面，然后判断是否弹出提示框（这时应该未弹出提示框），然后单击 Alert 按钮，再判断是否弹出提示框（这时应该已弹出过提示框）。

**程序清单 4-47　C#代码**

```
DefaultSelenium selenium = new DefaultSelenium("localhost", 4444, "*iexplore", "https://
www.google.com.hk");

selenium.Start();

selenium.Open("C:\\Users\\Administrator\\Desktop\\testPage.html");

Console.WriteLine(selenium.IsAlertPresent());

selenium.Click("//input[1]");
```

```
Console.WriteLine(selenium.IsAlertPresent());

Console.ReadKey();
```

**程序清单 4-48　Java 代码**

```
DefaultSelenium selenium = new DefaultSelenium("localhost", 4444, "*iexplore", "https://
www.google.com.hk");

selenium.start();

selenium.open("C:\\Users\\Administrator\\Desktop\\testPage.html");

System.out.println(selenium.isAlertPresent());

selenium.click("//input[1]");

System.out.println(selenium.isAlertPresent());
```

执行结果如图 4-79 所示。

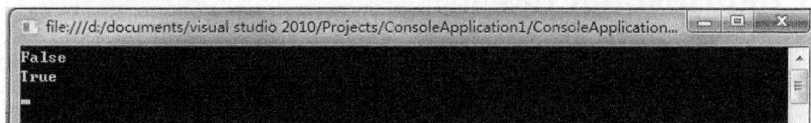

图 4-79　执行结果

## 4.11.2　GetAlert()

获取提示框的文本内容。

打开图 4-78 所示的页面，然后单击 Alert 按钮，再获取提示框的文本内容。

编写如程序清单 4-49 或程序清单 4-50 所示的代码。

**程序清单 4-49　C#代码**

```
DefaultSelenium selenium = new DefaultSelenium("localhost", 4444, "*iexplore", "https://
www.google.com.hk");

selenium.Start();

selenium.Open("C:\\Users\\Administrator\\Desktop\\testPage.html");

selenium.Click("//input[1]");

Console.WriteLine(selenium.GetAlert());

Console.ReadKey();
```

**程序清单 4-50　Java 代码**

```
DefaultSelenium selenium = new DefaultSelenium("localhost", 4444, "*iexplore", "https://
www.google.com.hk");

selenium.start();

selenium.open("C:\\Users\\Administrator\\Desktop\\testPage.html");

selenium.click("//input[1]");

System.out.println(selenium.getAlert());
```

执行结果如图 4-80 所示。

图 4-80　执行结果

## 4.11.3　IsConfirmationPresent()

验证是否弹出过确认对话框，如果出现确认对话框则返回 true，否则为 false。

编写如程序清单 4-51 或程序清单 4-52 所示的代码，打开图 4-78 所示的页面，然后判断是否弹出确认对话框（这时应该未弹出确认对话框），然后单击 Confirmation 按钮，再判断是否弹出确认对话框（这时应该已弹出过确认对话框）。

**程序清单 4-51　C#代码**

```
DefaultSelenium selenium = new DefaultSelenium("localhost", 4444, "*iexplore", "https://
www.google.com.hk");

selenium.Start();

selenium.Open("C:\\Users\\Administrator\\Desktop\\testPage.html");

Console.WriteLine(selenium.IsConfirmationPresent());

selenium.Click("//input[2]");

Console.WriteLine(selenium.IsConfirmationPresent());

Console.ReadKey();
```

**程序清单 4-52　Java 代码**

```
DefaultSelenium selenium = new DefaultSelenium("localhost", 4444, "*iexplore", "https://
www.google.com.hk");

selenium.start();
```

```
selenium.open("C:\\Users\\Administrator\\Desktop\\testPage.html");

System.out.println(selenium.isConfirmationPresent());

selenium.click("//input[2]");

System.out.println(selenium.isConfirmationPresent());
```

执行结果如图 4-81 所示。

图 4-81　执行结果

## 4.11.4　GetConfirmation()

获取确认框的文本内容。

打开图 4-78 所示的页面，然后单击 Confirmation 按钮，再获取提示框的文本内容。

编写如程序清单 4-53 或程序清单 4-54 所示的代码。

**程序清单 4-53　C#代码**

```
DefaultSelenium selenium = new DefaultSelenium("localhost", 4444, "*iexplore", "https://
www.google.com.hk");

selenium.Start();

selenium.Open("C:\\Users\\Administrator\\Desktop\\testPage.html");

selenium.Click("//input[2]");

Console.WriteLine(selenium.GetConfirmation());

Console.ReadKey();
```

**程序清单 4-54　Java 代码**

```
DefaultSelenium selenium = new DefaultSelenium("localhost", 4444, "*iexplore", "https://
www.google.com.hk");

selenium.start();

selenium.open("C:\\Users\\Administrator\\Desktop\\testPage.html");

selenium.click("//input[2]");

System.out.println(selenium.getConfirmation());
```

执行结果如图 4-82 所示。

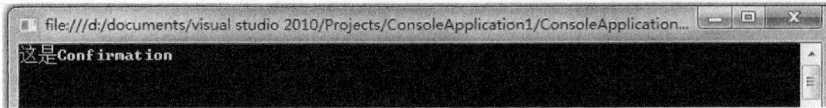

图 4-82　执行结果

## 4.11.5　ChooseOkOnNextConfirmation()和 ChooseCancelOnNext Confirmation()

由于确认框需要选择单击"确定"或"取消"按钮，所以必须在弹出对话框弹出前就预先设定要选择哪一个按钮。

ChooseOkOnNextConfirmation()表示在下一个确认框弹出时选择"确定"按钮，而 ChooseCancel OnNextConfirmation()表示在下一个确认框弹出时选择"取消"按钮。

默认情况下，Selenium 将选择单击"确定"按钮。

如果使用 ChooseCancelOnNextConfirmation()，让 Selenium 在下一个确认框弹出时选择"取消"按钮，代码如程序清单 4-55 所示。

**程序清单 4-55　ChooseOkOnNextConfirmation()/ChooseCancelOnNextConfirmation()**

```
DefaultSelenium selenium = new DefaultSelenium("localhost", 4444, "*iexplore", "https://
www.google.com.hk");

selenium.Start();

selenium.Open("C:\\Users\\Administrator\\Desktop\\testPage.html");

selenium.ChooseCancelOnNextConfirmation();

selenium.Click("//input[2]");
```

## 4.11.6　IsPromptPresent()

验证是否弹出过输入框，如果出现输入框则返回 true，否则为 false。

编写如程序清单 4-56 或程序清单 4-57 所示的代码，打开图 4-78 所示的页面，然后判断是否弹出输入框（这时应该未弹出输入框），然后单击 Prompt 按钮，再判断是否弹出输入框（这时应该已弹出过输入框）。

**程序清单 4-56　C#代码**

```
DefaultSelenium selenium = new DefaultSelenium("localhost", 4444, "*iexplore", "https://
www.google.com.hk");
```

```
selenium.Start();

selenium.Open("C:\\Users\\Administrator\\Desktop\\testPage.html");

Console.WriteLine(selenium.IsPromptPresent());

selenium.Click("//input[3]");

Console.WriteLine(selenium.IsPromptPresent());

Console.ReadKey();
```

**程序清单 4-57　Java 代码**

```
DefaultSelenium selenium = new DefaultSelenium("localhost", 4444, "*iexplore", "https://
www.google.com.hk");

selenium.start();

selenium.open("C:\\Users\\Administrator\\Desktop\\testPage.html");

System.out.println(selenium.isPromptPresent());

selenium.click("//input[3]");

System.out.println(selenium.isPromptPresent());
```

执行结果如图 4-83 所示。

图 4-83　执行结果

## 4.11.7　GetPrompt()

获取输入框的文本内容。

打开图 4-78 所示的页面，然后单击 Prompt 按钮，再获取提示框的文本内容。

代码如程序清单 4-58 或程序清单 4-59 所示。

**程序清单 4-58　C#代码**

```
DefaultSelenium selenium = new DefaultSelenium("localhost", 4444, "*iexplore", "https://
www.google.com.hk");

selenium.Start();

selenium.Open("C:\\Users\\Administrator\\Desktop\\testPage.html");

selenium.Click("//input[3]");
```

式返回下面，先打开注册窗口，然后分别调用这些方法并将值打印出来（注意，在单击"注册"按钮后等待了 8 秒钟），代码如程序清单 4-61 或程序清单 4-62 所示。

**程序清单 4-61　C#代码**

```
DefaultSelenium selenium = new DefaultSelenium("localhost", 4444, "*iexplore", "http://
www.baidu.com");

selenium.Start();

selenium.Open("http://www.baidu.com");

selenium.Click("name=tj_reg");

System.Threading.Thread.Sleep(8000);//注意这里等待了 8 秒

string[] ids = selenium.GetAllWindowIds();

string[] names = selenium.GetAllWindowNames();

string[] titles = selenium.GetAllWindowTitles();

Console.WriteLine("它们的 id 分别为: ");

for (int i = 0; i < ids.Length; i++)

{

        Console.WriteLine(ids[i]);

}

Console.WriteLine("它们的 name 分别为: ");

for (int i = 0; i < names.Length; i++)

{

        Console.WriteLine(names[i]);

}

Console.WriteLine("它们的 title 分别为: ");

for (int i = 0; i < titles.Length; i++)

{

        Console.WriteLine(titles[i]);

}

Console.ReadKey();
```

**程序清单 4-62　Java 代码**

```
DefaultSelenium selenium = new DefaultSelenium("localhost", 4444, "*iexplore", "http://
www.baidu.com");

selenium.start();
```

```
selenium.open("http://www.baidu.com");
selenium.click("name=tj_reg");
try {
        Thread.sleep(8000);//注意这里等待了8秒
} catch (InterruptedException e) {
        e.printStackTrace();
}
String[] ids = selenium.getAllWindowIds();
String[] names = selenium.getAllWindowNames();
String[] titles = selenium.getAllWindowTitles();
System.out.println("它们的id分别为: ");
for (int i = 0; i < ids.length; i++)
{
        System.out.println(ids[i]);
}
System.out.println("它们的name分别为: ");
for (int i = 0; i < names.length; i++)
{
        System.out.println(names[i]);
}
System.out.println("它们的title分别为: ");
for (int i = 0; i < titles.length; i++)
{
        System.out.println(titles[i]);
}
```

执行结果如图 4-87 所示。

图 4-87  执行结果

可以看到，窗口的 ID 几乎是没有意义的，在实际测试中使用较少。name 表示这些窗口对于 selenium 测试的名称，由 selenium 进行命名，而不是 Web 应用程序。title 则是各个窗口的标题。

通常在测试时，更倾向于使用 name 作为窗口的标识，而不是使用 title，原因在于窗口的 name 是由 selenium 进行命名的，它不会发生变化。而 title 是随时会变化的，例如在"百度账号注册"页面加载完毕前，它的 title 为空。即使加载完毕，以后出现页面跳转时，它的 title 也会发生变化。

在本章后面的示例中，将统一使用 name 作为窗口标识。

## 4.12.2　WaitForPopUp (windowID, timeout)

等待弹出窗口加载完毕，也就是窗口状态栏为变为"完成"状态。

当进行了某个操作，将会有新窗口弹出时，最好使用该命令等待窗口加载完毕再进行下一步操作。

参数：

• windowID-窗口定位标识，最好用 name 作为窗口的标识，不推荐使用 id 或 title 作为窗口标识。

• timeout-超时时间，单位为毫秒。如果页面在这个时间内加载完毕，则执行下一语句。否则产生异常。

例如，之前的例子，使用 Thread.sleep(8000)来等待，但不推荐这种等待方式。可以使用更为灵活的 WaitForPopUp()来等待，代码如程序清单 4-63 或程序清单 4-64 所示。

**程序清单 4-63　C#代码**

```
DefaultSelenium selenium = new DefaultSelenium("localhost", 4444, "*iexplore", "http://www.baidu.com");

selenium.Start();

selenium.Open("http://www.baidu.com");

selenium.Click("name=tj_reg");

selenium.WaitForPopUp(selenium.GetAllWindowNames()[1], "15000");
```

**程序清单 4-64　Java 代码**

```
DefaultSelenium selenium = new DefaultSelenium("localhost", 4444, "*iexplore", "http://www.baidu.com");
```

```
selenium.start();

selenium.open("http://www.baidu.com");

selenium.click("name=tj_reg");

selenium.waitForPopUp(selenium.getAllWindowNames()[1], "15000");
```

## 4.12.3 SelectPopUp(windowID)和 SelectWindow(windowID)

这两个方法都用于选择弹出窗口，区别在于 SelectPopUp()多用于选择子窗口，而 SelectWindow()可用于选择任意窗口。

一旦选择了某个弹出窗口，接下来的所有操作都将在该窗口中执行。

参数：

windowID-窗口定位标识。

例如，先打开百度页面，单击"注册"以弹出注册窗口，然后切换到注册窗口，在邮箱文本框中输入"12345@qq.com"，代码如程序清单 4-65 或程序清单 4-66 所示。

**程序清单 4-65　C#代码**

```
DefaultSelenium selenium = new DefaultSelenium("localhost", 4444, "*iexplore", "http://
www.baidu.com");

selenium.Start();

selenium.Open("http://www.baidu.com");

selenium.Click("name=tj_reg");

selenium.WaitForPopUp(selenium.GetAllWindowNames()[1], "15000");

selenium.SelectWindow(selenium.GetAllWindowNames()[1]);

//也可以使用 selenium.SelectPopUp(selenium.GetAllWindowNames()[1]);

selenium.Type("id=pass_reg_email_0", "12345");
```

**程序清单 4-66　Java 代码**

```
DefaultSelenium selenium = new DefaultSelenium("localhost", 4444, "*iexplore", "http://
www.baidu.com");

selenium.start();

selenium.open("http://www.baidu.com");

selenium.click("name=tj_reg");

selenium.waitForPopUp(selenium.getAllWindowNames()[1], "15000");

selenium.selectWindow(selenium.getAllWindowNames()[1]);
```

```
//也可以使用 selenium.selectPopUp(selenium.getAllWindowNames()[1]);
selenium.type("id=pass_reg_email_0", "12345");
```

执行结果如图 4-88 所示。

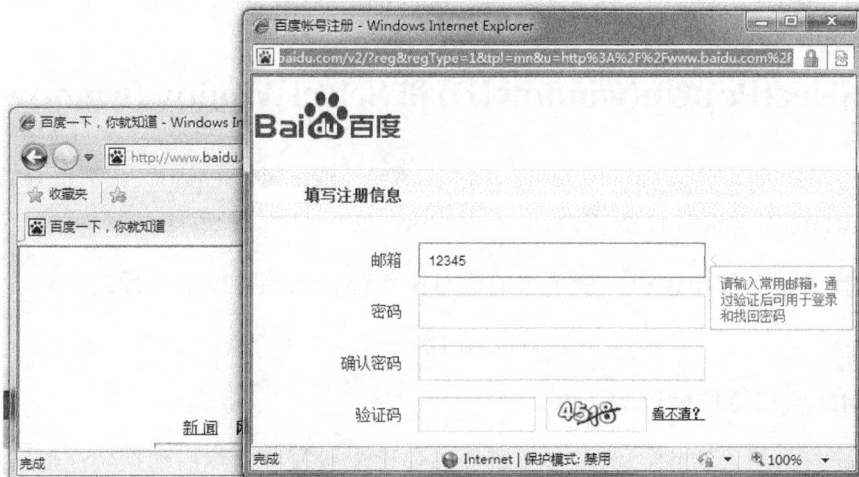

图 4-88　执行结果

## 4.12.4　OpenWindow (url, windowID)

在某个弹出窗口中打开新的 URL。

参数：

- url-要打开的地址。

- windowID-窗口定位标识。

例如，可以让"百度账号注册"页面跳转到另一个 URL，代码如程序清单 4-67 或程序清单 4-68 所示。

**程序清单 4-67　C#代码**

```
DefaultSelenium selenium = new DefaultSelenium("localhost", 4444, "*iexplore", "http://
www.baidu.com");

selenium.Start();

selenium.Open("http://www.baidu.com");

selenium.Click("name=tj_reg");

selenium.WaitForPopUp(selenium.GetAllWindowNames()[1], "15000");

selenium.OpenWindow("https://www.google.com.hk",selenium.GetAllWindowNames()[1]);
```

**程序清单 4-68　Java 代码**

```
DefaultSelenium selenium = new DefaultSelenium("localhost", 4444, "*iexplore", "http://
www.baidu.com");

selenium.start();

selenium.open("http://www.baidu.com");

selenium.click("name=tj_reg");

selenium.waitForPopUp(selenium.getAllWindowNames()[1], "15000");

selenium.openWindow("https://www.google.com.hk",selenium.getAllWindowNames()[1]);
```

执行结果如图 4-89 所示。

图 4-89　执行结果

# 4.13　结束测试

## 4.13.1　Close()和 Stop()

在之前已经提到，在测试时，Selemiun 1 将打开两个窗口，一个是 Selenium 的控制界面，另一个是被测试的 Web 程序界面。要结束测试，需要将这两个界面同时关闭。

Close()方法用于关闭测试所使用的浏览器，而 Stop()方法用于中止当前对 Selenium 服务器的会话，并关闭 Selenium 控制界面。

一般在结束测试时，都会同时调用这两个方法，如程序清单 4-69 所示。

**程序清单 4-69　Close()和 Stop()**

```
DefaultSelenium selenium = new DefaultSelenium("localhost", 4444, "*iexplore", "https://
www.google.com.hk");

selenium.start();

selenium.open("https://www.google.com.hk");

selenium.close();

selenium.stop();
```

## 4.13.2　shutDownSeleniumServer()

在所有的测试都完全结束后，除了关闭当前的会话和浏览器，还需要关闭 Selenium 服务器。Selenium 服务器可以通过手动关闭，也可以通过代码来关闭，如程序清单 4-70 所示。

**程序清单 4-70　shutDownSeleniumServer()**

```
DefaultSelenium selenium = new DefaultSelenium("localhost", 4444, "*iexplore", "https://
www.google.com.hk");

selenium.shutDownSeleniumServer();
```

执行这段代码，将会关闭"localhost"计算机上的 Selenium 服务器。执行时，首先可以在 Selenium 服务器端窗口看到如下内容，如图 4-90 所示。

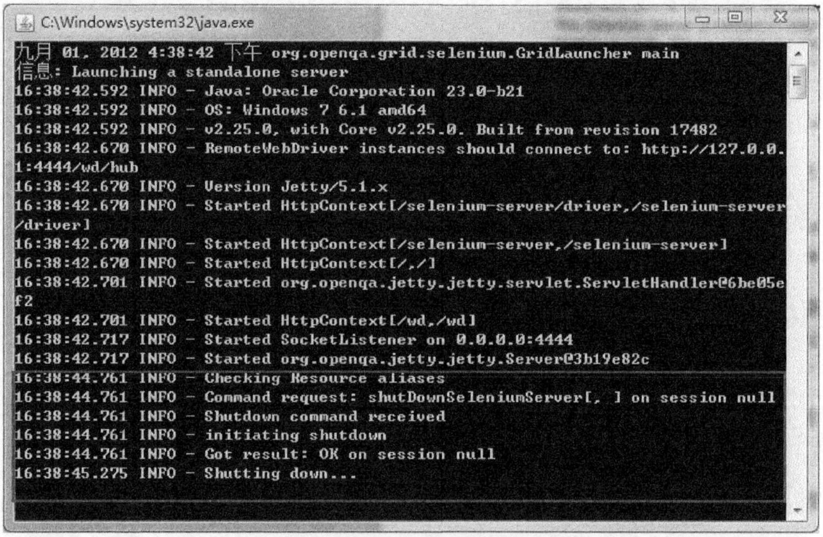

图 4-90　开始关闭

稍等片刻，Selenium 服务端窗口将会被关闭。以后再执行测试时，需先启动 Selenium 服务器。

Chapter 5

# 第 5 章

# Selenium 2（WebDriver）

　　Selenium 2（即 WebDriver）是一种用于 Web 应用程序的自动测试工具，它提供了一套友好的 API，与 Selenium 1（Selenium-RC）相比，Selenium 2 的 API 更容易理解和使用，其可读性和可维护性也大大提高。Selenium 2 完全就是一套类库，不依赖于任何测试框架，不需要启动其他进程或安装其他程序，也不必像 Selenium 1 那样需要先启动服务。

　　另外，二者所采用的技术方案也不同。Selenium 1 是在浏览器中运行 JavaScript 来进行测试，而 Selenium 2 则是通过原生浏览器支持或者浏览器扩展直接控制浏览器。

　　Selenium 2 针对各个浏览器而开发的，它取代了嵌入到被测 Web 应用中的 JavaScript。与浏览器的紧密集成，支持创建更高级的测试，避免了 JavaScript 安全模型的限制。除了来自浏览器厂商的支持，Selenium 2 还利用操作系统级的调用模拟用户输入。WebDriver 支持 Firefox（FirefoxDriver）、IE（InternetExplorerDriver）、Opera（OperaDriver）和 Chrome （ChromeDriver）浏览器。对 Safari 的支持由于技术限制在本版本中未包含，但是可以使用 SeleneseCommandExecutor 模拟。它还支持 Android（AndroidDriver）和 iPhone（iPhoneDriver）的移动应用测试。此外，Selenium 2 还包括一个基于 HtmlUnit 的无界面实现，称为 HtmlUnitDriver。Selenium 2 API 可以通过 Python、Ruby、Java 和 C#等编程语言访问，支持开发人员使用他们常用的编程语言来创建测试。

　　但是，我们不能简单的从版本号就判定 Selenium 2 比 Selenium 1 更加先进。严格地说，它们完全属于两个不同的产品而不是简单的升级关系，更像是互补关系。它们之间各有优劣：Selenium 2 可以弥补 Selenium 1 存在的缺点（例如能够绕过 JS 限制、API 更易使用），而 Selenium 1 也可以解决 Selenium 2 存在的问题（例如支持更多的浏览器）。

# 5.1　Selenium 2——基于对象的测试

　　为什么说 Selenium 2 是基于对象的测试呢？可以对 Selenium 1 和 Selenium 2 的代码进行一下对比，同样是实现系统登录这种简单的操作，它们的代码却各有不同，如程序清单 5-1 和程序清单 5-2 所示。

**程序清单 5-1　Selenium 1 的代码**

```
static void Main(string[] args)
{
    //实例化 Selenium1 对象
    ISelenium selenium = new DefaultSelenium("localhost", 4444, "*firefox",
"http://www.360buy.com");

    selenium.Start();
```

```
        //打开京东登录页面
        selenium.Open("https://passport.360buy.com/new/login.aspx");
        //填写符合 xpath 的用户名文本框、密码文本框,单击登录
        selenium.TypeKeys(@"//input[@id='loginname']", "UserName1");
        selenium.TypeKeys(@"//input[@id='loginpwd']", "Password");
        selenium.Click(@"//input[@id='loginsubmit']");
    }
```

**程序清单 5-2    Selenium 2 的代码**

```
static void Main(string[] args)
{
        //实例化 Selenium2 对象
        IWebDriver driver = new FirefoxDriver();
        //打开京东登录页面
        INavigation navigation = driver.Navigate();
        navigation.GoToUrl("https://passport.360buy.com/new/login.aspx");
        //分别获取用户名文本框,密码文本框,登录按钮
        IWebElement loginName = driver.FindElement(By.Id("loginname"));
        IWebElement loginPwd = driver.FindElement(By.Id("loginpwd"));
        IWebElement loginButton = driver.FindElement(By.Id("loginsubmit"));
        //输入用户名,密码,单击登录
        loginName.SendKeys("UserName1");
        loginPwd.SendKeys("Password");
        loginButton.Click();
    }
```

可以看到 Selenium 2 与 Selenium 1 存在很明显的差异。尽管它们都属于浏览器自动化的 API,但对于用户来说,Selenium 1 提供的更多的是基于方法的 API,所有方法都在一个类中开放,而 Selenium 2 的 API 则面向对象,不同的对象拥有不同的操作方法。

# 5.2    安装并引用 Selenium 2

Selenium 2 的下载地址为:http://seleniumhq.org/download/,位于 "Selenium Client Drivers" 栏,选择使用的编程语言版本下载即可,这些包中同时包含了 Selenium 1 和 Selenium 2 的文

件，如图 5-1 所示。

**Selenium Client Drivers**

In order to create scripts that interact with the Selenium Server (Selenium RC, Selenium Remote Webdriver) or create local Selenium WebDriver script you need to make use of language-specific client drivers. Unless otherwise specified, drivers include both 1.x and 2.x style drivers.

While drivers for other languages exist, these are the core ones that are supported by the main project.

| Language | Client Version | Release Date | | | |
|---|---|---|---|---|---|
| Java | 2.20.0 | 2012-02-27 | Download | Change log | Javadoc |
| C# | 2.20.0 | 2012-02-27 | Download | Change log | API docs |
| Ruby | 2.20.0 | 2012-02-28 | Download | Change log | API docs |
| Python | 2.20.0 | 2012-02-27 | Download | Change log | API docs |

图 5-1　下载 Selenium 1

由于在本书中的 Selenium 示例都将采用 C#或 Java 编写，因此需要至少掌握 C#或 Java 中的一种语言。如果您是 C#或 Java 的初学者，可以先在网上参阅相关的资料。

接下来分别介绍如何在 C#和 Java 的 IDE 环境中进行使用并创建程序。

## 5.2.1　在 C#IDE 中使用 Selenium

下载之后进行解压，可以看到两个不同的文件夹，一个是.Net 3.5 版本，另一个是.Net 4.0，可以根据自己的版本进行选择，然后进入对应版本的文件夹，如图 5-2 所示。

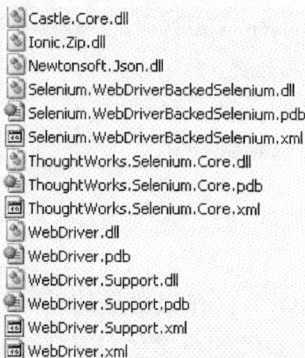

```
Castle.Core.dll
Ionic.Zip.dll
Newtonsoft.Json.dll
Selenium.WebDriverBackedSelenium.dll
Selenium.WebDriverBackedSelenium.pdb
Selenium.WebDriverBackedSelenium.xml
ThoughtWorks.Selenium.Core.dll
ThoughtWorks.Selenium.Core.pdb
ThoughtWorks.Selenium.Core.xml
WebDriver.dll
WebDriver.pdb
WebDriver.Support.dll
WebDriver.Support.pdb
WebDriver.Support.xml
WebDriver.xml
```

图 5-2　Selenium .Net 类库

接下来分别介绍部分文件的作用。

- Castle.Core.dll：Castle 的核心，它是个轻量级容器，实现了 IoC（Inversion of Control）模式的容器，基于此核心容器所建立的应用程序，可以达到程序组件的松散耦合，让程序组件可以进行验证，这些特性可以简化整个应用程序的架构，并且易于维护。此文件与测试的关系不大。

- Ionic.Zip.dll：用于压缩和解压的库文件，可以把文件压缩成 WinZip 格式，也可以从该格式中解压。此文件与测试的关系不大。

- Selenium.WebDriverBackedSelenium.dll：通过这个类库，可以实现用 Selenium 1 的语法来执行 Selenium 2。这是一种过渡性方案，基本是针对老的 Selenium 1 代码，让它们以最小的代价迁移到 Selenium 2 去。

- ThoughtWorks.Selenium.Core.dll：Selenium 1 的主要 API 文件，在使用 Selenium 1 自动化测试时就靠这个类库来实现。

- WebDriver.dll：Selenium 2 的主要 API 文件，在使用 Selenium 2 进行自动化测试时主要就靠这个类库来实现。它是本章关注的重点。

- WebDriver.Support.dll：WebDriver 支持类，起辅助作用。其中包含一些 HTML 元素选择、条件等待、页面对象创建等的辅助类。本章将对其进行详细介绍。

至于.pdb 类型的程序数据库文件，一般用于 dll 文件的调试，与 Selenium 测试本身没多大关系。而.xml 文件则是各个 dll 文件的 API 参考文档，应该仔细研究。

C#编程使用的是 Visual Studio，Visual Studio 2010 的下载地址是：

http://www.microsoft.com/visualstudio/zh-cn/download

关于 Visual Studio 的安装，可参见：

http://www.cnblogs.com/eastson/archive/2012/05/30/2525831.html

安装结束后，打开 Visual Studio，然后选择"新建"→"项目"菜单命令，如图 5-3 所示。

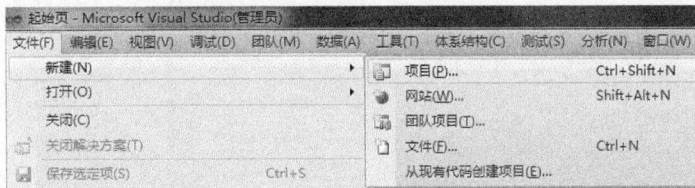

图 5-3　选择"项目"菜单命令

在弹出的"新建项目"对话框中选择"控制台应用程序"，如图 5-4 所示。

图 5-4　"新建项目"对话框

创建完毕后，将打开新建立的项目，可以看到默认创建了一个名为 Program.cs 的类文件，如图 5-5 所示。

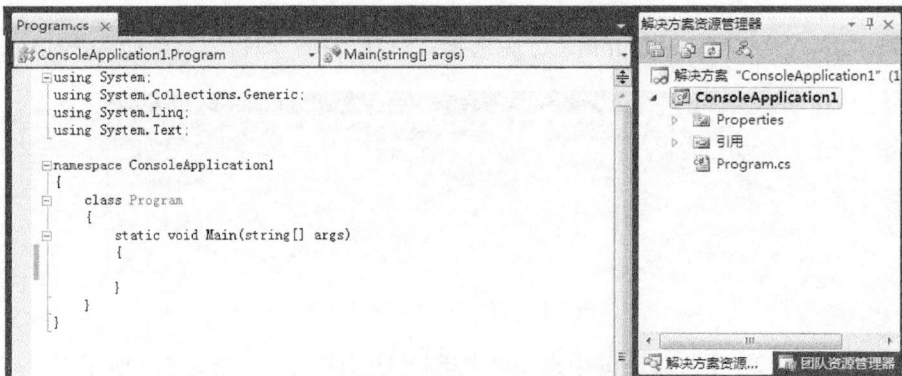

图 5-5　默认创建的 Program.cs 类文件

在解决方案资源管理器中，用鼠标右键单击"引用"，选择"添加引用"，如图 5-6 所示。

打开"添加引用"窗口，选择与 WebDriver 相关的 dll 文件，单击"确定"按钮，如图 5-7 所示。

图 5-6 "添加引用"命令

图 5-7 选择相关的.dll 文件

在解决方案资源管理器中可看到该引用，如图 5-8 所示。

然后在 main 函数中输入如图 5-9 中所示的代码，然后按 F5 键执行。

图 5-8 添加引用 3

```
namespace ConsoleApplication1
{
    class Program
    {
        static void Main(string[] args)
        {
            Console.WriteLine("Hello World");
            Console.ReadKey();
        }
    }
}
```

图 5-9 C#代码

运行结果如图 5-10 所示。

本章中的 C#程序都可按照这种方式进行创建。

图 5-10　C#运行结果

## 5.2.2　在 Java IDE 中使用 Selenium

下载之后进行解压，可以看到如图 5-11 所示的内容。

这些文件和文件夹的作用如下。

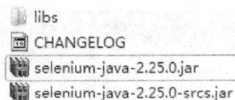

- Libs 文件夹：其中包含各种 Java 相关的基础框架。

- CHANGELOG：记录了 Selenium 的变更情况，可以用记事

图 5-11　Selenium Java 类库

本将其打开阅读。

- Selenium-java-2.25.0.jar：Selenium 1 和 Selenium 2 的主要 API 文件，在进行自动化测试时主要就靠这个类库来实现。

- Selenium-java-2.25.0-srcs.jar：Selenium 的部分源码，感兴趣的读者可以仔细研究。

运行 Java 程序和 Selenium 服务器都需要先安装 JDK，JDK 的下载地址为：

http://www.oracle.com/technetwork/java/javase/downloads/index.html

注意下载时要选择对应的操作系统版本，下载后直接单击"下一步"按钮安装即可。

然后安装 Eclipse，下载地址是：

http://www.eclipse.org/downloads/

下载 Eclipse Classic，然后解压即可使用。

1. 创建 Java 项目

（1）打开 Eclipse，然后选择 New→Java Project，如图 5-12 所示。

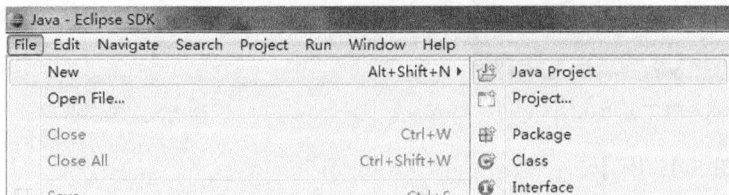

图 5-12　Java Project 菜单命令

（2）在打开的 New Java Project 对话框中输入 Project name，JRE 选择当前安装的 JRE，然后单击 Finish 按钮，如图 5-13 所示。

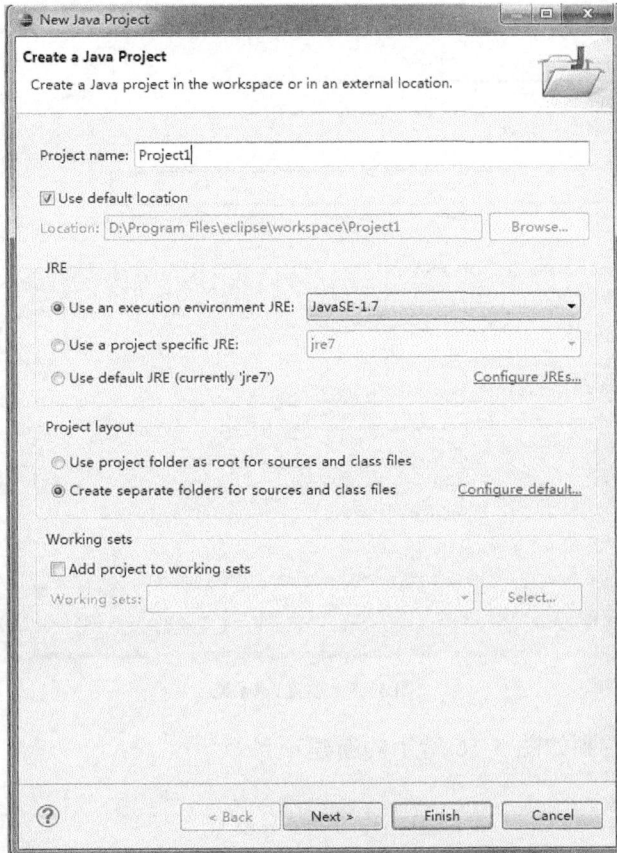

图 5-13　New Java Project 对话框

（3）进入项目页面，在 Package Explorer 中右键单击该项目名称，选择 New→Class 命令，如图 5-14 所示。

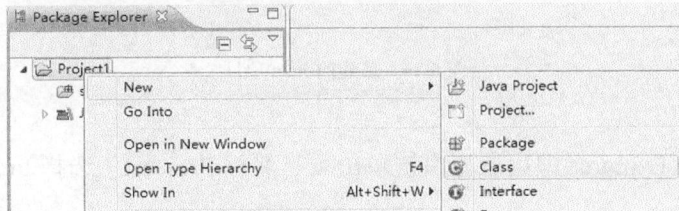

图 5-14　选择 Class 菜单命令

（4）输入包名称和类名称，并勾选 Public static void main 以生成 main 函数，如图 5-15 所示。

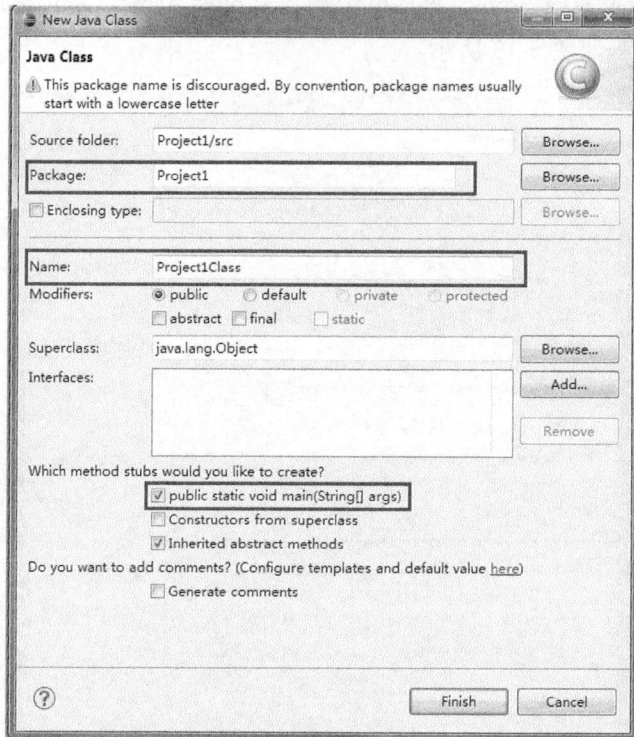

图 5-15　设置 Java 类

操作完毕后，可看到如图 5-16 所示的新建项目。

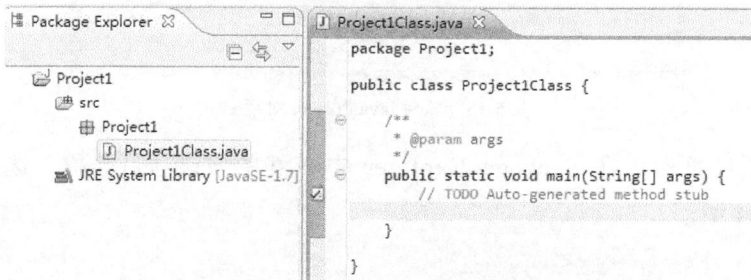

图 5-16　新建的 Java 项目

2. 添加引用

（1）在 Package Explorer 中用鼠标右键单击项目名标 Project1，选择 Properties，如图 5-17 所示。

（2）选择 Java Build Path，在右边选择 Libraries，单击 Add External JARs 按钮，如图 5-18 所示。

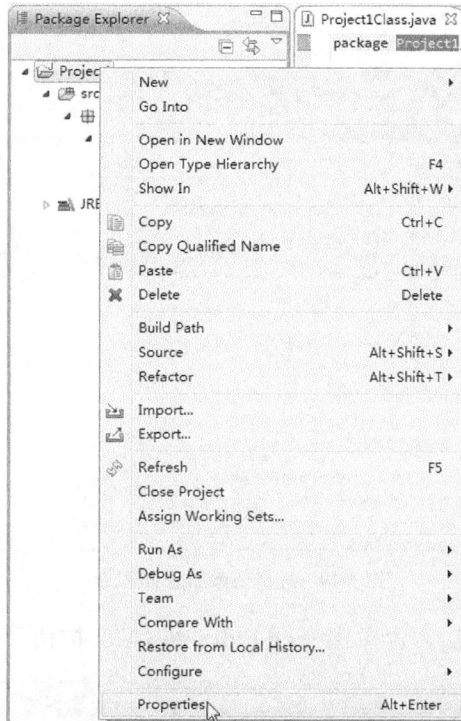

图 5-17 选择 Properties 菜单命令

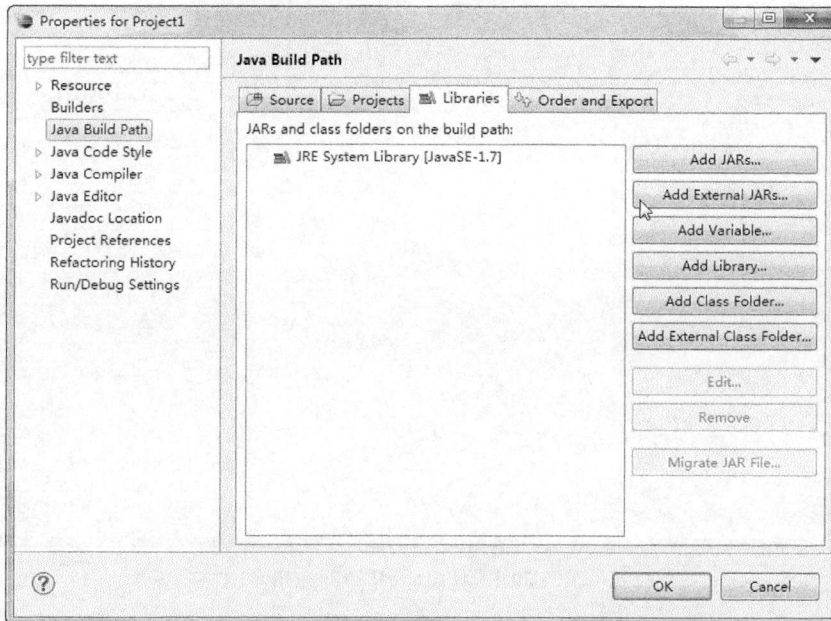

图 5-18 Add External JARs 按钮

（3）选择要添加的 jar 文件，如图 5-19 所示。

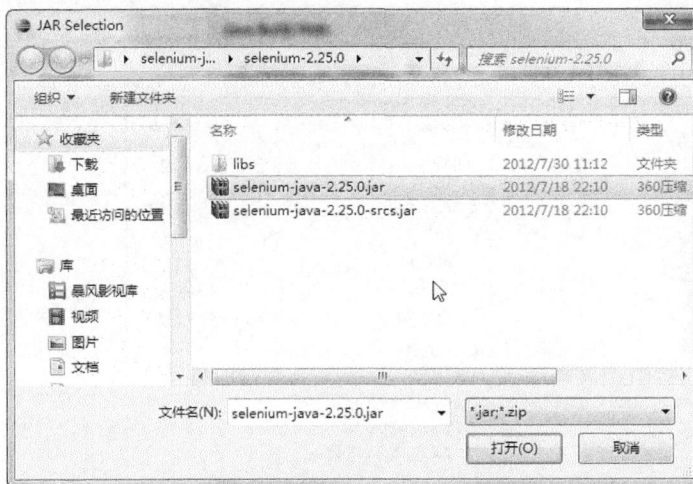

图 5-19　选择要添加的 jar 文件

（4）单击"打开"按钮后，再单击 Add External JARs 按钮，如图 5-20 所示。

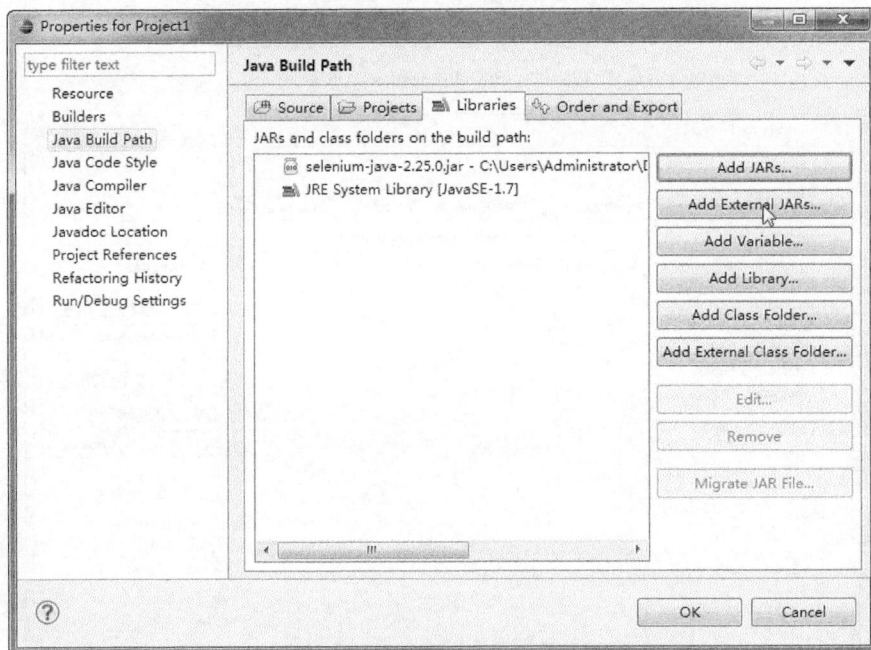

图 5-20　Add External JARs 按钮

（5）选择 Selenium 的 Libs 文件夹中所有与 Java 相关的基础框架，如图 5-21 所示。

图 5-21　选择与 Java 相关的基础框架

（6）单击"打开"按钮，然后单击 OK 按钮，在 Package Explorer 中，可以看到刚才添加的包，如图 5-22 所示。

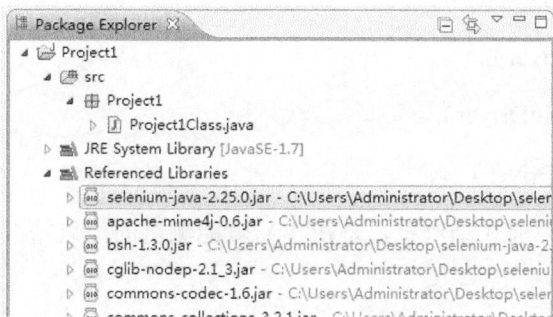

图 5-22　查看添加的包

（7）在 main 函数中输入如图 5-23 所示的代码，然后按 F11 键执行。

```
package Project1;

public class Project1Class {

    /**
     * @param args
     */
    public static void main(String[] args) {
        // TODO Auto-generated method stub
        System.out.println("Hello World");
    }

}
```

图 5-23　Java 代码

运行结果如图 5-24 所示。

本章中的所有 Java 程序都可按照这种方式进行创建。

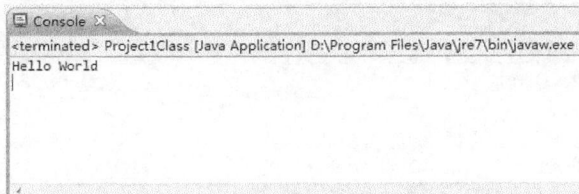

图 5-24　程序运行结果

# 5.3　选择浏览器开始测试

要开始测试，首先得清楚要测试什么浏览器，在 Selenium 2 中，一共支持以下几种浏览器的测试。

- Firefox（FirefoxDriver）。
- IE（InternetExplorerDriver）。
- Chrome（ChromeDriver）。
- Opera（OperaDriver）。
- Android（AndroidDriver）。
- iPhone（IPhoneDriver）。

需要注意的是，其中前 3 个浏览器是很容易就能测试的，只需在电脑中安装相应的浏览器就可以开始测试了。

而对于 Opera 浏览器，C#和 Java 的处理方式各不相同。而对于 Android 和 iPhone，它们在测试前需要安装支持软件，这些都将在 "8.1 对 Opera/iPhone/Android 进行测试" 中进行介绍。

所以，在最开始阶段，假定只会用到前面 3 种浏览器，并且已经在自己机器上进行过安装，然后就可以开始测试了。

要开始测试，首先得创建 Selenium 的实例，也就是对应的 Driver。

如果需要对 Firefox 进行测试，则需要用到 FirefoxDriver，代码如程序清单 5-3 或程序清单 5-4 所示。

**程序清单 5-3　C#代码**

```
using System;
using OpenQA.Selenium;            //注意这里引用了 Selenium 的命名空间
```

```
using OpenQA.Selenium.Firefox;        //注意这里引用了 Selenium 的命名空间
namespace ConsoleApplication1
{
    class Program
    {
        static void Main(string[] args)
        {
            IWebDriver driver = new FirefoxDriver();
        }
    }
}
```

**程序清单 5-4　Java 代码**

```
package Project1;
import org.openqa.selenium.*;              //注意这里导入了 selenium 包中内容
import org.openqa.selenium.WebDriver.*;    //注意这里导入了 selenium 包中内容
import org.openqa.selenium.firefox.*;      //注意这里导入了 selenium 包中内容
public class Project1Class {
    public static void main(String[] args) {
        //如果启动出现问题，可以使用 System.setProperty 指出 firefox.exe 的路径
        //System.setProperty("webdriver.firefox.bin","D:\\Program Files (x86)\\Mozilla
Firefox\\firefox.exe");
        WebDriver driver=new FirefoxDriver();
    }
}
```

注意程序清单 5-3 和程序清单 5-4 中引用了一个名为 OpenQA.Selenium.Firefox 的命名空间，FirefoxDriver 位于该命名空间内。

如果要使用 IE，则要对命名空间和实例化对象部分进行更改，如程序清单 5-5 或程序清单 5-6 所示。

**程序清单 5-5　C#代码**

```
using System;
using OpenQA.Selenium;
using OpenQA.Selenium.IE;
```

```
namespace ConsoleApplication1
{
    class Program
    {
        static void Main(string[] args)
        {
            IWebDriver driver =new InternetExplorerDriver();
        }
    }
}
```

**程序清单 5-6　Java 代码**

```
package Project1;
import org.openqa.selenium.*;
import org.openqa.selenium.WebDriver.*;
import org.openqa.selenium.ie.*;
public class Project1Class {
    public static void main(String[] args) {
        //如果启动出现问题，可以使用 System.setProperty 指明 webdriver.ie.driver 的路径，
webdriver.ie.driver 可以在 http://code.google.com/p/selenium/downloads/list 下载
        //System.setProperty("webdriver.ie.driver","E:\\IEDriverServer.exe");
        WebDriver driver=new InternetExplorerDriver();
    }
}
```

对 Chrome 也是一样的，只需将命名空间改为 OpenQA.Selenium.Chrome，实例化对象改为 new ChromeDriver()即可。

编译并执行程序清单中的代码，对应的浏览器将会打开，如图 5-25 所示。

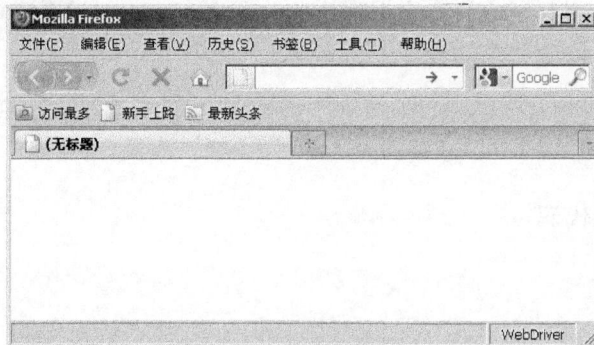

图 5-25　打开的浏览器

# 5.4 浏览器导航对象 Navigation

打开了浏览器之后，就可以打开指定的页面来进行测试了。在 Selenium 1 中，可以直接通过 Selenium 的 open()方法来打开页面，但在 Selenium 2 中则不同，要导航页面，需要用到 Navigation 对象。

可以通过 WebDriver 的 Navigate()方法获得 Navigation 对象实例，代码如程序清单 5-7 或程序清单 5-8 所示。

**程序清单 5-7　C#代码**

```
IWebDriver driver = new FirefoxDriver();
INavigation navigation = driver.Navigate();
```

**程序清单 5-8　Java 代码**

```
WebDriver driver = new FirefoxDriver();
Navigation navigation = driver.navigate();
```

在获取该对象后，就可以执行跳转到指定 URL、前进、后退、刷新页面等操作了。

## 5.4.1　GoToUrl()/to()

对 C#来说，可以用 GoToUrl()方法来实现页面的跳转；而对 Java 来说，可以使用 to()来进行跳转。在这两个方法中，只需将 URL 作为参数即可，如程序清单 5-9 或程序清单 5-10 所示。

**程序清单 5-9　C#代码**

```
IWebDriver driver = new FirefoxDriver();
INavigation navigation = driver.Navigate();
navigation.GoToUrl("http://www.baidu.com");
```

**程序清单 5-10　Java 代码**

```
WebDriver driver = new FirefoxDriver();
Navigation navigation = driver.navigate();
navigation.to("http://www.baidu.com");
```

执行代码，将打开百度主页，如图 5-26 所示。

图 5-26　跳转到百度主页

注意：执行 GoToUrl()/to()方法时，代码会自动等待页面加载完毕再执行下一句，也就是浏览器状态栏为"完成"时再执行下一句。

## 5.4.2　Back()/Forward()

在浏览器上，可以按"前进"和"后退"按钮来进行导航，通过 Back()/Forward()方法，也可以实现这种导航功能。

下面举例说明，先打开百度主页，再打开 Google 主页，之后进行后退和前进操作，代码如程序清单 5-11 或程序清单 5-12 所示，为防止执行过快，每个操作后面加了 3 秒等待时间 Thread.Sleep(3000)。

**程序清单 5-11　C#代码**

```
using System;

using OpenQA.Selenium;

using OpenQA.Selenium.Firefox;

namespace ConsoleApplication1

{

    class Program

    {
```

```
        static void Main(string[] args)
        {
            IWebDriver driver = new FirefoxDriver();
            INavigation navigation = driver.Navigate();
            navigation.GoToUrl("http://www.baidu.com");
            navigation.GoToUrl("http://www.google.com.hk");
            System.Threading.Thread.Sleep(3000);
            navigation.Back();
            System.Threading.Thread.Sleep(3000);
            navigation.Forward();
        }
    }
}
```

**程序清单 5-12　Java 代码**

```
package Project1;
import org.openqa.selenium.*;
import org.openqa.selenium.WebDriver.*;
import org.openqa.selenium.firefox.*;
public class Project1Class {
    public static void main(String[] args) {
        //如果启动出现问题，可以使用 System.setProperty 指出 firefox.exe 的路径
        //System.setProperty("webdriver.firefox.bin","D:\\Program Files (x86)\\Mozilla
Firefox\\firefox.exe");
        WebDriver driver = new FirefoxDriver();
        Navigation navigation = driver.navigate();
        navigation.to("http://www.baidu.com");
        navigation.to("http://www.google.com.hk");
        try {
            Thread.sleep(3000);
        } catch (InterruptedException e) {
            e.printStackTrace();
        }
        navigation.back();
        try {
```

```
            Thread.sleep(3000);
        } catch (InterruptedException e) {
            e.printStackTrace();
        }
        navigation.forward();
    }
}
```

程序清单代码执行后可以发现，程序共打开了两个页面：百度和谷歌。然后，页面先后退到了第一个页面（百度），再前进到了第二个页面（谷歌）。

## 5.4.3　Refresh()

使用该方法将刷新整个页面（类似于按 F5 键的效果），多用于执行某些操作后需要刷新的情况（例如登录后页面未自动刷新），代码如程序清单 5-13 或程序清单 5-14 所示。

**程序清单 5-13　C#代码**

```
using System;
using OpenQA.Selenium;
using OpenQA.Selenium.Firefox;
namespace ConsoleApplication1
{
    class Program
    {
        static void Main(string[] args)
        {
            IWebDriver driver = new FirefoxDriver();
            INavigation navigation = driver.Navigate();
            navigation.GoToUrl("http://www.baidu.com");
            navigation.Refresh();
        }
    }
}
```

**程序清单 5-14　Java 代码**

```
package Project1;
import org.openqa.selenium.*;
```

```
import org.openqa.selenium.WebDriver.*;
import org.openqa.selenium.firefox.*;
public class Project1Class {
    public static void main(String[] args) {
        //如果启动出现问题,可以使用System.setProperty指出firefox.exe的路径
        //System.setProperty("webdriver.firefox.bin","D:\\Program Files (x86)\\Mozilla
Firefox\\firefox.exe");
        WebDriver driver = new FirefoxDriver();
        Navigation navigation = driver.navigate();
        navigation.to("http://www.baidu.com");
        navigation.refresh();
    }
}
```

# 5.5 查找条件对象 By

在导航到对应页面后,就可以对页面上的元素进行操作了。然而,在进行操作之前,必须要找到相应的元素。如何才能找到这些元素呢?需要使用查找条件对象"By"进行查找。

根据 HTML 的不同,查找条件也各有不同。例如,可以按 HTML 元素的 ID 进行查找,也可以按 Name 属性查找,或者直接按 HTML 标签查找,接下来将列举常用的查找条件。

## 5.5.1 Id(idToFind)

可以按照 HTML 元素的 ID 属性进行查找。例如,百度首页有一个搜索文本框,如图 5-27 所示。

图 5-27 百度搜索文本框

其 HTML 代码如下:

```
<input id="kw" class="s_ipt" type="text" maxlength="100" name="wd" autocomplete="off">
```

如要操作该文本框,则可以通过 ID(id="kw")作为查找条件获取该对象,代码如程序

清单 5-15 或程序清单 5-16 所示。

**程序清单 5-15　C#代码**

```
IWebDriver driver = new FirefoxDriver();

INavigation navigation = driver.Navigate();

navigation.GoToUrl("http://www.baidu.com");

IWebElement baiduTextBox = driver.FindElement(By.Id("kw"));

baiduTextBox.SendKeys("找到文本框");
```

**程序清单 5-16　Java 代码**

```
WebDriver driver = new FirefoxDriver();

Navigation navigation = driver.navigate();

navigation.to("http://www.baidu.com");

WebElement baiduTextBox = driver.findElement(By.id("kw"));

baiduTextBox.sendKeys("找到文本框");
```

代码 driver.FindElement(By.Id("kw"));表示寻找 ID 为"kw"的元素。

找到文本框之后，执行"baiduTextBox.SendKeys("找到文本框");"，在搜索文本框中输入"找到文本框"。

程序清单 5-15 和程序清单 5-16 的执行结果如图 5-28 所示。

图 5-28　执行结果

## 5.5.2 Name(nameToFind)

Name 方法按 Name 进行查找，与按 ID 进行查找类似，例如百度首页上有"登录"超级链接，如图 5-29 所示。

搜索设置 | 登录 注册

图 5-29 "登录"超级链接

其 HTML 代码如下：

```
<a name="tj_login" href="http://passport.baidu.com/?login&tpl=mn">登录</a>
```

它的 name 属性为"tj_login"，可以用其作为查找条件来获取登录链接对象，使用方法如程序清单 5-17 或程序清单 5-18 所示。

### 程序清单 5-17 C#代码

```
IWebElement loginButton= driver.FindElement(By.Name("tj_login"));
```

### 程序清单 5-18 Java 代码

```
WebElement loginButton= driver.findElement(By.name("tj_login"));
```

## 5.5.3 LinkText(linkTextToFind)

LinkText 方法按链接的文本进行查找。例如，百度首页上有"登录"超级链接，如图 5-30 所示。

搜索设置 | 登录 注册

图 5-30 "登录"超级链接

它的链接文本为属性为"登录"，可以用它作为查找条件来获取登录链接对象。先打开百度页面，然后单击"登录"，代码如程序清单 5-19 或程序清单 5-20 所示。

```
WebElement tiebaSearch = driver.findElement(By.className("j_global_search"));
tiebaSearch .click();
```

## 5.5.6　TagName(TagNameToFind)

TagName 方法按标记名称进行查找，并返回第一个匹配项。例如，百度首页有"搜索设置"超级链接，如图 5-34 所示。

图 5-34　登录按钮

使用 FireBug 查看其 HTML 代码，可以发现它是整个页面的第一个"a"标记，如图 5-35 所示。

图 5-35　HTML 代码

因此，可以用它的标记名称"a"作为查找条件来获取"搜索设置"链接。先打开百度主页，然后单击"搜索设置"超级链接，代码如程序清单 5-25 和程序清单 5-26 所示。

**程序清单 5-25　C#代码**

```
IWebDriver driver = new FirefoxDriver();
INavigation navigation = driver.Navigate();
navigation.GoToUrl("http://tieba.baidu.com/index.html");
IWebElement searchSetting = driver.FindElement(By.TagName("a"));
searchSetting .Click();
```

**程序清单 5-26　Java 代码**

```
WebDriver driver = new FirefoxDriver();
Navigation navigation = driver.navigate();
```

```
navigation.to("http://www.baidu.com");
WebElement searchSetting = driver.findElement(By.tagName("a"));
searchSetting .click();
```

## 5.5.7　XPath(xPathToFind)

如果以上查找方法都无法定位到指定对象，那么可以按 XPath 进行查找。例如，百度首页有搜索文本框，如图 5-36 所示。

新闻 **网页** 贴吧 知道 MP3 图片 视频 地图

百度一下

图 5-36　百度搜索文本框

其 HTML 代码如下：

```
<input id="kw" class="s_ipt" type="text" maxlength="100" name="wd" autocomplete="off">
```

如要操作该文本框，则可以通过其 XPath 表达式"//input[@id='kw']"作为查找条件获取该对象，找到该文本框，然后再输入文本，例如程序清单 5-27 或程序清单 5-28 所示的代码。

**程序清单 5-27　C#代码**

```
IWebDriver driver = new FirefoxDriver();
INavigation navigation = driver.Navigate();
navigation.GoToUrl("http://www.baidu.com");
IWebElement baiduTextBox = driver.FindElement(By.XPath("//input[@id='kw']"));
baiduTextBox.SendKeys("找到文本框");
```

**程序清单 5-28　Java 代码**

```
WebDriver driver = new FirefoxDriver();
Navigation navigation = driver.navigate();
navigation.to("http://www.baidu.com");
WebElement baiduTextBox = driver.findElement(By.xpath("//input[@id='kw']"));
baiduTextBox.sendKeys("找到文本框");
```

# 5.6　操作页面元素 WebElement

在 Selenium 1 中，直接通过 Selenium 的各种方法来操作页面元素，但在 Selenium 2 中则不同，需要通过 5.5 节讲到的 By 对象先定位到对应的页面元素，然后调用这个页面元素的相关方法来进行操作。

可以通过 WebDriver 的 FindElement()方法获得 WebElement 的对象实例。

在获取页面元素后，就可以对该页面元素进行各种操作了。

## 5.6.1　Click()

Click()方法用于执行单击元素的操作。例如，百度首页上有"登录"超级链接，如图 5-37 所示。

图 5-37　登录按钮

要单击"登录"超级链接，代码如程序清单 5-29 或程序清单 5-30 所示。

**程序清单 5-29　C#代码**

```
IWebDriver driver = new FirefoxDriver();
INavigation navigation = driver.Navigate();
navigation.GoToUrl("http://www.baidu.com");
IWebElement baiduLogin = driver.FindElement(By.LinkText("登录"));
baiduLogin.Click();
```

**程序清单 5-30　Java 代码**

```
WebDriver driver = new FirefoxDriver();
Navigation navigation = driver.navigate();
navigation.to("http://www.baidu.com");
WebElement baiduLogin = driver.findElement(By.LinkText("登录"));
baiduLogin.click();
```

在执行"WebElement baiduLogin = driver.findElement(By.LinkText("登录"));"时，程序先通过"driver.findElement(By.LinkText("登录"));"找到该按钮，然后将其赋值给变量 baiduLogin。baiduLogin 就是获取到的页面元素，它代表"登录"按钮，获取到它之后就可以对它进行各种操作了，例如单击操作 baiduLogin.click()。

　　注意，在 Selenium 2 中没有 Check/UnCheck 这类方法来勾选或取消复选框和单选框，所以只能通过 Click 方法来进行勾选或取消勾选。例如，百度贴吧的页面上有"记住我的登录状态"复选框，如图 5-38 所示。

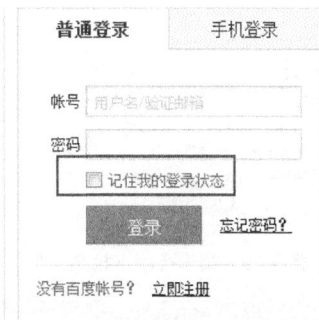

图 5-38　记住登录状态

只能使用 Click()方法对其进行勾选，如程序清单 5-31 或程序清单 5-32 所示。

**程序清单 5-31　C#代码**

```csharp
IWebDriver driver = new FirefoxDriver();
INavigation navigation = driver.Navigate();
navigation.GoToUrl("http://tieba.baidu.com/index.html");
IWebElement rememberMe = driver.FindElement(By.Id("pass_loginLite_input_isMem0"));
rememberMe.Click();
```

**程序清单 5-32　Java 代码**

```java
WebDriver driver = new FirefoxDriver();
Navigation navigation = driver.navigate();
navigation.to("http://tieba.baidu.com/index.html");
WebElement rememberMe = driver.findElement(By.id("pass_loginLite_input_isMem0"));
rememberMe.click();
```

　　对于 Selenium 2 来说，因为页面元素没有 Select 方法，所以也只能用 Click 模拟实现对下拉列表框的选择。以百度贴吧搜索为例，如图 5-39 所示，假设要在排序方式下拉列表框中选择"按相关性进行排序"。

　　其 HTML 代码如图 5-40 所示。

　　可以编写代码选择"按相关性进行排序"，如程序清单 5-33 或程序清单 5-34 所示。

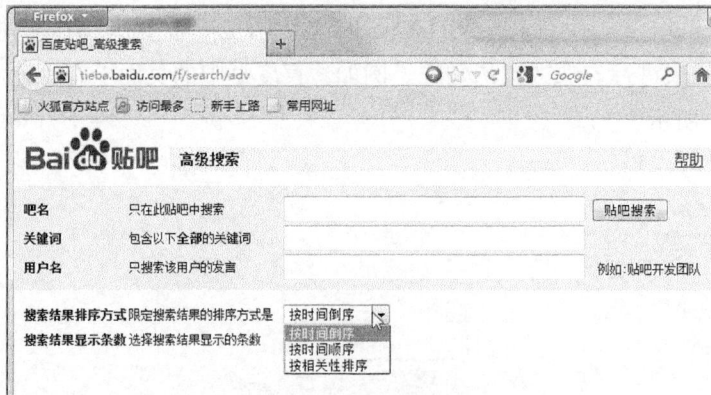

图 5-39　搜索排序下拉列表框

图 5-40　下拉列表框的 HTML 代码

**程序清单 5-33　C#代码**

```
IWebDriver driver = new FirefoxDriver();

INavigation navigation = driver.Navigate();

navigation.GoToUrl("http://www.baidu.com");

navigation.GoToUrl("http://tieba.baidu.com/f/search/adv");

IWebElement select = driver.FindElement(By.Name("sm"));

string targetText = "按相关性排序";

System.Collections.Generic.IList<IWebElement> options = select.FindElements(By.TagName("option"));

for (int i = 0; i < options.Count; i++)

{

        if (options[i].Text == targetText)

        {

                options[i].Click();

        }

}
```

**程序清单 5-34　Java 代码**

```
WebDriver driver = new FirefoxDriver();

Navigation navigation = driver.navigate();
```

```
navigation.to("http://www.baidu.com");

navigation.to("http://tieba.baidu.com/f/search/adv");

WebElement select = driver.findElement(By.name("sm"));

String targetText = "按相关性排序";

java.util.List<WebElement> options = select.findElements(By.tagName("option"));

for (int i = 0; i < options.size(); i++)

{

        if (options.get(i).getText().equals(targetText))

        {

                options.get(i).click();

        }

}
```

实现的原理就是先找到 Select 元素，然后获取它的所有选项，接着遍历这些选项并找出和要选择的文本相同的选项，最后单击它。

## 5.6.2 SendKeys(text)

SendKeys()方法用于给 input 元素输入文本。例如，百度首页有搜索文本框，如图 5-41 所示。

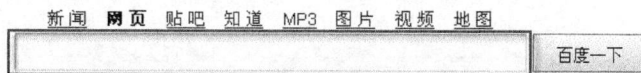

图 5-41　百度首页搜索文本框

要操作该文本框，需先定位该页面元素，然后使用 SendKeys()方法输入指定内容，代码如程序清单 5-35 或程序清单 5-36 所示。

**程序清单 5-35　C#代码**

```
IWebDriver driver = new FirefoxDriver();

INavigation navigation = driver.Navigate();

navigation.GoToUrl("http://www.baidu.com");

IWebElement baiduTextBox = driver.FindElement(By.Id("kw"));

baiduTextBox.SendKeys("找到文本框");
```

**程序清单 5-36　Java 代码**

```
WebDriver driver = new FirefoxDriver();
```

```
Navigation navigation = driver.navigate();

navigation.to("http://www.baidu.com");

WebElement baiduTextBox = driver.findElement(By.id("kw"));

baiduTextBox.sendKeys("找到文本框");
```

找到文本框之后，执行"baiduTextBox.SendKeys("找到文本框");"，在搜索文本框中输入"找到文本框"。

执行结果如图 5-42 所示。

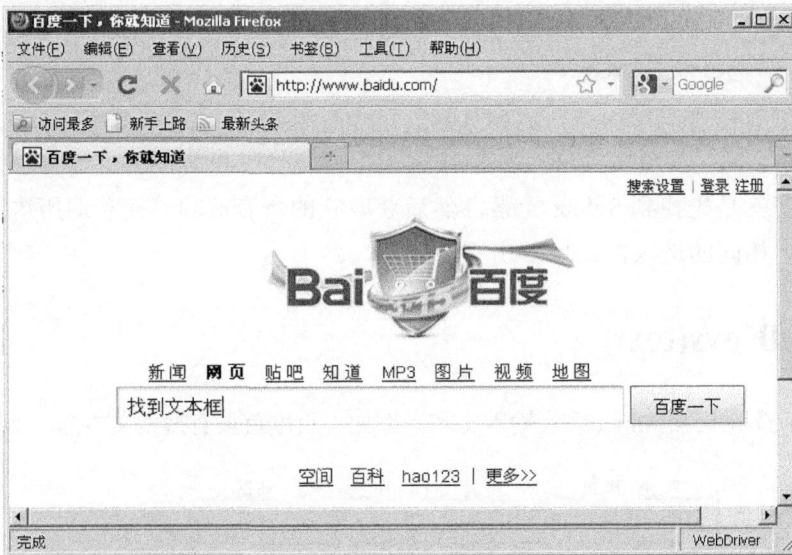

图 5-42　执行结果

## 5.6.3　Clear()

Clear()方法用于清空 input 元素的值。例如，百度首页有搜索文本框，如图 5-43 所示。

图 5-43　百度首页搜索文本框

可以先给文本框填入内容，然后使用 Clear()将其清除，清除前先使用 Thread.Sleep(3000) 等待 3 秒，以便于观察），代码如程序清单 5-37 或程序清单 5-38 所示。

**程序清单 5-37　C#代码**

```
IWebDriver driver = new FirefoxDriver();
```

```
INavigation navigation = driver.Navigate();
navigation.GoToUrl("http://www.baidu.com");
IWebElement baiduTextBox = driver.FindElement(By.XPath("//input[@id='kw']"));
baiduTextBox.SendKeys("找到文本框");
System.Threading.Thread.Sleep(3000);
baiduTextBox.Clear();
```

**程序清单 5-38　Java 代码**

```java
WebDriver driver = new FirefoxDriver();
Navigation navigation = driver.navigate();
navigation.to("http://www.baidu.com");
WebElement baiduTextBox = driver.findElement(By.id("kw"));
baiduTextBox.sendKeys("找到文本框");
try {
    Thread.sleep(3000);
} catch (InterruptedException e) {
    e.printStackTrace();
}
baiduTextBox.clear();
```

## 5.6.4　Submit()

Submit()方法用于对指定元素所在的 form 元素进行提交操作。

例如，百度贴吧的登录界面如图 5-44 所示。

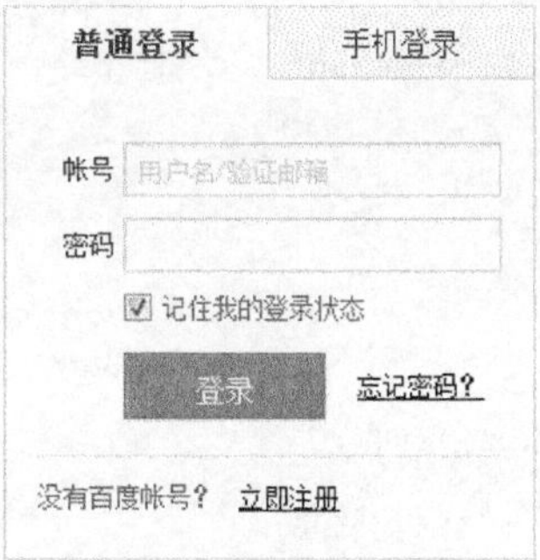

图 5-44　百度贴吧登录界面

用 Firebug 查看它的 HTML，如图 5-45 所示。

```
☐ <form id="pass_loginLite_form0" onsubmit="javascript:return false" target="pass_loginLite_iframe0" action="h"
    ⊞ <p class="pass-error">
    ⊞ <p class="pass-username clearfix">
    ⊞ <p class="pass-password clearfix">
    ⊞ <p id="pass_loginLite_p_verifycode0" class="pass-verifycode clearfix" style="display:none">
    ⊞ <p class="pass-mem clearfix">
    ⊞ <p class="pass-submit">
    ⊞ <iframe id="pass_loginLite_iframe0" style="display:none;" src="javascript:''" name="pass_loginLite_ifram
       <input id="pass_loginLite_hidden_charset0" type="hidden" name="charset" value="gbk">
       <input id="pass_loginLite_hidden_isPhone0" type="hidden" name="isPhone" value="false">
       <input id="pass_loginLite_hidden_index0" type="hidden" name="index" value="0">
       <input id="pass_loginLite_hidden_safeflg0" type="hidden" name="safeflg" value="0">
       <input id="pass_loginLite_hidden_staticpage0" type="hidden" name="staticpage" value="http://tieba.baidu.
       <input id="pass_loginLite_hidden_loginType0" type="hidden" name="loginType" value="1">
       <input id="pass_loginLite_hidden_tp10" type="hidden" name="tp1" value="tb">
       <input id="pass_loginLite_hidden_codestring0" type="hidden" name="codestring" value="">
       <input id="pass_loginLite_hidden_token0" type="hidden" name="token" value="">
       <input id="pass_loginLite_hidden_callback0" type="hidden" name="callback" value="parent.bdPass.api.login
    </form>
```

图 5-45　百度贴吧登录 HTML 代码

可以看到，它由一个 form 组成，只要对这个 from 中的任何元素使用 Submit()方法，都会提交这个 form。

例如，输入账号和密码，然后直接对密码文本框使用 Submit()方法（而不是单击"登录"按钮），可以看到 form 数据将会提交，页面将成功登录。代码如程序清单 5-39 或程序清单 5-40 所示。

**程序清单 5-39　C#代码**

```
IWebDriver driver = new FirefoxDriver();

INavigation navigation = driver.Navigate();

navigation.GoToUrl("http://tieba.baidu.com/index.html");

IWebElement userName = driver.FindElement(By.Id("pass_loginLite_input_username0"));

userName.SendKeys("这里输入您的账号");

IWebElement password = driver.FindElement(By.Id("pass_loginLite_input_password0"));

password.SendKeys("这里输入您的密码");

password.Submit();
```

**程序清单 5-40　Java 代码**

```
WebDriver driver = new FirefoxDriver();

Navigation navigation = driver.navigate();

navigation.to("http://tieba.baidu.com/index.html");

WebElement userName = driver.findElement(By.id("pass_loginLite_input_username0"));

userName.sendKeys("这里输入您的账号");
```

```
WebElement password = driver.findElement(By.id("pass_loginLite_input_password0"));
password.sendKeys("这里输入您的密码");
password.submit();
```

执行结果如图 5-46 所示，可以看到已经成功登录。

图 5-46　成功登录

# 5.7　获取页面及页面元素的内容

在跳转到某个页面或获取某个页面元素之后，除了可以对其进行操作，还可以获取它的内容，以比较该其内容是否符合预期。

## 5.7.1　Title/getTitle()

Title 属性（适用于 C#）和 getTitle()方法（适用于 Java）用于返回当前网页的标题。

例如，当前的百度首页标题如图 5-47 所示。

图 5-47　百度首页标题

通过编写如程序清单 5-41 或程序清单 5-42 所示的代码，将其存储到 title 变量中，并将其打印出来。

**程序清单 5-41　C#代码**

```
IWebDriver driver = new FirefoxDriver();
INavigation navigation = driver.Navigate();
navigation.GoToUrl("http://www.baidu.com");
string title = driver.Title;
```

```
Console.WriteLine(title);

Console.ReadKey();
```

**程序清单 5-42　Java 代码**

```
WebDriver driver = new FirefoxDriver();

Navigation navigation = driver.navigate();

navigation.to("http://www.baidu.com");

String title = driver.getTitle();

System.out.println(title);
```

执行后结果如图 5-48 所示，可以看到 Selenium 成功打印了页面的标题。

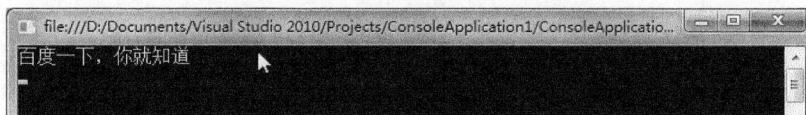

图 5-48　执行结果

## 5.7.2　Url/getCurrentUrl()

Url/getCurrentUrl()用于获取当前网页的 URL。

编写如程序清单 5-43 或程序清单 5-44 所示的代码，打开百度首页，然后将网址存放到变量 url 中。

**程序清单 5-43　C#代码**

```
IWebDriver driver = new FirefoxDriver();

INavigation navigation = driver.Navigate();

navigation.GoToUrl("http://www.baidu.com");

string url = driver.Url;

Console.WriteLine(url);

Console.ReadKey();
```

**程序清单 5-44　Java 代码**

```
WebDriver driver = new FirefoxDriver();

Navigation navigation = driver.navigate();

navigation.to("http://www.baidu.com");
```

```
String url = driver.getCurrentUrl();

System.out.println(url);
```

执行后结果如图 5-49 所示，可以看到 Selenium 成功打印了页面的网址。

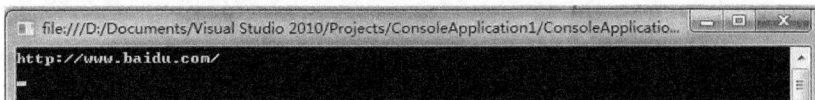

图 5-49    执行结果

## 5.7.3    Text/getText ()

Text/getText ()用于存储某个元素的文本值，例如链接，纯文本等。

例如，现在要获取百度首页的"搜索设置"链接的文本值，如图 5-50 所示。

图 5-50    百度首页

首先通过 Firebug 查看其 HTML 代码，如图 5-51 所示。

图 5-51    HTML 代码

可以看到其 name 属性为 tj_setting，接下来编写如程序清单 5-45 或程序清单 5-46 所示的代码，先打开百度页面，然后将"搜索设置"的文本值存放到 linkText 变量中，最后在将其打印出来。

**程序清单 5-45    C#代码**

```csharp
IWebDriver driver = new FirefoxDriver();

INavigation navigation = driver.Navigate();

navigation.GoToUrl("http://www.baidu.com");

IWebElement link = driver.FindElement(By.Name("tj_setting"));

string linkText = link.Text;

Console.WriteLine(linkText);

Console.ReadKey();
```

程序清单 5-46　Java 代码

```
WebDriver driver = new FirefoxDriver();
Navigation navigation = driver.navigate();
navigation.to("http://www.baidu.com");
WebElement link = driver.findElement(By.name("tj_setting"));
String linkText = link.getText();
System.out.println(linkText);
```

执行结果如图 5-52 所示。可以看到，linkText 变量的值成功打印了出来。

图 5-52　执行结果

## 5.7.4　Selected/isSelected()

Selected/isSelected()用于存储复选框或单选框的勾选情况，返回值为 true（勾选）或 false（为勾选）。

例如，百度贴吧（http://tieba.baidu.com/index.html）的登录界面有一个"记住我的登录状态"的复选框，如图 5-53 所示。

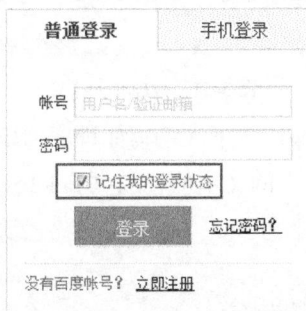

图 5-53　百度贴吧登录

通过 FireBug 查看其 HTML 源码，如图 5-54 所示。

图 5-54　HTML 源码

编写如程序清单 5-47 或程序清单 5-48 所示的代码,将勾选状态存放到 isSelected 变量中,并将其打印出来。

**程序清单 5-47   C#代码**

```csharp
IWebDriver driver = new FirefoxDriver();
INavigation navigation = driver.Navigate();
navigation.GoToUrl("http://tieba.baidu.com");
IWebElement checkBox = driver.FindElement(By.Id("pass_loginLite_input_isMem0"));
bool isSelected = checkBox.Selected;
Console.WriteLine("是否勾选: " + isSelected);
Console.ReadKey();
```

**程序清单 5-48   Java 代码**

```java
WebDriver driver = new FirefoxDriver();
Navigation navigation = driver.navigate();
navigation.to("http://tieba.baidu.com");
WebElement checkBox = driver.findElement(By.id("pass_loginLite_input_isMem0"));
boolean isSelected = checkBox.isSelected();
System.out.println("是否勾选: " + isSelected);
```

执行结果如图 5-55 所示。

图 5-55   执行结果

## 5.7.5   TagName/getTagName()

TagName/getTagName()用于获取元素的标记名称。

例如，要获取百度首页的"搜索设置"超级链接的标记名称，如图 5-56 所示。

图 5-56   百度首页

可以编写如程序清单 5-49 或程序清单 5-50 所示的代码，先打开百度页面，然后将"搜索设置"的文本值存放到 tagName 变量中，最后在将其打印出来。

**程序清单 5-49　C#代码**

```
IWebDriver driver = new FirefoxDriver();
INavigation navigation = driver.Navigate();
navigation.GoToUrl("http://www.baidu.com");
IWebElement link = driver.FindElement(By.Name("tj_setting"));
string tagName = link.TagName;
Console.WriteLine(tagName);
Console.ReadKey();
```

**程序清单 5-50　Java 代码**

```
WebDriver driver = new FirefoxDriver();
Navigation navigation = driver.navigate();
navigation.to("http://www.baidu.com");
WebElement link = driver.findElement(By.name("tj_setting"));
String tagName = link.getTagName();
System.out.println(tagName);
```

执行结果如图 5-57 所示。

图 5-57　执行结果

## 5.7.6　Enabled/isEnabled()

Enabled/isEnabled()用于存储 input 等元素的可编辑状态，例如文本框、复选框和单选框的可编辑状态，如果可以编辑，则返回 true，否则返回 false。

如程序清单 5-51 或程序清单 5-52 的代码所示，打开 Google 首页，接着使用该命令查看文本框是否可编辑，并将值存放在变量 enabled 中打印出来。

**程序清单 5-51　C#代码**

```
IWebDriver driver = new FirefoxDriver();
```

```
INavigation navigation = driver.Navigate();

navigation.GoToUrl("https://www.google.com.hk");

IWebElement textBox = driver.FindElement(By.Id("lst-ib"));

bool enabled = textBox.Enabled;

Console.WriteLine("是否可编辑: " + enabled);

Console.ReadKey();
```

**程序清单 5-52　Java 代码**

```
WebDriver driver = new FirefoxDriver();

Navigation navigation = driver.navigate();

navigation.to("https://www.google.com.hk");

WebElement textBox = driver.findElement(By.id("lst-ib"));

boolean enabled = textBox.isEnabled();

System.out.println(enabled);
```

执行结果如图 5-58 所示，可以看到文本框是可编辑的。

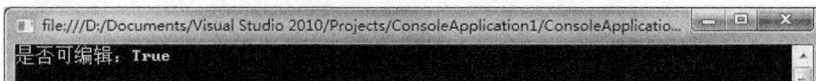

图 5-58　执行结果

## 5.7.7　Displayed/isDisplayed()

有时候，即使元素在页面上看不到了，在使用 Ctrl+F 查看源代码或使用 FindElement 命令进行查找时，仍然能找到该元素。这是因为该元素偶然在 HTML 代码中，只是没有显示出来（例如该元素的 visibility 属性为 hidden 或者 display 属性为 none，它就不会显示到页面上，但它确实存在于该页面），所以，这个时候用 Displayed/isDisplayed()才能验证该元素是否在页面上显示。

假设要验证"Google 搜索"按钮是否显示在页面上（而非仅存在于页面的 HTML 代码中），可编写程序清单 5-53 或程序清单 5-54 所示的代码。

**程序清单 5-53　C#代码**

```
IWebDriver driver = new FirefoxDriver();

INavigation navigation = driver.Navigate();

navigation.GoToUrl("https://www.google.com.hk");

IWebElement btn = driver.FindElement(By.Name("btnK"));

bool visiblility = btn.Displayed;
```

```
Console.WriteLine("元素是否显示: " + visiblility);
Console.ReadKey();
```

**程序清单 5-54　Java 代码**

```
WebDriver driver = new FirefoxDriver();
Navigation navigation = driver.navigate();
navigation.to("https://www.google.com.hk");
WebElement btn = driver.findElement(By.name("btnK"));
boolean visiblility = btn.isDisplayed();
System.out.println("元素是否显示: " + visiblility);
```

执行结果如图 5-59 所示。

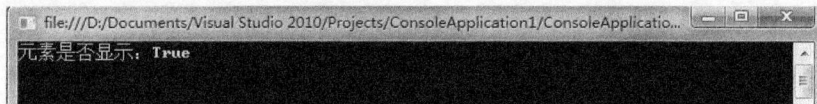

图 5-59　执行结果

## 5.7.8　GetAttribute(attributeName)

GetAttribute( )方法用于获取指定属性的值，attributeName 为属性的名称。

假设要获取"Google 搜索"的 value 属性。如图 5-60 所示，首先打开 Google 首页。

图 5-60　Google 首页

然后用 FireBug 查看其代码，如图 5-61 所示，其 name 属性为 btnK，type 属性为"submit"。

图 5-61　按钮的 HTML 代码

编写如程序清单 5-55 或程序清单 5-56 所示的代码，将它的 value 属性存放到变量 btnValue 中并打印出来。

**程序清单 5-55  C#代码**

```
IWebDriver driver = new FirefoxDriver();
INavigation navigation = driver.Navigate();
navigation.GoToUrl("https://www.google.com.hk");
IWebElement btn = driver.FindElement(By.Name("btnK"));
string btnValue = btn.GetAttribute("value");
Console.WriteLine("Google 搜索的value属性为: " + btnValue);
Console.ReadKey()
```

**程序清单 5-56  Java 代码**

```
WebDriver driver = new FirefoxDriver();
Navigation navigation = driver.navigate();
navigation.to("https://www.google.com.hk");
WebElement btn = driver.findElement(By.name("btnK"));
String btnValue = btn.getAttribute("value");
System.out.println("Google 搜索的value属性为: " + btnValue);
```

执行结果如图 5-62 所示。

图 5-62　执行结果

# 5.8　弹出对话框的处理

JavaScript 共有 3 种弹出对话框 Alert、Confirmation 以及 Prompt。

● Alert：警告对话框，只有一个"确定"按钮（对应的 JavaScript 代码为"alert('这是 Alert');"）如图 5-63 所示。

图 5-63　警告对话框

● Confirmation：确认对话框，需要选择（对应的 JavaScript 代码为 "confirm('这是 Confirmation');"），如图 5-64 所示。

图 5-64　确认对话框

● Prompt：输入对话框，需要输入内容（对应的 JavaScript 代码为 "prompt('这就是 prompt','');"），如图 5-65 所示。

图 5-65　输入对话框

由于 Selenium 1 使用的是 JavaScript 注入的方式来进行测试，所以无法直接处理 JavaScript 弹出对话框，而是对弹出对话框进行"预处理"。因此，那些在手工测试会出现弹出对话框的地方，在使用 Selenium 1 测试时不会有任何 JavaScript 弹出对话框弹出，这是因为在弹出前已经"处理"了。

然而 Selenium 2 是针对各个浏览器而开发的，取代了嵌入到被测 Web 应用中的 JavaScript。与浏览器的紧密集成，支持创建更高级的测试，避免了 JavaScript 安全模型导致的限制。因此弹出对话框会成功弹出的。

在 Selenium 1 中，针对不同的弹出对话框需要调用不同的方法，而在 Selenium 2 中，弹出对话框统一视为 Alert 对象，只需调用 Alert 对象的方法即可。

由于目前网站上很难找到同时找到带有上述 3 个弹出对话框的网页，所以这里可以自己编写一个网页。首先新建一个文本文件，然后输入如程序清单 5-57 所示的代码。

**程序清单 5-57　testPage.html**

```
<html>
<head>
    <title></title>
</head>
```

```
<body>
    <input type="button" onclick="alert('这是 Alert');" value="Alert"/>
    <br/>
    <input type="button" onclick="confirm('这是 Confirmation');" value="Confirmation"/>
    <br/>
    <input type="button" onclick="prompt('这就是 Prompt','');" value="prompt"/>
</body>
</html>
```

保存文件并将其更名为 testPage.html，使用浏览器将其打开，可以看到如图 5-66 所示的页面。

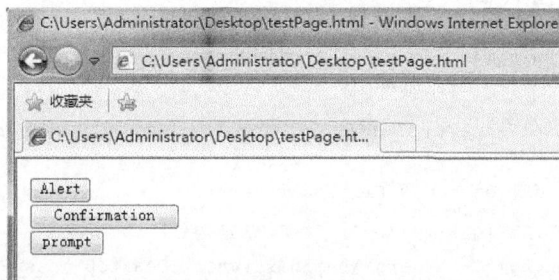

图 5-66　testPage.html 显示页面

单击不同的按钮，将会弹出对应的弹出对话框，接下来将在这个页面进行测试。

## 5.8.1　Accept()

单击弹出对话框的确认按钮，可以同时对 Alert、Confirmation 以及 Prompt 使用。

例如程序清单 5-58 或程序清单 5-59 所示的代码，依次单击这些按钮，弹出各种对话框并进行单击，为了看得清楚，每个单击操作后面都增加了 3 秒的延迟。

**程序清单 5-58　C#代码**

```csharp
static void Main(string[] args)
{
    IWebDriver driver = new FirefoxDriver();
    INavigation navigation = driver.Navigate();
    navigation.GoToUrl("C:\\Users\\Administrator\\Desktop\\testPage.html");
    IWebElement btn = driver.FindElement(By.XPath("//input[1]"));
    btn.Click();
    System.Threading.Thread.Sleep(3000);
```

```
        driver.SwitchTo().Alert().Accept();
        IWebElement btn2 = driver.FindElement(By.XPath("//input[2]"));
        btn2.Click();
        System.Threading.Thread.Sleep(3000);
        driver.SwitchTo().Alert().Accept();
        IWebElement btn3 = driver.FindElement(By.XPath("//input[3]"));
        btn3.Click();
        System.Threading.Thread.Sleep(3000);
        driver.SwitchTo().Alert().Accept();
    }
```

**程序清单 5-59　Java 代码**

```
    public static void main(String[] args) throws InterruptedException {
        //如果启动出现问题，可以使用 System.setProperty 指出 firefox.exe 的路径
        //System.setProperty("webdriver.firefox.bin","D:\\Program Files (x86)\\Mozilla
Firefox\\firefox.exe");
        WebDriver driver = new FirefoxDriver();
        Navigation navigation = driver.navigate();
        navigation.to("C:\\Users\\Administrator\\Desktop\\testPage.html");
        WebElement btn = driver.findElement(By.xpath("//input[1]"));
        btn.click();
        Thread.sleep(3000);
        driver.switchTo().alert().accept();
        WebElement btn2 = driver.findElement(By.xpath("//input[2]"));
        btn2.click();
        Thread.sleep(3000);
        driver.switchTo().alert().accept();
        WebElement btn3 = driver.findElement(By.xpath("//input[3]"));
        btn3.click();
        Thread.sleep(3000);
        driver.switchTo().alert().accept();
    }
```

执行代码后，可以发现页面上依次弹出了 Alert、Confirmation 以及 Prompt 对话框，并依次单击了确定按钮。

## 5.8.2　Dismiss()

单击弹出对话框的取消按钮，可以同时对 Alert、Confirmation 以及 Prompt 使用。不过对

于 Alert 来说，Accept()和 Dismiss()没有什么区别，所以完全不必对其使用 Dismiss()。

例如程序清单 5-60 或程序清单 5-61 所示的代码，依次单击这些按钮，弹出各种对话框并进行单击，为了看得清楚，每个单击操作后面都增加了 3 秒的延迟。

**程序清单 5-60　C#代码**

```csharp
static void Main(string[] args)
{
        IWebDriver driver = new FirefoxDriver();
        INavigation navigation = driver.Navigate();
        navigation.GoToUrl("C:\\Users\\Administrator\\Desktop\\testPage.html");
        IWebElement btn2 = driver.FindElement(By.XPath("//input[2]"));
        btn2.Click();
        System.Threading.Thread.Sleep(3000);
        driver.SwitchTo().Alert().Dismiss();
        IWebElement btn3 = driver.FindElement(By.XPath("//input[3]"));
        btn3.Click();
        System.Threading.Thread.Sleep(3000);
        driver.SwitchTo().Alert().Dismiss();
}
```

**程序清单 5-61　Java 代码**

```java
public static void main(String[] args) throws InterruptedException {
        //如果启动出现问题，可以使用 System.setProperty 指出 firefox.exe 的路径
        //System.setProperty("webdriver.firefox.bin","D:\\Program Files (x86)\\Mozilla Firefox\\firefox.exe");
        WebDriver driver = new FirefoxDriver();
        Navigation navigation = driver.navigate();
        navigation.to("C:\\Users\\Administrator\\Desktop\\testPage.html");
        WebElement btn2 = driver.findElement(By.xpath("//input[2]"));
        btn2.click();
        Thread.sleep(3000);
        driver.switchTo().alert().dismiss();
        WebElement btn3 = driver.findElement(By.xpath("//input[3]"));
        btn3.click();
        Thread.sleep(3000);
        driver.switchTo().alert().dismiss();
}
```

### 5.8.3 SendKeys(keysToSend)

在弹出对话框中输入文本，该方法只对 Prompt 弹出对话框有效。

例如程序清单 5-62 或程序清单 5-63 所示的代码，单击"Prompt"按钮，弹出 Prompt 弹出对话框，然后输入一串文本。

**程序清单 5-62　C#代码**

```
IWebDriver driver = new FirefoxDriver();
INavigation navigation = driver.Navigate();
navigation.GoToUrl("C:\\Users\\Administrator\\Desktop\\testPage.html");
IWebElement btn3 = driver.FindElement(By.XPath("//input[3]"));
btn3.Click();
driver.SwitchTo().Alert().SendKeys("这就是输入的内容");
```

**程序清单 5-63　Java 代码**

```
WebDriver driver = new FirefoxDriver();
Navigation navigation = driver.navigate();
navigation.to("C:\\Users\\Administrator\\Desktop\\testPage.html");
WebElement btn3 = driver.findElement(By.xpath("//input[3]"));
btn3.click();
driver.switchTo().alert().sendKeys("这就是输入的内容");
```

执行结果如图 5-67 所示。

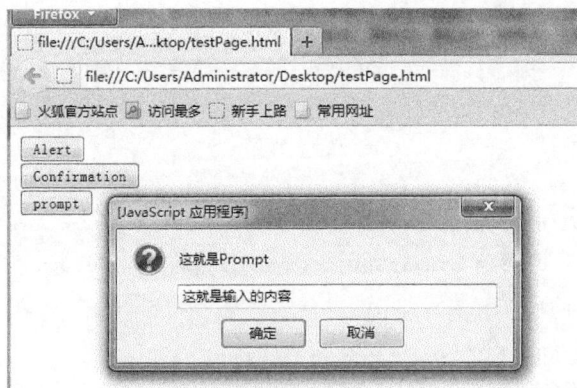

图 5-67　执行结果

## 5.8.4 Text/getText()

Text/getText()用于获取弹出对话框的文本内容。

例如程序清单 5-64 或程序清单 5-65 所示的代码，依次单击这些按钮，弹出各种对话框并进行单击，同时输出它们的文本内容。

**程序清单 5-64　C#代码**

```
IWebDriver driver = new FirefoxDriver();

INavigation navigation = driver.Navigate();

navigation.GoToUrl("C:\\Users\\Administrator\\Desktop\\testPage.html");

IWebElement btn = driver.FindElement(By.XPath("//input[1]"));

btn.Click();

Console.WriteLine(driver.SwitchTo().Alert().Text);

driver.SwitchTo().Alert().Accept();

IWebElement btn2 = driver.FindElement(By.XPath("//input[2]"));

btn2.Click();

Console.WriteLine(driver.SwitchTo().Alert().Text);

driver.SwitchTo().Alert().Accept();

IWebElement btn3 = driver.FindElement(By.XPath("//input[3]"));

btn3.Click();

Console.WriteLine(driver.SwitchTo().Alert().Text);

driver.SwitchTo().Alert().Accept();

Console.ReadKey();
```

**程序清单 5-65　Java 代码**

```
WebDriver driver = new FirefoxDriver();

Navigation navigation = driver.navigate();

navigation.to("C:\\Users\\Administrator\\Desktop\\testPage.html");

WebElement btn = driver.findElement(By.xpath("//input[1]"));

btn.click();

System.out.println(driver.switchTo().alert().getText());

driver.switchTo().alert().accept();

WebElement btn2 = driver.findElement(By.xpath("//input[2]"));
```

```
btn2.click();

System.out.println(driver.switchTo().alert().getText());

driver.switchTo().alert().accept();

WebElement btn3 = driver.findElement(By.xpath("//input[3]"));

btn3.click();

System.out.println(driver.switchTo().alert().getText());

driver.switchTo().alert().accept();
```

执行结果如图 5-68 所示。

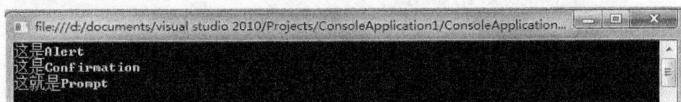

图 5-68　执行结果

# 5.9　浏览器多窗口处理

在进行 Web 测试时，还会弹出一些子窗口，并且在多个窗口之间进行切换操作。

例如，在百度首页，单击"注册"超级链接，如图 5-69 所示。

图 5-69　百度首页

弹出一个标题为"百度帐号注册"的新页面，如图 5-70 所示。

接下来以百度账号注册窗口为例，讨论如何测试多个窗口之间的切换。

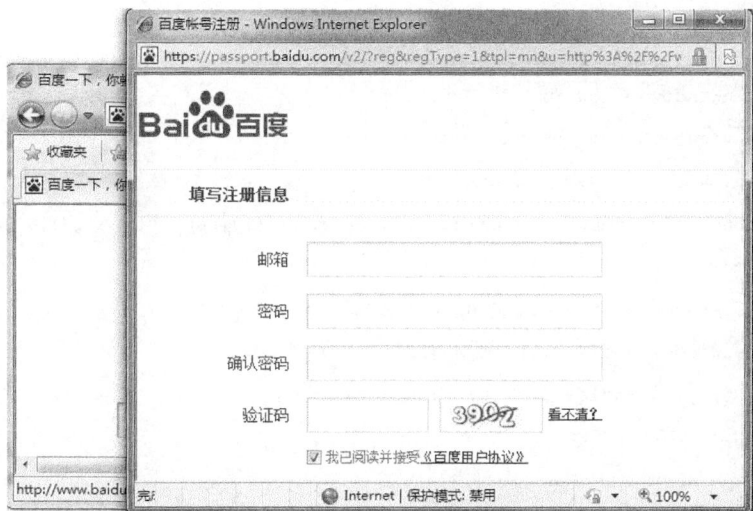

图 5-70 百度注册页面

# 5.9.1 WindowHandles/getWindowHandles()

要在多个窗口之间进行切换，首先必须获取每个窗口的唯一标识符（句柄），通过 WindowHandles 属性（用于 C#）/getWindowHandles()（用于 Java）可以获取所有打开窗口的标识符，并将其以集合的形式返回。

下面举例说明，先打开百度注册窗口，然后获取所有窗口的标识符并将其打印出来，代码如程序清单 5-66 或程序清单 5-67 所示。

**程序清单 5-66 C#代码**

```
IWebDriver mainWindow = new FirefoxDriver();

INavigation navigation = mainWindow.Navigate();

navigation.GoToUrl("http://www.baidu.com");

IWebElement btnInMainWindow = mainWindow.FindElement(By.Name("tj_reg"));

btnInMainWindow.Click();

System.Collections.Generic.IList<string> handles= mainWindow.WindowHandles;

for (int i = 0; i < handles.Count; i++)

{

        Console.WriteLine(handles[i]);

}

Console.ReadKey();
```

**程序清单 5-67　Java 代码**

```java
WebDriver mainWindow = new FirefoxDriver();
Navigation navigation = mainWindow.navigate();
navigation.to("http://www.baidu.com");
WebElement btnInMainWindow = mainWindow.findElement(By.name("tj_reg"));
btnInMainWindow.click();
String[] handles=new String[mainWindow.getWindowHandles().size()];
mainWindow.getWindowHandles().toArray(handles);
for (int i = 0; i < handles.length; i++)
{
        System.out.println(handles[i]);
}
```

执行结果如图 5-71 所示。

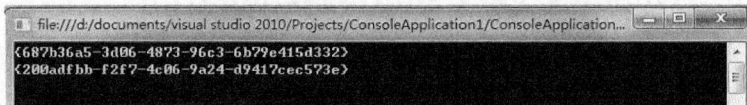

图 5-71　执行结果

## 5.9.2　Window(windowName)

新窗口弹出后，可以通过它的标识符（句柄）切换到该窗口，再对该窗口的元素进行操作。

例如，先打开百度首页，单击"注册"以弹出注册窗口，然后切换到注册窗口，在邮箱文本框中输入"12345@qq.com"，代码如程序清单 5-68 或程序清单 5-69 所示。

**程序清单 5-68　C#代码**

```csharp
IWebDriver mainWindow = new FirefoxDriver();
INavigation navigation = mainWindow.Navigate();
navigation.GoToUrl("http://www.baidu.com");
IWebElement btnInMainWindow = mainWindow.FindElement(By.Name("tj_reg"));
btnInMainWindow.Click();
System.Collections.Generic.IList<string> handles= mainWindow.WindowHandles;
IWebDriver childWindow = mainWindow.SwitchTo().Window(handles[1]);
```

```
IWebElement tbxInchildWindow = childWindow.FindElement(By.Id("pass_reg_email_0"));
tbxInchildWindow.SendKeys("12345");
```

**程序清单 5-69  Java 代码**

```
WebDriver mainWindow = new FirefoxDriver();
Navigation navigation = mainWindow.navigate();
navigation.to("http://www.baidu.com");
WebElement btnInMainWindow = mainWindow.findElement(By.name("tj_reg"));
btnInMainWindow.click();
String[] handles=new String[mainWindow.getWindowHandles().size()];
mainWindow.getWindowHandles().toArray(handles);
WebDriver childWindow = mainWindow.switchTo().window(handles[1]);
WebElement tbxInchildWindow = childWindow.findElement(By.id("pass_reg_email_0"));
tbxInchildWindow.sendKeys("12345");
```

执行结果如图 5-72 所示。

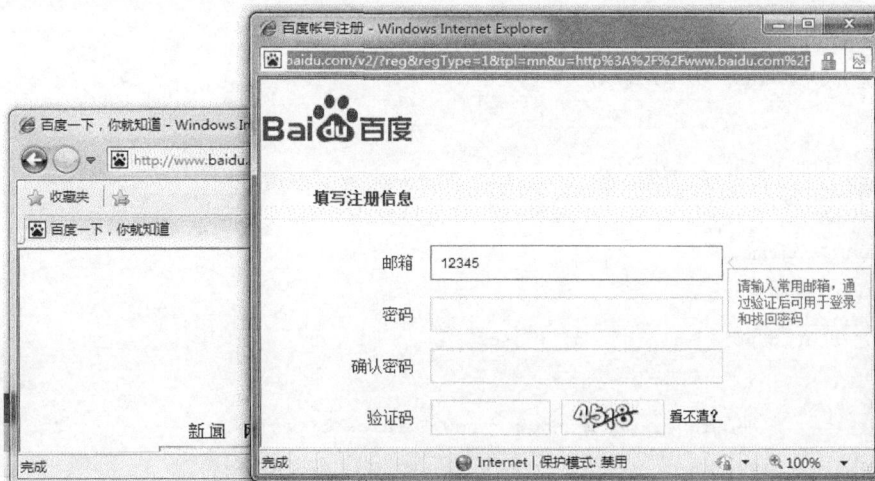

图 5-72  执行结果

# 5.10  设置管理

在 Selenium 2 中，可以通过 Options 对象对测试进行设置，设置内容包括 Cookie、超时时间和浏览器窗口。

## 5.10.1　Cookies/getCookies()

通过 Cookies 属性（适用于 C#）/getCookies()方法（适用于 Java）可以获取当前的 Cookie 集合，可以对其进行读取、添加和删除。

一般在测试的时候很少会修改 Cookie，而且大多数 Cookie 也是加密的，让人无从修改。只有在极少数特例中才会在测试中修改 Cookie。

Cookie 一般由 5 个部分组成，即名称、值、所在域、路径和过期时间。

可以编写程序清单 5-70 或程序清单 5-71 所示的代码，先进入百度首页，通过 Cookies 属性（适用于 C#）/getCookies()方法（适用于 Java）获取当前的 Cookie 集合。打印 Cookie 集合的数量，然后将各个 Cookie 的所有属性打印出来。接着手动添加 Cookie，再次打印出 Cookie 集合的数量，检查是否添加成功，将刚才添加的 Cookie 删除，再次打印出 Cookie 集合的数量，检查是否成功删除 Cookie。

**程序清单 5-70　C#代码**

```
using System;
using OpenQA.Selenium;
using OpenQA.Selenium.Firefox;


namespace ConsoleApplication1
{
    class Program
    {
        static void Main(string[] args)
        {
                IWebDriver mainWindow = new FirefoxDriver();
                INavigation navigation = mainWindow.Navigate();
                navigation.GoToUrl("http://www.baidu.com");
                ICookieJar cookies = mainWindow.Manage().Cookies;

                //打印已有的cookie数量和内容
                Console.WriteLine("当前cookie集合的数量为: " + cookies.AllCookies.Count);
                Console.WriteLine("");
```

```
for (int i = 0; i < cookies.AllCookies.Count; i++)
{
    Console.WriteLine("第" + (i + 1) + "个 cookie 的各项属性为: ");
    Console.WriteLine("cookie 名称    - "+cookies.AllCookies[0].Name);
    Console.WriteLine("cookie 值      - " + cookies.AllCookies[0].Value);
    Console.WriteLine("cookie 所在域   - " + cookies.AllCookies[0].Domain);
    Console.WriteLine("cookie 路径     - " + cookies.AllCookies[0].Path);
    Console.WriteLine("cookie 过期时间 - " + cookies.AllCookies[0].Expiry);
    Console.WriteLine("");
}


//添加 cookie
Cookie newCookie=new Cookie("newcookie","新 cookie 值","baidu.com","",DateTime.
Now.AddDays(1));

cookies.AddCookie(newCookie);
Console.WriteLine("新增的 cookie 的各项属性为: ");
Console.WriteLine("cookie 名称    - " + newCookie.Name);
Console.WriteLine("cookie 值      - " + newCookie.Value);
Console.WriteLine("cookie 所在域   - " + newCookie.Domain);
Console.WriteLine("cookie 路径     - " + newCookie.Path);
Console.WriteLine("cookie 过期时间 - " + newCookie.Expiry);
Console.WriteLine("");


//添加后显示 cookie 数量
Console.WriteLine("添加 cookie 后,cookie 集合的数量为:" + cookies.AllCookies.Count);
Console.WriteLine("");


//删除 cookie, 先找到名为"newcookie"的 cookie, 然后删除
cookies.DeleteCookieNamed("newcookie");

//删除后显示 cookie 数量
Console.WriteLine("删除 cookie 后,cookie 集合的数量为:" + cookies.AllCookies.Count);
Console.ReadKey();

}
```

```
            }
    }
```

**程序清单 5-71　Java 代码**

```java
package Project1;

import org.openqa.selenium.*;

import org.openqa.selenium.WebDriver.*;

import org.openqa.selenium.firefox.*;


public class Project1Class {

    public static void main(String[] args) {

        //如果启动出现问题，可以使用 System.setProperty 指出 firefox.exe 的路径

        //System.setProperty("webdriver.firefox.bin","D:\\Program Files (x86)\\Mozilla
Firefox\\firefox.exe");


        WebDriver mainWindow = new FirefoxDriver();

        Navigation navigation = mainWindow.navigate();

        navigation.to("http://www.baidu.com");

        java.util.Set<Cookie> cookies = mainWindow.manage().getCookies();

        Cookie[] allCookies=new Cookie[cookies.size()];

        cookies.toArray(allCookies);


        //打印已有的 cookie 数量和内容

        System.out.println("当前 cookie 集合的数量为: " + cookies.size());

        System.out.println("");

        for (int i = 0; i < allCookies.length; i++)

        {

            System.out.println("第" + (i + 1) + "个 cookie 的各项属性为: ");

            System.out.println("cookie 名称    - "+allCookies[0].getName());

            System.out.println("cookie 值      - " + allCookies[0].getValue());

            System.out.println("cookie 所在域   - " + allCookies[0].getDomain());

            System.out.println("cookie 路径     - " + allCookies[0].getPath());

            System.out.println("cookie 过期时间 - " + allCookies[0].getExpiry());
```

```
        System.out.println("");
    }


java.util.Calendar calendar = java.util.Calendar.getInstance();
calendar.add(java.util.Calendar.DATE, +1);      //获取前一天的日期
java.util.Date date = calendar.getTime();


//添加 cookie
Cookie newCookie=new Cookie("newcookie","新 cookie 值","baidu.com","",date);
cookies.add(newCookie);
System.out.println("新增的 cookie 的各项属性为: ");
System.out.println("cookie 名称    - " + newCookie.getName());
System.out.println("cookie 值      - " + newCookie.getValue());
System.out.println("cookie 所在域  - " + newCookie.getDomain());
System.out.println("cookie 路径    - " + newCookie.getPath());
System.out.println("cookie 过期时间 - " + newCookie.getExpiry());
System.out.println("");


//添加后显示 cookie 数量
System.out.println("添加 cookie 后, cookie 集合的数量为: " + cookies.size());
System.out.println("");


//删除 cookie, 先找新添加的 cookie, 然后删除
allCookies=new Cookie[cookies.size()];
cookies.toArray(allCookies);
cookies.remove(allCookies[1]);


//删除后显示 cookie 数量
System.out.println("删除 cookie 后, cookie 集合的数量为: " + cookies.size());
    }
}
```

执行结果如图 5-73 所示。

图 5-73　执行结果

## 5.10.2　Window/window()

通过 Window 属性（适用于 C#）/window()方法（适用于 Java）可以对当前的窗口进行简单的控制，例如查看窗体的坐标和大小，并将其最大化。

可以编写代码，先打开浏览器，输出其坐标和大小，然后将其最大化，再输出其坐标和大小，代码如程序清单 5-72 或程序清单 5-73 所示。

**程序清单 5-72　C#代码**

```csharp
using System;
using OpenQA.Selenium;
using OpenQA.Selenium.Firefox;


namespace ConsoleApplication1
{
    class Program
    {
        static void Main(string[] args)
        {
            IWebDriver mainWindow = new FirefoxDriver();
            INavigation navigation = mainWindow.Navigate();
            navigation.GoToUrl("http://www.baidu.com");
```

```
            IWindow window = mainWindow.Manage().Window;

            //输出其坐标和大小
            Console.WriteLine("最大化前，当前window在屏幕上的坐标为：" + window.Position.X
+ "," + window.Position.Y);
            Console.WriteLine("最大化前，当前window在屏幕上的长宽为：" + window.Size.Width
+ "," + window.Size.Height);
            Console.WriteLine("");

            //最大化窗口
            window.Maximize();

            //最大化窗口后再输出其坐标和大小
            Console.WriteLine("最大化后，当前window在屏幕上的坐标为：" + window.Position.X
+ "," + window.Position.Y);
            Console.WriteLine("最大化后，当前window在屏幕上的长宽为：" + window.Size.Width
+ "," + window.Size.Height);

            Console.ReadKey();
        }
    }
}
```

**程序清单 5-73  Java 代码**

```
package Project1;
import org.openqa.selenium.*;
import org.openqa.selenium.WebDriver.*;
import org.openqa.selenium.firefox.*;


public class Project1Class {
    public static void main(String[] args) {
        //如果启动出现问题，可以使用System.setProperty指出firefox.exe的路径
        System.setProperty("webdriver.firefox.bin","D:\\Program Files (x86)\\Mozilla
Firefox\\firefox.exe");


        WebDriver mainWindow = new FirefoxDriver();
        Navigation navigation = mainWindow.navigate();
```

```
                navigation.to("http://www.baidu.com");
                Window window = mainWindow.manage().window();


                //输出其坐标和大小
                System.out.println("最大化前，当前 window 在屏幕上的坐标为："+window.getPosition().x
+ "," + window.getPosition().y);
                System.out.println("最大化前，当前 window 在屏幕上的长宽为："+window.getSize().width
+ "," + window.getSize().height);

                System.out.println("");


                //最大化窗口
                window.maximize();


                //最大化窗口后再输出其坐标和大小
                System.out.println("最大化后，当前 window 在屏幕上的坐标为："+window.getPosition().x
+ "," + window.getPosition().y);
                System.out.println("最大化后，当前 window 在屏幕上的长宽为："+window.getSize().width
+ "," + window.getSize().height);
        }
    }
```

执行结果如图 5-74 所示。

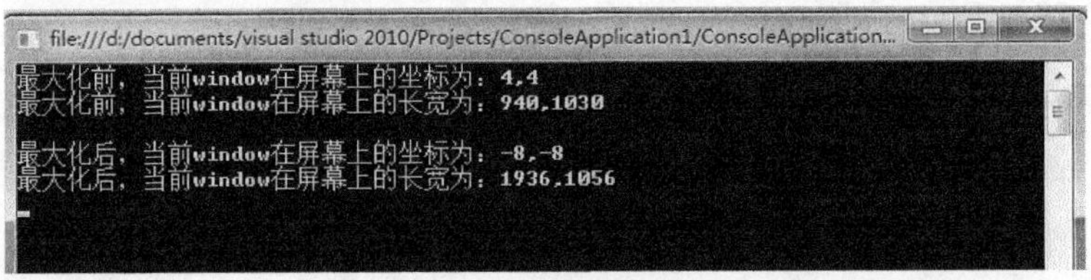

图 5-74　执行结果

## 5.10.3　Timeouts()

Timeouts()方法会获得 Timeouts 对象，Timeouts 对象包含以下 3 种方法。

* ImplicitlyWait()，设置脚本在查找元素时的最大等待时间，例如 FindElement()和 Find
Elements()等方法的超时时间。

* SetPageLoadTimeout()：页面操作超时时间，例如页面进行跳转或刷新的最大等待时
间。例如，使用 Navigation 对象的各种方法，以及在页面执行某操作后发生跳转或刷新。

- SetScriptTimeout()，设置脚本异步执行的超时时间。

示例代码如程序清单 5-74 或程序清单 5-75 所示。

### 程序清单 5-74　C#代码

```
IWebDriver driver = new FirefoxDriver();
ITimeouts timeouts = driver.Manage().Timeouts();
//将脚本在查找元素时的最大等待时间设置为 0 小时 0 分 30 秒
timeouts.ImplicitlyWait(new TimeSpan(0, 0, 30));
//将页面跳转或刷新的超时时间设置为 0 小时 0 分 30 秒
timeouts.SetPageLoadTimeout(new TimeSpan(0, 0, 30));
//将脚本异步执行的超时时间设置为 0 小时 0 分 30 秒
timeouts.SetScriptTimeout(new TimeSpan(0, 0, 30));
```

### 程序清单 5-75　Java 代码

```
WebDriver driver = new FirefoxDriver();
Timeouts timeouts = driver.manage().timeouts();
//将脚本在查找元素时的最大等待时间设置为 30，单位为秒
timeouts.implicitlyWait(30, java.util.concurrent.TimeUnit.SECONDS);
//将页面跳转或刷新的超时时间设置为 30，单位为秒
timeouts.pageLoadTimeout(30, java.util.concurrent.TimeUnit.SECONDS);
//将脚本异步执行的超时时间设置为为 30，单位为秒
timeouts.setScriptTimeout(30, java.util.concurrent.TimeUnit.SECONDS);
```

# 5.11　为测试操作添加事件

如果想要在执行测试操作时执行自定义的处理或者进行截图，可以使用 EventFiring-WebDriver。它可以为各个操作添加事件，并能对测试进行截图。

假设现在要对各类操作执行以下自定义处理。

（1）在执行打开网页的的操作时，需要分别记录打开前和打开后的 URL 地址。

（2）在查找某个页面元素时，查找之前和之后都需要记录查找条件。

（3）在对页面元素进行单击操作时，单击前需要记录元素的查找条件，单击后记录 URL 地址。

（4）在对页面元素的值进行更改时，需要分别记录更改前的值和更改后的值。

（5）在发生异常的时候，需要进行截图，将截图文件保存至 D:\，用当前日期命令截图文件。

要实现以上的自定义处理，可以通过 EventFiringWebDriver 轻松实现。

因为事件机制的不同，在 C#和 Java 中使用 EventFiringWebDriver 的方式各有不同，下面将分别进行介绍。

## 5.11.1　在 C#中使用 EventFiringWebDriver

在 C#中，可以通过下面的方式来实例化 EventFiringWebDriver 对象。

```
IWebDriver driver = new FirefoxDriver();

OpenQA.Selenium.Support.Events.EventFiringWebDriver eventDriver = new
OpenQA.Selenium.Support.Events.EventFiringWebDriver(driver);
```

可以看到，首先需要创建一个常规的 WebDriver 实例，然后创建 EventFiring WebDriver 实例，并将常规的 WebDriver 实例作为参数传入到 EventFiring WebDriver 的构造函数中。

在 IDE 中查看 EventFiringWebDriver 实例的成员，可以看到，与常规的 WebDriver 实例相比，它多一些事件，如图 5-75 所示。

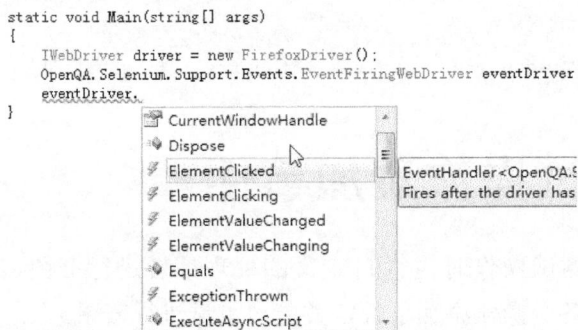

```
static void Main(string[] args)
{
    IWebDriver driver = new FirefoxDriver();
    OpenQA.Selenium.Support.Events.EventFiringWebDriver eventDriver
    eventDriver.
}
```

| CurrentWindowHandle |
| Dispose |
| ElementClicked |
| ElementClicking |
| ElementValueChanged |
| ElementValueChanging |
| Equals |
| ExceptionThrown |
| ExecuteAsyncScript |

EventHandler<OpenQA.S
Fires after the driver has

图 5-75　EventFiringWebDriver 事件

这些事件的功能如下。

- Navigating：导航前事件，定义页面在发生跳转前需要执行的代码。
- Navigated：导航后事件，定义页面在发生跳转后需要执行的代码。

- NavigatingBack：浏览器后退前事件，定义浏览器在执行后退操作前需要执行的代码。
- NavigatedBack：浏览器后退后事件，定义浏览器在执行后退操作后需要执行的代码。
- NavigatingForward：浏览器前进前事件，定义浏览器在执行前进操作前需要执行的代码。
- NavigatedForward：浏览器前进后事件，定义浏览器在执行前进操作后需要执行的代码。
- FindingElement：查找元素前事件，定义 Selenium 在查找元素前需要执行的代码。
- FindElementCompleted：找到元素后事件，定义 Selenium 在找到元素后需要执行的代码。
- ElementClicking：单击元素前事件，定义 Selenium 在单击元素前需要执行的代码。
- ElementClicked：单击元素后事件，定义 Selenium 在单击元素后需要执行的代码。
- ElementValueChanging：元素值变更前事件，定义 Selenium 更改元素的值前需要执行的代码。
- ElementValueChanged：元素值变更后事件，定义 Selenium 更改元素的值后需要执行的代码。
- ScriptExecuting：脚本执行前事件，定义脚本执行前需要执行的代码。
- ScriptExecuted：脚本执行后事件，定义脚本执行后需要执行的代码。
- ExceptionThrown：异常事件，定义在使用 Selenium 测试发生异常时需要执行的代码。

活用这些事件，就可以实现之前提到的自定义处理。

假设现在要执行以下操作：打开百度页面，在搜索文本框中输入 Selenium，单击搜索，然后人为地产生一个异常。

而这些操作都要触发之前提到的一些自定义处理：

（1）在执行打开网页的的操作时，需要分别记录打开前和打开后的 URL 地址。

（2）在查找某个页面元素时，查找之前和之后都需要记录查找条件。

（3）在对页面元素进行单击操作时，单击前需要记录元素的查找条件，单击后记录 URL 地址。

（4）在对页面元素的值进行更改时，需要分别记录更改前的值和更改后的值。

（5）在发生异常的时候，需要进行截图，将截图文件保存至 D:\，并以当前日期命名。

具体实现如程序清单 5-76 所示。

**程序清单 5-76　C#代码**

```
using System;
using OpenQA.Selenium;
using OpenQA.Selenium.Firefox;

namespace ConsoleApplication1
{
    class Program
    {
        static void Main(string[] args)
        {
            IWebDriver driver = new FirefoxDriver();
            OpenQA.Selenium.Support.Events.EventFiringWebDriver eventDriver = new OpenQA.
Selenium.Support.Events.EventFiringWebDriver(driver);

            //依次注册事件
            eventDriver.Navigating += new EventHandler<OpenQA.Selenium.Support.Events.
WebDriverNavigationEventArgs>(eventDriver_Navigating);
            eventDriver.Navigated += new EventHandler<OpenQA.Selenium.Support.Events.
WebDriverNavigationEventArgs>(eventDriver_Navigated);
            eventDriver.FindingElement += new EventHandler<OpenQA.Selenium.Support.Events.
FindElementEventArgs>(eventDriver_FindingElement);
            eventDriver.FindElementCompleted += new EventHandler<OpenQA.Selenium.Support.Events.
FindElementEventArgs>(eventDriver_FindElementCompleted);
            eventDriver.ElementClicking += new EventHandler<OpenQA.Selenium.Support.Events.
WebElementEventArgs>(eventDriver_ElementClicking);
            eventDriver.ElementClicked += new EventHandler<OpenQA.Selenium.Support.Events.
WebElementEventArgs>(eventDriver_ElementClicked);
            eventDriver.ElementValueChanging += new EventHandler<OpenQA.Selenium.Support.Events.
WebElementEventArgs>(eventDriver_ElementValueChanging);
            eventDriver.ElementValueChanged += new EventHandler<OpenQA.Selenium.Support.Events.
WebElementEventArgs>(eventDriver_ElementValueChanged);
            eventDriver.ExceptionThrown += new EventHandler<OpenQA.Selenium.Support.Events.
WebDriverExceptionEventArgs>(eventDriver_ExceptionThrown);
```

```
        //打开百度首页
        eventDriver.Navigate().GoToUrl("http://www.baidu.com");
        //在搜索框中输入"selenium"
        eventDriver.FindElement(By.Id("kw")).SendKeys("selenium");
        //单击搜索
        eventDriver.FindElement(By.Id("su")).Click();


        //故意写一个错误操作，使Selenium产生异常
        try
        {
            eventDriver.FindElement(By.Id("xxxx"));
        }
        catch { }


        Console.ReadKey();
    }


    static void eventDriver_Navigating(object sender, OpenQA.Selenium.Support.Events.
WebDriverNavigationEventArgs e)
    {
        Console.WriteLine("页面在发生跳转前的Url为：" + e.Driver.Url);
    }


    static void eventDriver_Navigated(object sender, OpenQA.Selenium.Support.Events.
WebDriverNavigationEventArgs e)
    {
        Console.WriteLine("页面在发生跳转后的Url为：" + e.Driver.Url);
    }


    static void eventDriver_FindingElement(object sender, OpenQA.Selenium.Support.Events.
FindElementEventArgs e)
    {
        Console.WriteLine("查找元素时的条件为：" + e.FindMethod.ToString());
    }


    static void eventDriver_FindElementCompleted(object sender, OpenQA.Selenium.Support.
```

```
Events.FindElementEventArgs e)
        {
                Console.WriteLine("找到元素，其条件为： " + e.FindMethod.ToString());
        }


        static void eventDriver_ElementClicking(object sender, OpenQA.Selenium.Support.Events.
WebElementEventArgs e)
        {
                Console.WriteLine("要单击的页面元素为： " + e.Element.GetAttribute("value"));
        }


        static void eventDriver_ElementClicked(object sender, OpenQA.Selenium.Support.Events.
WebElementEventArgs e)
        {
                System.Threading.Thread.Sleep(4000);
                Console.WriteLine("单击的页面元素后的 Url 为： " + e.Driver.Url);
        }


        static void eventDriver_ElementValueChanging(object sender, OpenQA.Selenium.Support.Events.
WebElementEventArgs e)
        {
                Console.WriteLine("更改前的值为： " + e.Element.GetAttribute("value"));
        }


        static void eventDriver_ElementValueChanged(object sender, OpenQA.Selenium.Support.Events.
WebElementEventArgs e)
        {
                Console.WriteLine("更改后的值为： " + e.Element.GetAttribute("value"));
        }


        static void eventDriver_ExceptionThrown(object sender, OpenQA.Selenium.Support.Events.
WebDriverExceptionEventArgs e)
        {
                string path="D:\\" + DateTime.Now.ToString("yyyy_MM_dd_HH_mm_ss") + ".png";
                (sender as OpenQA.Selenium.Support.Events.EventFiringWebDriver).GetScreenshot().
SaveAsFile(path, System.Drawing.Imaging.ImageFormat.Png);
                Console.WriteLine("发生异常，原因为： " + e.ThrownException.Message);
```

```
                    Console.WriteLine("截图已保存至: " + path);
            }
        }
    }
}
```

执行结果如图 5-76 所示。

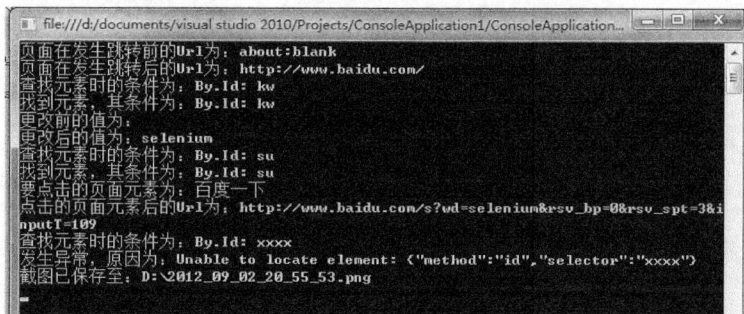

图 5-76 执行结果

## 5.11.2 在 Java 中使用 EventFiringWebDriver

在 Java 中，可以通过下面的方式来实例化 EventFiringWebDriver 对象。

```
WebDriver diver = new FirefoxDriver();
org.openqa.selenium.support.events.EventFiringWebDriver eventDriver=new
org.openqa.selenium.support.events.EventFiringWebDriver(diver);
```

可以看到，首先需要创建一个常规的 WebDriver 实例，然后创建 EventFiring WebDriver 实例，并将常规的 WebDriver 实例作为参数传入到 EventFiringWebDriver 的构造函数中。

在使用相应事件前，需要新建一个类文件，在这个类文件中定义各个事件的代码，在本例中将其命名为 MyWebDriverListener，它继承于 WebDriverEventListener，如图 5-77 所示。

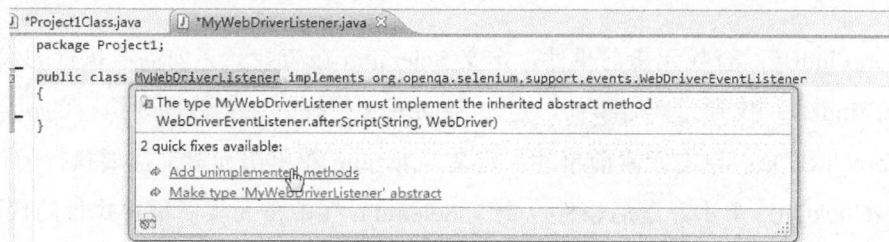

图 5-77 MyWebDriverListener

单击 Add unimplemented method 将自动添加这些事件，如图 5-78 所示。

```
*Project1Class.java        *MyWebDriverListener.java
    package Project1;

import org.openqa.selenium.By;
 import org.openqa.selenium.WebDriver;
 import org.openqa.selenium.WebElement;

 public class MyWebDriverListener implements org.openqa.selenium.support.events.WebDriverEventListener
 {

    @Override
    public void beforeNavigateTo(String url, WebDriver driver) {
        // TODO Auto-generated method stub

    }

    @Override
    public void afterNavigateTo(String url, WebDriver driver) {
        // TODO Auto-generated method stub

    }

    @Override
    public void beforeNavigateBack(WebDriver driver) {
        // TODO Auto-generated method stub

    }

    @Override
    public void afterNavigateBack(WebDriver driver) {
```

图 5-78　自动添加的事件

这些事件的作用如下。

- beforeNavigateTo：导航前事件，定义页面在发生跳转前需要执行的代码。
- afterNavigateTo：导航后事件，定义页面在发生跳转后需要执行的代码。
- beforeNavigateBack：浏览器后退前事件，定义浏览器在执行后退操作前需要执行的代码。
- afterNavigateBack：浏览器后退后事件，定义浏览器在执行后退操作后需要执行的代码。
- beforeNavigateForward：浏览器前进前事件，定义浏览器在执行前进操作前需要执行的代码。
- afterNavigateForward：浏览器前进后事件，定义浏览器在执行前进操作后需要执行的代码。
- beforeFindBy：查找元素前事件，定义 Selenium 在查找元素前需要执行的代码。
- afterFindBy：找到元素后事件，定义 Selenium 在找到元素后需要执行的代码。
- beforeClickOn：单击元素前事件，定义 Selenium 在单击元素前需要执行的代码。
- afterClickOn：单击元素后事件，定义 Selenium 在单击元素后需要执行的代码。
- beforeChangeValueOf：元素值变更前事件，定义 Selenium 更改元素的值前需要执行的代码。

- afterChangeValueOf：元素值变更后事件，定义 Selenium 更改元素的值后需要执行的代码。

- beforeScript：脚本执行前事件，定义脚本执行前需要执行的代码。

- afterScript：脚本执行后事件，定义脚本执行后需要执行的代码。

- onException：异常事件，定义在使用 Selenium 测试发生异常时需要执行的代码。

与之前在 C#中所做的一样，假设现在要执行以下操作：打开百度页面，在搜索文本框中输入 Selenium，单击搜索，然后再人为地产生一个异常。

而这些操作都要触发之前提到的一些自定义处理：

（1）在执行打开网页的的操作时，需要分别记录打开前和打开后的 URL 地址。

（2）在查找某个页面元素时，查找之前和之后都需要记录查找条件。

（3）在对页面元素进行单击操作时，单击前需要记录元素的查找条件，单击后记录 URl 地址。

（4）在对页面元素的值进行更改时，需要分别记录更改前的值和更改后的值。

（5）在发生异常的时候，需要进行截图，截图保存至 D:\，命名取当前日期。

具体实现如程序清单 5-77 所示。

**程序清单 5-77　Java 代码**

```
Project1Class.java 文件:
package Project1;
import org.openqa.selenium.*;
import org.openqa.selenium.WebDriver.*;
import org.openqa.selenium.firefox.*;


public class Project1Class {
    public static void main(String[] args) {
        //如果启动出现问题，可以使用 System.setProperty 指出 firefox.exe 的路径
        //System.setProperty("webdriver.firefox.bin","D:\\Program Files (x86)\\Mozilla Firefox\\firefox.exe");
```

```
        WebDriver diver = new FirefoxDriver();

        org.openqa.selenium.support.events.EventFiringWebDriver eventDriver=new org.openqa.
selenium.support.events.EventFiringWebDriver(diver);

        //注册事件

        eventDriver.register(new MyWebDriverListener());


        //打开百度页面

        eventDriver.navigate().to("http://www.baidu.com");

        //在搜索框中输入selenium

        eventDriver.findElement(By.id("kw")).sendKeys("selenium");

        //单击搜索

        eventDriver.findElement(By.id("su")).click();


        //故意写一个错误操作，使selenium产生异常

        try

        {

            eventDriver.findElement(By.id("xxxx"));

        }

        catch (Exception e){ }

    }

}


MyWebDriverListener.java 文件:


package Project1;

import org.openqa.selenium.By;

import org.openqa.selenium.WebDriver;

import org.openqa.selenium.WebElement;


public class MyWebDriverListener implements org.openqa.selenium.support.events.WebDriverEventListener

    {


        @Override
```

```java
public void beforeNavigateTo(String url, WebDriver driver) {
    System.out.println("页面在发生跳转前的Url为: " + driver.getCurrentUrl());
}


@Override
public void afterNavigateTo(String url, WebDriver driver) {
    System.out.println("页面在发生跳转后的Url为: " + driver.getCurrentUrl());
}


@Override
public void beforeNavigateBack(WebDriver driver) {}


@Override
public void afterNavigateBack(WebDriver driver) {}


@Override
public void beforeNavigateForward(WebDriver driver) {}


@Override
public void afterNavigateForward(WebDriver driver) {}


@Override
public void beforeFindBy(By by, WebElement element, WebDriver driver) {
    System.out.println("查找元素时的条件为: " + by.toString());
}


@Override
public void afterFindBy(By by, WebElement element, WebDriver driver) {
    System.out.println("找到元素，其条件为: " + by.toString());
}


@Override
public void beforeClickOn(WebElement element, WebDriver driver) {
    System.out.println("要单击的页面元素为: " + element.getAttribute("value"));
```

```
    }

    @Override
    public void afterClickOn(WebElement element, WebDriver driver) {
        try {
            Thread.sleep(4000);
        } catch (InterruptedException e) {
            e.printStackTrace();
        }
        System.out.println("单击的页面元素后的 Url 为: " + driver.getCurrentUrl());
    }


    @Override
    public void beforeChangeValueOf(WebElement element, WebDriver driver) {
        System.out.println("更改前的值为: " + element.getAttribute("value"));
    }


    @Override
    public void afterChangeValueOf(WebElement element, WebDriver driver) {
        System.out.println("更改后的值为: " + element.getAttribute("value"));
    }


    @Override
    public void beforeScript(String script, WebDriver driver) {}


    @Override
    public void afterScript(String script, WebDriver driver) {}


    @Override
    public void onException(Throwable throwable, WebDriver driver) {
        //string path="D:\\" + DateTime.Now.ToString("yyyy_MM_dd_HH_mm_ss") + ".png";

        java.util.Date currentTime = new java.util.Date();
        java.text.SimpleDateFormat formatter = new java.text.SimpleDateFormat("yyyy_MM_
dd_hh_mm_ss");
```

```
            String dateString = formatter.format(currentTime);
            java.io.File scrFile = ((org.openqa.selenium.TakesScreenshot) driver).getScreenshotAs
(org.openqa.selenium.OutputType.FILE);
            try {
                java.io.File screenshot = new java.io.File("D:\\" + dateString + ".png");
                org.apache.commons.io.FileUtils.copyFile(scrFile, screenshot);
            } catch (java.io.IOException e) {
                e.printStackTrace();
            }
            System.out.println("发生异常，原因为: " + throwable.getMessage());
            System.out.println("截图已保存至: " + "D:\\" + dateString + ".png");
        }
    }
```

执行结果如图 5-79 所示。

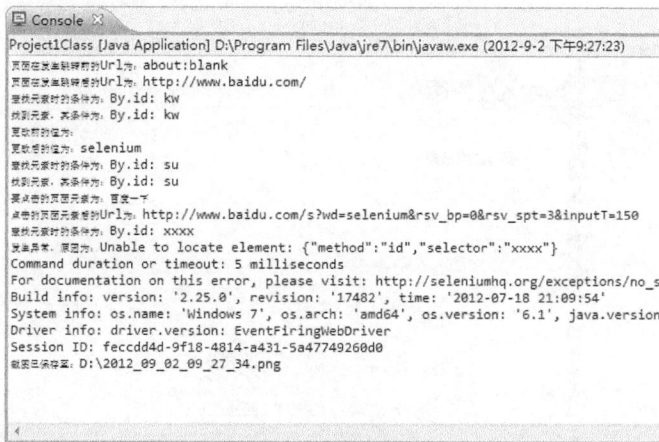

图 5-79 执行结果

# 5.12 结束测试

当测试执行完毕后，需要结束测试，结束测试的方法有两种，一种是使用 Close()方法关闭 WebDriver 当前所在的窗口，另一种是直接使用 Quit()方法关闭所有相关窗口。

一般来说，测试没有结束但需要关闭某个窗口时，使用 Close()方法关闭指定窗口即可。而测试结束时，才使用 Quit()方法关闭所有相关窗口。

下面举例说明。打开百度首页，单击"注册"超级链接，如图 5-80 所示。

图 5-80　百度首页

出现一个标题为"百度帐号注册"新网页，如图 5-81 所示。

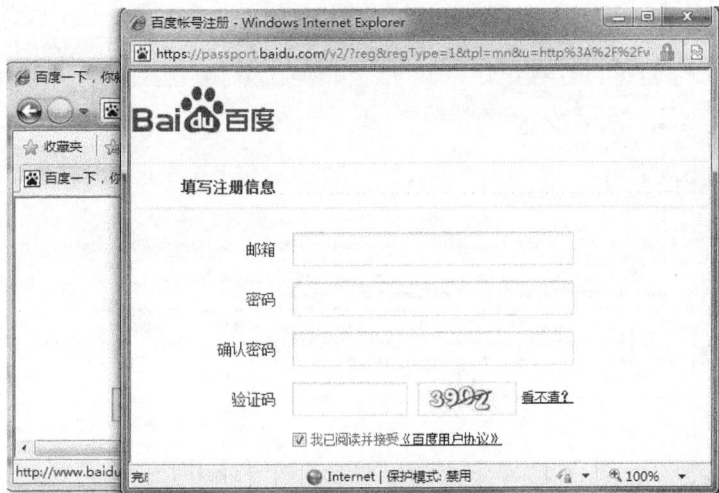

图 5-81　百度账号注册页面

　　这时调用 Close()方法，关闭新出现的注册页面，然后再单击一次"注册超级链接"，程序会再次弹出新窗口，这时调用 Quit()方法来结束测试，代码如程序清单 5-78 或程序清单 5-79 所示。

**程序清单 5-78　C#代码**

```
using System;
using OpenQA.Selenium;
```

```csharp
using OpenQA.Selenium.Firefox;

namespace ConsoleApplication1
{
    class Program
    {
        static void Main(string[] args)
        {
            IWebDriver driver = new FirefoxDriver();
            INavigation navigation = driver.Navigate();
            navigation.GoToUrl("http://www.baidu.com");
            driver.FindElement(By.Name("tj_reg")).Click();
            System.Collections.Generic.IList<string> handles = driver.WindowHandles;
            //切换到注册窗口
            driver.SwitchTo().Window(handles[1]);
            System.Threading.Thread.Sleep(3000);
            driver.Close();
            System.Threading.Thread.Sleep(3000);
            //切换到主窗口
            driver.SwitchTo().Window(handles[0]);
            driver.FindElement(By.Name("tj_reg")).Click();
            System.Threading.Thread.Sleep(3000);
            driver.Quit();
        }
    }
}
```

**程序清单 5-79　Java 代码**

```java
package Project1;
import org.openqa.selenium.*;
import org.openqa.selenium.WebDriver.*;
import org.openqa.selenium.firefox.*;


public class Project1Class {
```

```java
    public static void main(String[] args) throws InterruptedException {
        //如果启动出现问题，可以使用System.setProperty指出firefox.exe的路径
        //System.setProperty("webdriver.firefox.bin","D:\\Program Files (x86)\\Mozilla Firefox\\firefox.exe");

        WebDriver driver = new FirefoxDriver();
        Navigation navigation = driver.navigate();
        navigation.to("http://www.baidu.com");
        driver.findElement(By.name("tj_reg")).click();
        String[] handles=new String[driver.getWindowHandles().size()];
        driver.getWindowHandles().toArray(handles);
        //切换到注册窗口
        driver.switchTo().window(handles[1]);
        Thread.sleep(3000);
        driver.close();
        Thread.sleep(3000);
        //切换到主窗口
        driver.switchTo().window(handles[0]);
        driver.findElement(By.name("tj_reg")).click();
        Thread.sleep(3000);
        driver.quit();
    }
}
```

Chapter

# 6

第 6 章

# 自动化测试的流程
# 和框架

要进行自动化测试，了解自动化测试流程和框架的发展是十分必要的。Selenium 是一种自动化测试工具，因此它也需要遵循相应的自动化流程和框架。

在不同的地方，自动化测试所用的流程和框架各有不同。Selenium 属于自动化功能测试工具，本章将对最普遍使用的自动化功能测试的流程和框架进行说明。

# 6.1　自动化测试的流程

自动化测试与软件开发过程从本质上来讲是一样的，无非是利用自动化测试工具（相当于软件开发工具），经过对测试需求的分析（软件开发过程中的需求分析），设计出自动化测试用例（软件开发过程中的需求规格），从而搭建自动化测试的框架（软件开发过程中的概要设计），设计与编写自动化脚本（详细设计与编码），测试脚本的正确性，从而完成该套测试脚本（即主要功能为测试的应用软件），然后投入使用以执行测试（用户使用，只不过这里的用户一般是测试人员）。

自动化测试一般按以下流程执行。

1．分析自动化测试需求

当测试项目满足了自动化的前提条件，并确定在该项目中需要使用自动化测试时，便可以开始进行自动化测试需求分析。此过程需要确定自动化测试的范围，以便于建立自动化测试框架。

2．制定自动化测试计划

在展开自动化测试之前，最好做个测试计划，明确测试对象、测试目的、测试的项目内容、测试的方法、测试的进度要求，并确保测试所需的人力、硬件、数据等资源都准备充分。

3．设计自动化测试用例

通过测试需求，设计出能够覆盖所有需求点的测试用例，形成专门的测试用例文档。由于不是所有的测试用例都能用自动化方式来执行，所以需要将能够执行自动化测试的用例汇总成自动化测试用例。用例的设计分为两个方面，一方面是自动化测试所要执行的操作和验证，另一方面是测试所需的数据。

4．搭建自动化测试框架

自动化测试框架类似于软件开发中的基础框架，主要用于定义在开发中将要使用的公共内容。

根据自动化测试用例，很容易能够定位出以下自动化测试框架的典型要素。

（1）公用的对象。

不同的测试用例会重复使用一些相同的对象，例如窗口、按钮、页面等。这些公用的对象可被抽取出来，在编写脚本时随时调用。当这些对象的属性因为需求的变更而改变时，只需要修改该对象属性即可，而无须修改所有相关的测试脚本。

（2）公用的环境。

各测试用例也会用到相同的测试环境，将该测试环境独立封装，在各个测试用例中灵活调用，也能增强脚本的可维护性。

（3）公用的方法。

当测试工具没有需要的方法，而该方法又会被经常使用时，便需要自己编写该方法，以方便脚本的调用，例如 Excel 读写、数据库读写、注册表读写等公共方法。

（4）公共测试数据。

也许多个测试用例需要多次使用某个测试数据，可将这类测试数据放在一个独立的文件中作为公共测试数据，由测试脚本执行到该用例时读取数据文件。

在该框架中需要将这些典型要素考虑进去，在测试用例中抽取出公用的元素放入已定义的文件，设定好调用的过程。

5. 编写自动化测试脚本

在公共框架开发完毕后，即可进入脚本编写的阶段，根据自动化测试计划，将之前所写的自动化测试用例转换为自动化测试脚本。自动化测试用例就像是软件开发中的详细设计文档，用于指导自动化测试脚本的开发。

6. 分析自动化测试结果

接下来就是执行自动化测试了，一般来说，自动化测试多用于冒烟测试或回归测试。在每次新功能上线后，都需要执行自动化测试，及时分析测试的结果并发现缺陷。如果发现了 Bug，应及时记录到相应的管理工具中，并持续跟踪该 Bug，直到它变为关闭状态。

7. 维护自动化测试脚本

这是一个重头戏，也许前面的所有工作量加起来都没有维护所用的时间成本大。一个软件可能会多次上线新功能，或对旧的业务进行更改。那么这将涉及新脚本的添加或旧脚本的修改，以适应变更后的系统。不幸的是，如果软件不出现变更，就没有自动化测试的必要。如果出现变更，就得花时间成本进行维护，新需求永远是自动化测试最大的麻烦，所以一定要在早期就选好自动化测试的范围。

# 6.2　自动化测试框架

软件自动化测试框架和工具的发展大致经历了以下 4 个阶段。

- 线性测试。

- 模块化与库。

- 数据驱动。

- 关键字驱动。

下面以图 6-1 所示的京东商城登录界面为例，说明 4 种框架的特点。

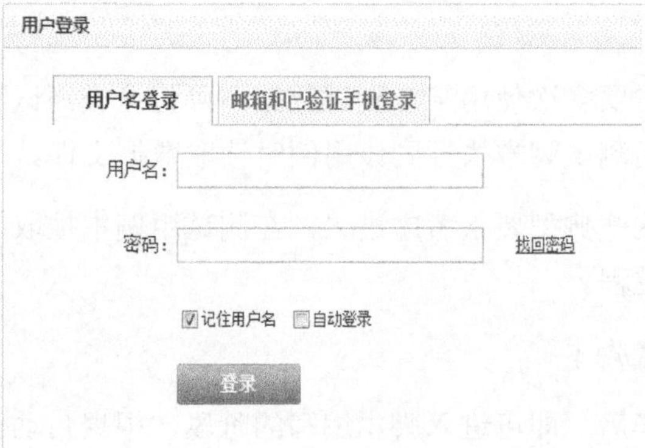

图 6-1　京东商城登录界面

测试步骤如下。

（1）输入用户名。

（2）输入密码。

（3）单击"登录"按钮。

（4）验证是否成功登录并进入首页。

## 1.　线性测试

线性测试通过录制对应用程序的操作，产生了线性脚本，对其进行回放来进行自动化测试。

线性测试是自动化测试最早期的一种形式，由工具录制并记录操作的过程和数据，形成脚本，通过回放来重复人工操作的过程。在这种模式下数据和脚本混在一起，几乎一个测试用例对应一个脚本，维护成本很高。而且即使界面的简单变化也需要重新录制，脚本可重复使用率低。

如果要实现京东商城登录的测试步骤，测试脚本的伪代码如表 6-1 所示，这里假设京东的账号为"JindongUser1"，密码为"JindongPwd1"。

表 6-1　　　　　　　　　　　　　线性测试伪代码

| 步　　骤 | 伪　代　码 |
|---|---|
| 1 | Input "JindongUser1" into 用户名 textbox |
| 2 | Input "JindongPwd1" into 密码 textbox |
| 3 | Click 登录 Button |
| 4 | if "Home Page" exists then |
| 5 | Pass the test |
| 6 | Else |
| 7 | Fail the test |
| 8 | end if |

### 2. 模块化与库

为了增强脚本的重用性，降低测试脚本的维护成本，产生了模块化与库的思想。

它将测试分成不同的区域。这种框架要求把对应用程序各个模块的测试操作、检查等过程封装为各个函数，形成库文件（SQABasic libraries, APIs, DLLs 等），这些库文件可以被测试用例脚本直接调用。通过这样的方式，产生可重用的函数或库文件，各个功能可独立维护，并能重复使用。

如果要实现京东商城登录的测试步骤，测试脚本的伪代码如图 6-2 所示。

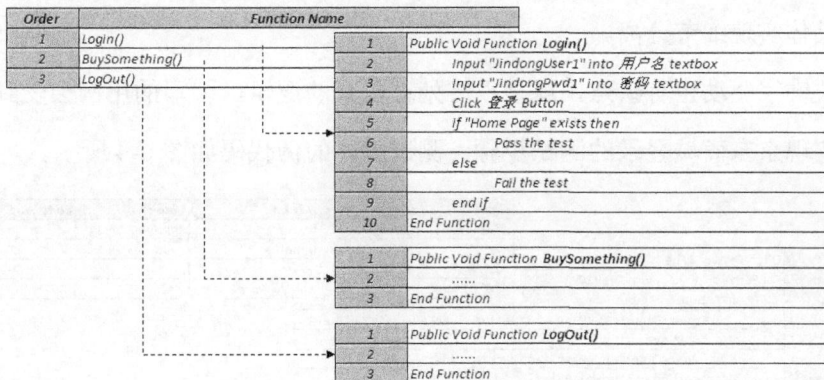

图 6-2　模块化与库伪代码

### 3. 数据驱动

可以看到，模块化与库很好地解决了用例重用性的问题，但是不难发现，用例中测试的操作和测试的数据是放在一起的，一旦需要对大量不同的数据进行测试，就得重新编写大量的用例，例如 Login1()、Login2()、Login3()。

为了解决这个问题，数据驱动就诞生了，它将测试中的测试数据和操作分离，数据存放在另外的文件中进行单独维护。通过这样的方式，可以快速增加相似测试，完成在不同数据情况下的测试。

如果要实现京东商城登录的测试步骤，测试脚本的伪代码如图 6-3 所示。

| LoginIDParameter | PasswordParameter |
| --- | --- |
| JindongUser1 | JindongPwd1 |
| JindongUser2 | JindongPwd2 |
| JindongUser3 | JindongPwd3 |
| JindongUser4 | JindongPwd4 |

| | |
| --- | --- |
| 1 | Open Data Table For Each Row |
| 2 | Input <LoginIDParameter> into 用户名 textbox |
| 3 | Input <PasswordParameter> into 密码 textbox |
| 4 | Click 登录 Button |
| 5 | if "Home Page" exists then |
| 6 | Pass the test |
| 7 | else |
| 8 | Fail the test |
| 9 | end if |
| 10 | Close Data Table |

图 6-3　数据驱动测试伪代码

### 4. 关键字驱动

将脚本与数据彻底地分离，提高了脚本的使用率，大大降低了脚本的维护成本。虽然数据驱动框架解决了脚本与数据分离的问题，但并没有将被测试对象与操作分离。

关键字驱动框架是在数据驱动框架的基础上改进的一种框架模型。它将测试逻辑按照关键字进行分解，形成数据文件与关键字对应封装的业务逻辑。关键字主要包括 3 类：被测试对象（Object）、操作（Action）和值（Value）。该框架能实现界面元素名与测试内部对象名分离、测试描述与具体实现细节分离。

但这种关键字驱动也有缺点，就是很难处理复杂的逻辑，编写的用例会受到限制。

如果要实现京东商城登录的测试步骤，测试脚本的伪代码如图 6-4 所示。

| Page | Object | Action | Value | Comment |
| --- | --- | --- | --- | --- |
| 用户登录 | 账户名 | Input | "JindongUser1" | |
| 用户登录 | 密码 | Input | "JindongPwd1" | |
| 用户登录 | 登录 | Click | | |
| 首页 | | Verify_PageExists | | |

| | |
| --- | --- |
| 1 | Open Keyword File |
| 2 | For Each Row in Keyword File (EOF) |
| 3 | if <Action> == "Input" then |
| 4 | Find <Object> in <Page>, and set the object's value as <Value> |
| 5 | else if <Action> == "Click" then |
| 6 | Find <Object> in <Page>, and click the object |
| 7 | else if <Action> == "Verify_PageExists" then |
| 8 | if <Page> exists then |
| 9 | Pass the test |
| 10 | else |
| 11 | Fail the test |
| 12 | end if |
| 13 | end if |
| 14 | End Loop |

图 6-4　关键字驱动测试伪代码

5. 混合驱动

如果仔细查看这些框架，不难发现，虽然框架在不断地发展，但这种发展并不是一种更新换代的模式，而是一种互相补充的模式。纵观线性测试、模块化与库、数据驱动、关键字驱动 4 种框架，它们谁也不能淘汰谁，所以出现了第 5 种框架：混合驱动。它将前 4 种框架灵活地融合到一起，互相发挥作用。这种混合驱动也是实际测试中最常用的框架。

第 7 章

# 自动化测试的实施

前面几章中已经介绍了测试的基础及工具的使用，但应该如何开始实际的测试呢？本章将对此进行详细介绍。

# 7.1 设计自动化测试用例

在自动化测试的流程中，需要先设计才能进行正式编码。设计文档一般是测试用例，它们将作为编写自动化测试代码的依据。

接下来以京东商城的某些功能为例，详细说明如何设计自动化测试用例。

## 7.1.1 登录功能的用例设计

京东商城的登录界面如图 7-1 所示。

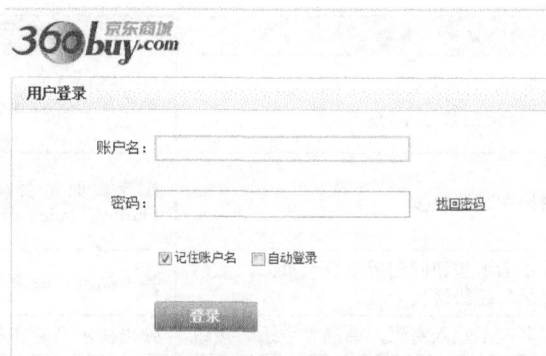

图 7-1 京东商城登录界面

对这个模块的功能进行分析，可以看到以下几点。

（1）当单击"找回密码"超级链接时，将跳转到找回密码页面 http://safe.360buy.com/findPwd/index. action。

（2）当账户名为空时，单击"登录"按钮将提示需要输入账户名，如图 7-2 所示。

（3）当账户名为任意值，密码为空时，单击"登录"按钮将提示需要输入密码，如图 7-3 所示。

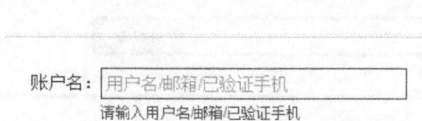

图 7-2 提示输入账户名

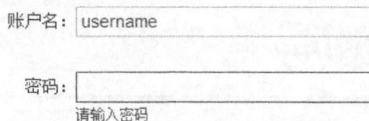

图 7-3 提示输入密码

（4）当用户名和密码错误时，单击"登录"按钮将提示用户名不存在，如图 7-4 所示。

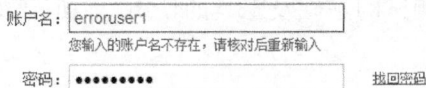

图 7-4　提示账户名不存在

（5）输入正确的用户名和密码后单击"登录"按钮，将跳转到首页，并且首页的操作栏显示了登录的用户名，如图 7-5 所示。

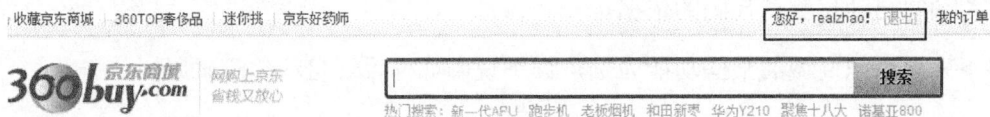

图 7-5　登录成功

根据这些功能，可以设计如表 7-1 所示的测试用例。

表 7-1　　　　　　　　　　　　　登录功能测试用例

| 步 骤 序 号 | 操 作 步 骤 | 检 查 点 |
|---|---|---|
| 1 | 打开浏览器，在地址栏输入 https://passport.360buy. com/new/ login.aspx 后按回车键 | 检查是否成功进入用户登录页面 |
| 2 | 单击"找回密码"超级链接 | 检查页面是否跳转到 http://safe.360buy.com/findPwd/ index. action |
| 3 | 在浏览器中单击后退按钮回到用户登录页面，然后直接单击"登录"超级链接 | 弹出提示"请输入用户名/邮箱/已验证手机" |
| 4 | 输入任意用户名，不输入密码，单击"登录"按钮 | 弹出提示"请输入密码" |
| 5 | 输入任意密码，单击"登录"按钮 | 弹出提示"您输入的账户名不存在，请核对后重新输入" |
| 6 | 将账户名和密码文本框置空，并输入正确的用户名和密码，单击"登录"按钮 | 成功登录并跳转到首页，操作栏上出现"您好，xxxx"字样 |

## 7.1.2　搜索商品功能的用例设计

京东商城搜索商品的页面如图 7-6 所示。

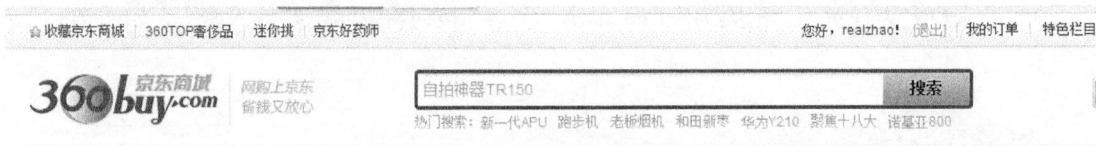

图 7-6　搜索功能

在京东商城的各个页面，都拥有一个搜索栏，在搜索栏中输入内容后单击"搜索"按钮，将搜索出匹配的商品。对这个模块的功能进行研究，可以看到以下几点。

（1）如果输入关键字后找不到对应商品，在单击"搜索"按钮后，将弹出找不到相关商品的提示，如图 7-7 所示。

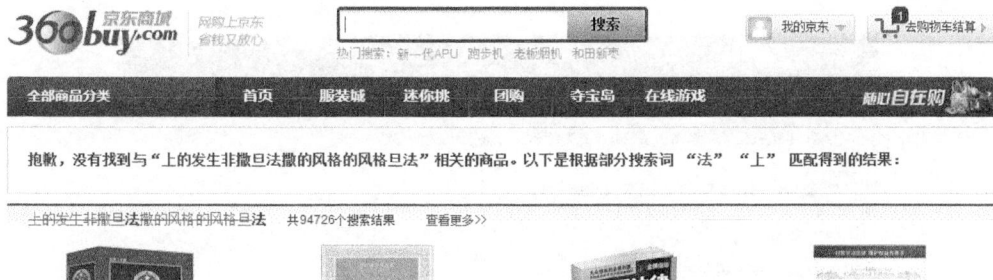

图 7-7 提示没有找到相关商品

（2）如果输入的关键字不太符合逻辑，可能会提示"您要找的是不是：XX"，如图 7-8 所示。

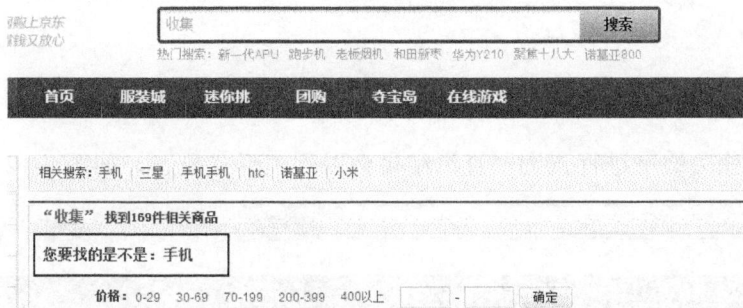

图 7-8 提示您要找的是不是：XX

（3）如果输入例如团购、奢侈品等特殊关键字，在单击"搜索"按钮后，将跳转到对应的页面，如图 7-9 和图 7-10 所示。

图 7-9 团购

图 7-10 团购页面

（4）如果输入移动、联通等特殊关键字，在单击"搜索"按钮后，除了将查询出对应的信息外，还会弹出一些特殊控件，如图 7-11 所示。

图 7-11　充值

（5）输入某些关键字进行查询，查询结果会以列表形式显示，如图 7-12 所示。

图 7-12　列表

（6）输入某些关键字进行查询，查询结果是以网格形式显示，如图 7-13 所示。

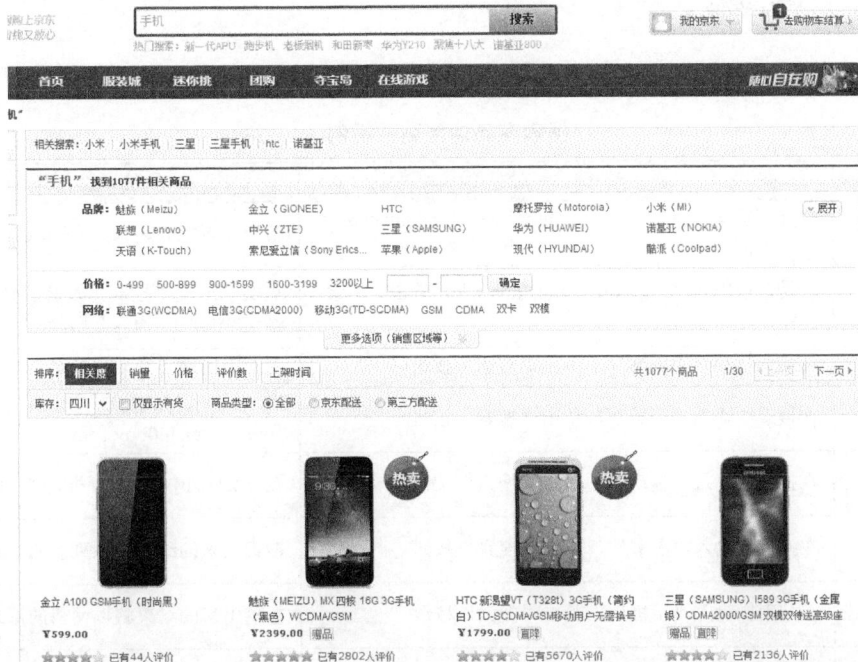

图 7-13　网格

（7）输入某个商品的编号（例如，635085），单击"搜索"按钮，将直接跳转到对应的产品页面，如图 7-14 所示。

图 7-14　具体商品展示

（8）除了某些需要跳转页面、查询不到的情况或某些分类关键字查询外，其他查询结果的内容中都包含查询关键字。

根据这些功能，可以设计如表 7-2 所示的测试用例。

表 7-2　　　　　　　　　　搜索商品功能测试用例

| 步 骤 序 号 | 操 作 步 骤 | 检 查 点 |
|---|---|---|
| 1 | 打开浏览器，在地址栏输入 http://www.360buy.com 并按回车键 | 检查是否成功进入京东商城首页 |
| 2 | 在搜索栏输入"sdfgasfdgdsfgdsfgdsfg"，单击"搜索"按钮 | 页面上出现"抱歉，没有找到与'sdfgasfdgdsfgdsfgdsfg'相关的商品。"等信息 |
| 3 | 在搜索栏输入"收集"，单击"搜索"按钮 | 页面上出现"您要找的是不是：手机" |
| 4 | 在搜索栏输入"团购"，单击"搜索"按钮 | 进入京东团购页面，URL 中包含"http://tuan.360buy.com/" |
| 5 | 在搜索栏输入"移动"，单击"搜索"按钮 | 在搜索页面中出现"手机充值"等相关控件 |
| 6 | 在搜索栏输入"图书"，单击"搜索"按钮 | 搜索出来的结果将以列表的形式显示 |
| 7 | 在搜索栏输入"手机"，单击"搜索"按钮 | 搜索出来的结果将以网格的形式显示 |
| 8 | 在搜索栏输入"635085"，单击"搜索"按钮 | 进入该商品的具体信息页面，URL 中包含"http://www.360buy.com/product/635085.html" |

## 7.1.3　购买商品功能的用例设计

查询出商品之后，就可以购买对应的商品。对这个模块的功能进行研究，可以看到以下几点。

（1）当商品无货时，"加入购物车"按钮是无法点击的，如图 7-15 所示。

图 7-15　无货商品

（2）当商品有货时，单击"加入购物车"按钮，将出现如图 7-16 所示的提示，单击"继续购物"按钮将回到产品页面，而单击"去购物车结算"按钮将进入购物车。

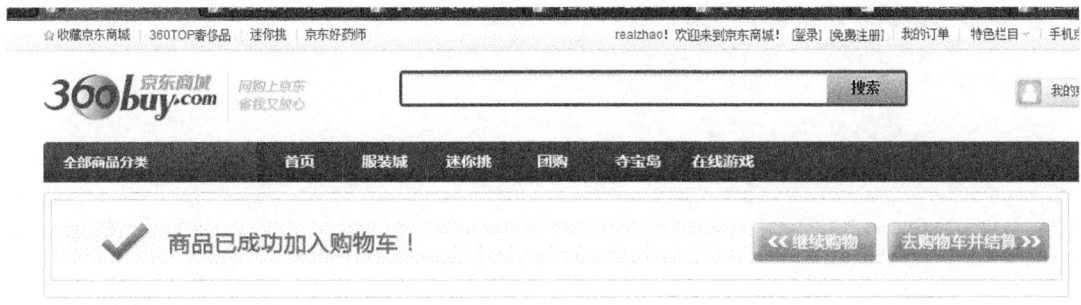

图 7-16 加入购物车

（3）在购物车中，各个商品可能拥有不同的属性，在购物车中的显示也不一样，如图 7-17 中所示，有的显示了赠品，有的显示了"延保服务"，有的显示"满赠"活动。

图 7-17 购物车

（4）在如图 7-18 所示的购物车页面中单击"去结算"按钮之后，将进入订单填写页面，如图 7-19 所示。

图 7-18　结算

图 7-19　填写订单

根据这些功能，可以设计出很多测试用例，但为避免过于复杂，可以先设计表 7-3 所示的简单的测试用例。

表 7-3　　　　　　　　　　　　　　购买商品功能测式用例

| 步骤序号 | 操作步骤 | 检查点 |
| --- | --- | --- |
| 1 | 打开浏览器，在地址栏输入 http://www.360buy.com/product/152026.html 并按回车键 | 检查是否成功进入商品详细页面 |
| 2 | 单击"加入购物车"按钮 | 检查是否出现"商品已加入购物车"提示 |
| 3 | 单击"继续购物"按钮 | 返回之前的商品详细信息页面 |
| 4 | 单击浏览器上的"后退"，回到"商品已加入购物车"页面，单击"去购物车结算"按钮 | 进入购物车结算页面，并显示之前添加的商品 |
| 5 | 单击"去结算"按钮 | 进入订单填写页面，页面标题为"订单信息确认" |

# 7.2　编写自动化测试代码

在设计文档（也就是自动化测试用例）完成后，就可以开始正式编码了。编码最好使用 NUnit 或 JUnit 等测试框架，但这里为了便于理解，依然使用之前的编码方式。

接下来将分别使用 Selenium IDE、Selenium 1 和 Selenium 2 分别实现这些功能。

## 7.2.1　登录功能的测试代码

根据表 7-1 中的测试用例，可以使用程序清单 7-1 至程序清单 7-5 的代码对登录功能进行测试。

**程序清单 7-1　Selenium IDE 代码**

**程序清单 7-2　Selenium 1 C#代码**

```csharp
using System;

using System.Collections.Generic;

using System.Linq;

using System.Text;

using Selenium;

using System.Threading;
```

```
namespace ConsoleApplication3

{

    class Program

    {

        static void Main(string[] args)

        {

            DefaultSelenium selenium = new DefaultSelenium("localhost", 4444, "*iexplore",
"http://www.google.com");

            selenium.Start();

            //第 1 步

            selenium.Open("https://passport.360buy.com/new/login.aspx");

            Console.WriteLine("检查是否成功进入用户登录页面: {0}", "https://passport.
360buy.com/new/login.aspx" == selenium.GetLocation());

            //第 2 步

            selenium.Click("link=找回密码");

            selenium.WaitForPageToLoad("30000");

            Console.WriteLine("检查页面是否跳转到
http://safe.360buy.com/findPwd/index.action: {0}", "http://safe.360buy.com/findPwd/index.
action" == selenium.GetLocation());

            //第 3 步

            selenium.GoBack();

            Thread.Sleep(2000);

            selenium.Type("id=loginname", "");

            selenium.Click("id=loginsubmit");

            Thread.Sleep(2000);

            Console.WriteLine("弹出提示"请输入用户名/邮箱/已验证手机": {0}", selenium.
IsTextPresent("请输入用户名/邮箱/已验证手机"));

            //第 4 步

            selenium.Type("id=loginname", "erroruser1");

            selenium.Click("id=loginsubmit");

            Thread.Sleep(2000);

            Console.WriteLine("弹出提示"请输入密码": {0}", selenium.IsTextPresent("
请输入密码"));

            //第 5 步

            selenium.Type("id=loginpwd", "errorpwd1");

            selenium.Click("id=loginsubmit");
```

```
            Thread.Sleep(2000);
            Console.WriteLine("弹出提示"您输入的账户名不存在，请核对后重新输入"：{0}",
selenium. IsTextPresent("您输入的账户名不存在，请核对后重新输入"));

            //第6步
            selenium.Type("id=loginname", "注：这里输入正确的用户名");
            selenium.Type("id=loginpwd", "注：这里输入正确的密码");
            selenium.Click("id=loginsubmit");
            selenium.WaitForPageToLoad("30000");
            Thread.Sleep(2000);
            Console.WriteLine("成功登录并跳转到首页，操作栏上出现"您好,xxxx"字样：{0}", "
您好, realzhao! [退出]" == selenium.GetText("id=loginbar"));
            selenium.Stop();
            Console.ReadKey();
        }
    }
}
```

**程序清单 7-3　Selenium 1 Java 代码**

```java
package Project1;
import com.thoughtworks.selenium.*; //注意这里导入了 selenium 包中的内容
public class Project1Class {
    public static void main(String[] args) throws InterruptedException {
        DefaultSelenium selenium = new DefaultSelenium("localhost", 4444, "*iexplore",
"http://www.google.com");
        selenium.start();


        selenium.open("https://passport.360buy.com/new/login.aspx");
        System.out.println("检查是否成功进入用户登录页面: " +
"https://passport.360buy.com/new/login.aspx".equals(selenium.getLocation()));


        //第2步
        selenium.click("link=找回密码");
        selenium.waitForPageToLoad("30000");
        System.out.println("检查页面是否跳转到 http://safe.360buy.com/findPwd/index.action: "
+ "http://safe.360buy.com/findPwd/index.action".equals(selenium.getLocation()));
```

```
//第 3 步

selenium.goBack();

Thread.sleep(2000);

selenium.type("id=loginname", "");

selenium.click("id=loginsubmit");

Thread.sleep(2000);

System.out.println("弹出提示"请输入用户名/邮箱/已验证手机":" + selenium.isTextPresent("请输入用户名/邮箱/已验证手机"));

//第 4 步

selenium.type("id=loginname", "erroruser1");

selenium.click("id=loginsubmit");

Thread.sleep(2000);

System.out.println("弹出提示"请输入密码":" + selenium.isTextPresent("请输入密码"));

//第 5 步

selenium.type("id=loginpwd", "errorpwd1");

selenium.click("id=loginsubmit");

Thread.sleep(2000);

System.out.println("弹出提示"您输入的账户名不存在，请核对后重新输入":" + selenium.isTextPresent("您输入的账户名不存在，请核对后重新输入"));

//第 6 步

selenium.type("id=loginname", "注：这里输入正确的用户名");

selenium.type("id=loginpwd", "注：这里输入正确的密码");

selenium.click("id=loginsubmit");

selenium.waitForPageToLoad("30000");

Thread.sleep(2000);

System.out.println("成功登录并跳转到首页，操作栏上出现"您好,xxxx"字样:" + "您好,realzhao![退出]".equals(selenium.getText("id=loginbar")));


selenium.stop();

    }
```

```
    }
```

**程序清单 7-4    Selenium 2 C#代码**

```csharp
using System;
using OpenQA.Selenium;
using OpenQA.Selenium.Firefox;
using System.Threading;
namespace ConsoleApplication3
{
    class Program
    {
        static void Main(string[] args)
        {
            IWebDriver driver = new FirefoxDriver();
            //第1步
            driver.Navigate().GoToUrl("https://passport.360buy.com/new/login.aspx");
            Thread.Sleep(2000);
            Console.WriteLine("检查是否成功进入用户登录页面:{0}", "https://passport.360buy.com/new/login.aspx" == driver.Url);
            //第2步
            driver.FindElement(By.LinkText("找回密码")).Click();
            Thread.Sleep(2000);
            Console.WriteLine("检查页面是否跳转到 http://safe.360buy.com/findPwd/index.action: {0}", "http://safe.360buy.com/ findPwd/index.action" == driver.Url);
            //第3步
            driver.Navigate().Back();
            driver.FindElement(By.Id("loginname")).Clear();
            driver.FindElement(By.Id("loginname")).SendKeys("");
            driver.FindElement(By.Id("loginsubmit")).Click();
            Thread.Sleep(2000);
            Console.WriteLine("弹出提示"请输入用户名/邮箱/已验证手机":{0}", driver.FindElement(By.CssSelector("BODY")).Text.Contains("请输入用户名/邮箱/已验证手机"));
            //第4步
            driver.FindElement(By.Id("loginname")).Clear();
            driver.FindElement(By.Id("loginname")).SendKeys("erroruser1");
```

```
                    driver.FindElement(By.Id("loginsubmit")).Click();

                    Thread.Sleep(2000);

                    Console.WriteLine("弹出提示"请输入密码": {0}",
driver.FindElement(By.CssSelector("BODY")).Text.Contains("请输入密码"));

                    //第 5 步

                    driver.FindElement(By.Id("loginpwd")).Clear();

                    driver.FindElement(By.Id("loginpwd")).SendKeys("errorpwd1");

                    driver.FindElement(By.Id("loginsubmit")).Click();

                    Thread.Sleep(2000);

                    Console.WriteLine("弹出提示"您输入的账户名不存在，请核对后重新输入": {0}", driver.
FindElement(By.CssSelector("BODY")).Text.Contains("您输入的账户名不存在，请核对后重新输入"));

                    //第 6 步

                    driver.FindElement(By.Id("loginname")).Clear();

                    driver.FindElement(By.Id("loginname")).SendKeys("注：这里输入正确的用户名");

                    driver.FindElement(By.Id("loginpwd")).Clear();

                    driver.FindElement(By.Id("loginpwd")).SendKeys("注：这里输入正确的密码");

                    driver.FindElement(By.Id("loginsubmit")).Click();

                    Thread.Sleep(9000);

                    Console.WriteLine("成功登录并跳转到首页，操作栏上出现"您好,xxxx"字样: {0}", "您好,
realzhao! [退出]" == driver.FindElement(By.Id("loginbar")).Text);

                    driver.Quit();

                    Console.ReadKey();
                }
            }
        }
```

**程序清单 7-5　Selenium 2 Java 代码**

```java
package Project1;

import org.openqa.selenium.*;

import org.openqa.selenium.WebDriver.*;

import org.openqa.selenium.firefox.*;

public class Project1Class {

    public static void main(String[] args) throws InterruptedException {

            //如果启动出现问题，可以使用 System.setProperty 指出 firefox.exe 的路径

            System.setProperty("webdriver.firefox.bin","D:\\Program Files (x86)\\Mozilla
Firefox\\firefox.exe");
```

```
WebDriver driver = new FirefoxDriver();
//第1步
driver.navigate().to("https://passport.360buy.com/new/login.aspx");
Thread.sleep(2000);
System.out.println("检查是否成功进入用户登录页面: "+ "https://passport.360buy.com/new/
login.aspx".equals(driver.getCurrentUrl()));
//第2步
driver.findElement(By.linkText("找回密码")).click();
Thread.sleep(2000);
System.out.println("检查页面是否跳转到http://safe.360buy.com/findPwd/index.action: "
+ "http://safe.360buy.com/findPwd/index.action".equals(driver.getCurrentUrl()));
    //第3步
    driver.navigate().back();
    driver.findElement(By.id("loginname")).clear();
    driver.findElement(By.id("loginname")).sendKeys("");
    driver.findElement(By.id("loginsubmit")).click();
    Thread.sleep(2000);
    System.out.println("弹出提示"请输入用户名/邮箱/已验证手机": " + driver.findElement
(By.cssSelector("BODY")).getText().contains("请输入用户名/邮箱/已验证手机"));
    //第4步
    driver.findElement(By.id("loginname")).clear();
    driver.findElement(By.id("loginname")).sendKeys("erroruser1");
    driver.findElement(By.id("loginsubmit")).click();
    Thread.sleep(2000);
    System.out.println("弹出提示"请输入密码": " +
driver.findElement(By.cssSelector("BODY")).getText().contains("请输入密码"));
    //第5步
    driver.findElement(By.id("loginpwd")).clear();
    driver.findElement(By.id("loginpwd")).sendKeys("errorpwd1");
    driver.findElement(By.id("loginsubmit")).click();
    Thread.sleep(2000);
    System.out.println("弹出提示"您输入的账户名不存在，请核对后重新输入": " + driver.FindElement
(By.cssSelector("BODY")).getText().contains("您输入的账户名不存在，请核对后重新输入"));
```

```
//第 6 步

driver.findElement(By.id("loginname")).clear();

driver.findElement(By.id("loginname")).sendKeys("注：这里输入正确的用户名");

driver.findElement(By.id("loginpwd")).clear();

driver.findElement(By.id("loginpwd")).sendKeys("注：这里输入正确的用户名密码");

driver.findElement(By.id("loginsubmit")).click();

Thread.sleep(9000);

System.out.println("成功登录并跳转到首页，操作栏上出现"您好,xxxx"字样："+"您好,realzhao!
[退出]".equals(driver.findElement(By.id("loginbar")).getText()));

driver.quit();
    }
}
```

执行结果如图 7-20 所示。

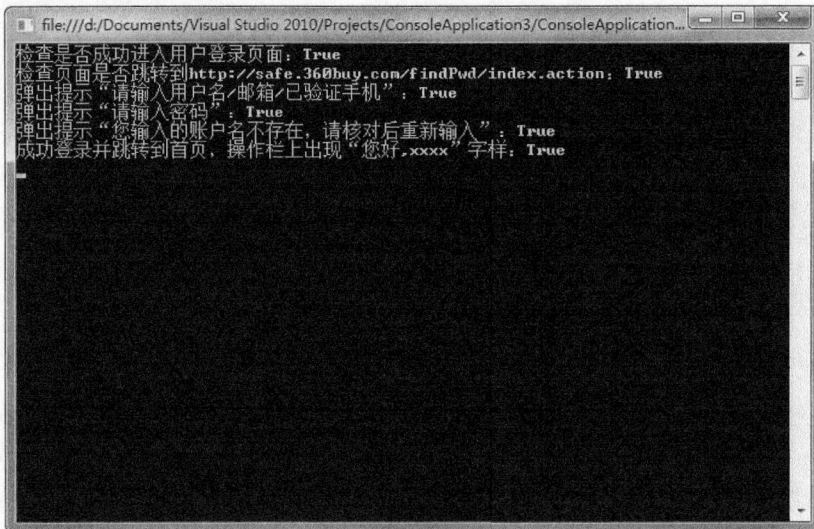

图 7-20　执行结果

## 7.2.2　搜索商品功能的测试代码

根据表 7-2 所示的测试用例，可以使用程序清单 7-6 至程序清单 7-10 所示的代码对商品
搜索功能进行测试。

**程序清单 7-6    Selenium IDE 代码**

**程序清单 7-7    Selenium 1 C#代码**

```csharp
using System;

using System.Collections.Generic;

using System.Linq;

using System.Text;

using Selenium;

using System.Threading;

namespace ConsoleApplication3

{

    class Program

    {

        static void Main(string[] args)

        {

            DefaultSelenium selenium = new DefaultSelenium("localhost", 4444, "*iexplore",
"http://www.google.com");

            selenium.Start();
```

```
//第 1 步

selenium.Open("http://www.360buy.com/");

Console.WriteLine("检查是否成功进入京东首页：{0}", "http://www.360buy.com/" ==
selenium.GetLocation());

//第 2 步

selenium.Type("id=key", "sdfgasfdgdsfgdsfgdsfg");

selenium.Click("//input[@value='搜索']");

selenium.WaitForPageToLoad("30000");

Console.WriteLine("页面上出现"抱歉，没有找到与'sdfgasfdgdsfgdsfgdsfg'相关的商品。"
等字样：{0}", selenium.IsTextPresent("抱歉，没有找到与"sdfgasfdgdsfgdsfgdsfg"相关的商品"));

//第 3 步

selenium.Type("id=key", "收集");

selenium.Click("//input[@value='搜索']");

Thread.Sleep(5000);

Console.WriteLine("页面上出现"您要找的是不是：手机"：{0}", "您要找的是不是：手机" ==
selenium.GetText("id=correctbox"));

//第 4 步

selenium.Type("id=key", "团购");

selenium.Click("//input[@value='搜索']");

Thread.Sleep(5000);

Console.WriteLine("进入京东团购页面，URL 中包含"http://tuan.360buy.com/"：{0}",
"http://tuan.360buy.com/chengdu-0-0-0-0-0-0-1-0-0.html" == selenium.GetLocation());

//第 5 步

selenium.GoBack();

Thread.Sleep(2000);

selenium.Type("id=key", "移动");

selenium.Click("//input[@value='搜索']");

Thread.Sleep(5000);

Console.WriteLine("在搜索页面中出现"手机充值"等相关控件：{0}", selenium.
IsElementPresent("//input[@value='立即充值']"));

//第 6 步

selenium.Type("id=key", "图书");

selenium.Click("//input[@value='搜索']");

Thread.Sleep(5000);

Console.WriteLine("搜索出来的结果将以列表的形式显示：{0}", "m psearch plist-book" ==
selenium.GetAttribute("//div[@id='plist']/@class"));
```

```
//第7步

selenium.Type("id=key", "手机");

selenium.Click("//input[@value='搜索']");

Thread.Sleep(5000);

Console.WriteLine("搜索出来的结果将以网格的形式显示: {0}", "m psearch " == selenium.
GetAttribute("//div[@id='plist']/@class"));

//第8步

selenium.Type("id=key", "635085");

selenium.Click("//input[@value='搜索']");

Thread.Sleep(5000);

Console.WriteLine("进入该商品的具体信息页面, URL 中包含 "http://www.360buy.
com/product/" : {0}", "http://www.360buy.com/product/635085.html" == selenium.GetLocation());

selenium.Stop();

Console.ReadKey();

            }

        }

    }
```

**程序清单 7-8    Selenium 1 Java 代码**

```
package Project1;

import com.thoughtworks.selenium.*; //注意这里导入了 selenium 包中的内容

public class Project1Class {

    public static void main(String[] args) throws InterruptedException {

        DefaultSelenium selenium = new DefaultSelenium("localhost", 4444, "*iexplore",
"http://www.google.com");

        selenium.start();


        //第1步

        selenium.open("http://www.360buy.com/");

        System.out.println("检查是否成功进入京东首页: " + "http://www.360buy.com/". equals
(selenium.getLocation()));

        //第2步

        selenium.type("id=key", "sdfgasfdgdsfgdsfgdsfg");

        selenium.click("//input[@value='搜索']");

        selenium.waitForPageToLoad("30000");
```

```
        System.out.println("页面上出现"抱歉，没有找到与 'sdfgasfdgdsfgdsfgdsfg' 相关的商品。"
等字样: " + selenium.isTextPresent("抱歉，没有找到与"sdfgasfdgdsfgdsfgdsfg"相关的商品"));

    //第 3 步

    selenium.type("id=key", "收集");

    selenium.click("//input[@value='搜索']");

    Thread.sleep(5000);

    System.out.println("页面上出现"您要找的是不是：手机"：" + "您要找的是不是：手机".equals
(selenium.getText("id=correctbox")));

    //第 4 步

    selenium.type("id=key", "团购");

    selenium.click("//input[@value='搜索']");

    Thread.sleep(5000);

    System.out.println("进入京东团购页面，URL 中包含"http://tuan.360buy.com/"：" + "http:
//tuan.360buy.com/chengdu-0-0-0-0-0-0-1-0-0.html".equals(selenium.getLocation()));

    //第 5 步

    selenium.goBack();

    Thread.sleep(2000);

    selenium.type("id=key", "移动");

    selenium.click("//input[@value='搜索']");

    Thread.sleep(5000);

    System.out.println("在搜索页面中出现"手机充值"等相关控件: " + selenium.IsElementPresent
("//input[@value='立即充值']"));

    //第 6 步

    selenium.type("id=key", "图书");

    selenium.click("//input[@value='搜索']");

    Thread.sleep(5000);

    System.out.println("搜索出来的结果将以列表的形式显示: " + "m psearch plist-book".equals
(selenium.getAttribute("//div[@id='plist']/@class")));

    //第 7 步

    selenium.type("id=key", "手机");

    selenium.click("//input[@value='搜索']");

    Thread.sleep(5000);

    System.out.println("搜索出来的结果将以网格的形式显示: " + "m psearch ".equals(selenium.
getAttribute("//div[@id='plist']/@class")));

    //第 8 步

    selenium.type("id=key", "635085");
```

```
        selenium.click("//input[@value='搜索']");
        Thread.sleep(5000);
        System.out.println("进入该商品的具体信息页面,URL 中包含"http:// www.360buy. com/
product/": " + "http://www.360buy.com/product/635085.html".equals(selenium.getLocation()));
        selenium.stop();
    }
}
```

**程序清单 7-9  Selenium 2 C#代码**

```
using System;
using OpenQA.Selenium;
using OpenQA.Selenium.Firefox;
using System.Threading;
namespace ConsoleApplication3
{
    class Program
    {
        static void Main(string[] args)
        {
            IWebDriver driver = new FirefoxDriver();
            //第 1 步
            driver.Navigate().GoToUrl("http://www.360buy.com/");
            Console.WriteLine("检查是否成功进入京东首页:{0}", "http://www.360buy.com/" ==
driver.Url);
            //第 2 步
            //driver.FindElement(By.Id("key")).Clear();
            driver.FindElement(By.Id("key")).SendKeys("sdfgasfdgdsfgdsfgdsfg");
            driver.FindElement(By.XPath("//input[@value='搜索']")).Click();
            Thread.Sleep(5000);
            Console.WriteLine("页面上出现"抱歉,没有找到与'sdfgasfdgdsfgdsfgdsfg'相关的商
品。"等字样:{0}", driver.FindElement(By.CssSelector("BODY")).Text.Contains("抱歉,没有找到与
"sdfgasfdgdsfgdsfgdsfg"相关的商品"));
            //第 3 步
            driver.FindElement(By.Id("key")).Clear();
            driver.FindElement(By.Id("key")).SendKeys("收集");
            driver.FindElement(By.XPath("//input[@value='搜索']")).Click();
```

```
        Thread.Sleep(5000);
        Console.WriteLine("页面上出现"您要找的是不是：手机：{0}", "您要找的是不是：手机" ==
driver.FindElement(By.Id("correctbox")).Text);
            //第 4 步
            driver.FindElement(By.Id("key")).Clear();
            driver.FindElement(By.Id("key")).SendKeys("团购");
            driver.FindElement(By.XPath("//input[@value='搜索']")).Click();
            Thread.Sleep(5000);
            Console.WriteLine("进入京东团购页面,URL 中包含"http://tuan.360buy.com/":{0}",
"http://tuan.360buy.com/chengdu-0-0-0-0-0-0-1-0-0.html" == driver.Url);
            //第 5 步
            driver.Navigate().Back();
            driver.FindElement(By.Id("key")).Clear();
            driver.FindElement(By.Id("key")).SendKeys("移动");
            driver.FindElement(By.XPath("//input[@value='搜索']")).Click();
            Thread.Sleep(5000);
            bool isFindControl=false;
            try
            {
                driver.FindElement(By.XPath("//input[@value='立即充值']"));
                isFindControl= true;
            }
            catch (NoSuchElementException)
            {
                isFindControl= false;
            }
            Console.WriteLine("在搜索页面中出现"手机充值"等相关控件：{0}",isFindControl);
            //第 6 步
            driver.FindElement(By.Id("key")).Clear();
            driver.FindElement(By.Id("key")).SendKeys("图书");
            driver.FindElement(By.XPath("//input[@value='搜索']")).Click();
            Thread.Sleep(5000);
            Console.WriteLine("搜索出来的结果将以列表的形式显示：{0}", "m psearch plist-book
" == driver.FindElement(By.XPath("//div[@id='plist']")).GetAttribute("class"));
            //第 7 步
            driver.FindElement(By.Id("key")).Clear();
```

```
        driver.FindElement(By.Id("key")).SendKeys("手机");

        driver.FindElement(By.XPath("//input[@value='搜索']")).Click();

        Thread.Sleep(5000);

        Console.WriteLine("搜索出来的结果将以网格的形式显示: {0}", "m psearch " ==
driver.FindElement(By.XPath("//div[@id='plist']")).GetAttribute("class"));

        第8步

        driver.FindElement(By.Id("key")).Clear();

        driver.FindElement(By.Id("key")).SendKeys("635085");

        driver.FindElement(By.XPath("//input[@value='搜索']")).Click();

        Thread.Sleep(5000);

        Console.WriteLine("进入该商品的具体信息页面, URL 中包含 "http://www.360buy.com/
product/" : {0}", "http://www.360buy.com/product/635085.html" == driver.Url);

            driver.Quit();

            Console.ReadKey();

        }

    }

}
```

**程序清单 7-10   Selenium 2 Java 代码**

```java
package Project1;

import org.openqa.selenium.*;

import org.openqa.selenium.WebDriver.*;

import org.openqa.selenium.firefox.*;

public class Project1Class {

    public static void main(String[] args) throws InterruptedException {

        //如果启动出现问题, 可以使用 System.setProperty 指出 firefox.exe 的路径

        System.setProperty("webdriver.firefox.bin","D:\\Program Files (x86)\\Mozilla
Firefox\\firefox.exe");

        WebDriver driver = new FirefoxDriver();

        //第1步

        driver.navigate().to("http://www.360buy.com/");

        System.out.println("检查是否成功进入京东首页: " + "http://www. 360buy.com/".equals
(driver.getCurrentUrl()));

        //第2步

        //driver.findElement(By.id("key")).clear();

        driver.findElement(By.id("key")).sendKeys("sdfgasfdgdsfgdsfgdsfg");
```

```
driver.findElement(By.xpath("//input[@value='搜索']")).click();

Thread.sleep(5000);

System.out.println("页面上出现"抱歉，没有找到与'sdfgasfdgdsfgdsfgdsfg'相关的商品。"等
字样: " + driver.findElement(By.cssSelector("BODY")).getText().contains("抱歉，没有找到与
"sdfgasfdgdsfgdsfgdsfg"相关的商品"));

//第 3 步

driver.findElement(By.id("key")).clear();

driver.findElement(By.id("key")).sendKeys("收集");

driver.findElement(By.xpath("//input[@value='搜索']")).click();

Thread.sleep(5000);

System.out.println("页面上出现"您要找的是不是: 手机: " + "您要找的是不是: 手机
" .equals( driver.findElement(By.id("correctbox")).getText()));

//第 4 步

driver.findElement(By.id("key")).clear();

driver.findElement(By.id("key")).sendKeys("团购");

driver.findElement(By.xpath("//input[@value='搜索']")).click();

Thread.sleep(5000);

System.out.println("进入京东团购页面, URL 中包含"http://tuan.360buy.com/": " + "http:
//tuan.360buy.com/chengdu-0-0-0-0-0-0-1-0-0.html" .equals( driver.getCurrentUrl()));

//第 5 步

driver.navigate().back();

driver.findElement(By.id("key")).clear();

driver.findElement(By.id("key")).sendKeys("移动");

driver.findElement(By.xpath("//input[@value='搜索']")).click();

Thread.sleep(5000);

boolean isFindControl=false;

try

{

    driver.findElement(By.xpath("//input[@value='立即充值']"));

    isFindControl= true;

}

catch(Exception e)

{

    isFindControl= false;

}

System.out.println("在搜索页面中出现"手机充值"等相关控件: " + isFindControl);

//第 6 步
```

```
        driver.findElement(By.id("key")).clear();

        driver.findElement(By.id("key")).sendKeys("图书");

        driver.findElement(By.xpath("//input[@value='搜索']")).click();

        Thread.sleep(5000);

        System.out.println("搜索出来的结果将以列表的形式显示: " + "m psearch plist-book" .equals
( driver.findElement(By.xpath("//div[@id='plist']")).getAttribute("class")));

        //第7步

        driver.findElement(By.id("key")).clear();

        driver.findElement(By.id("key")).sendKeys("手机");

        driver.findElement(By.xpath("//input[@value='搜索']")).click();

        Thread.sleep(5000);

        System.out.println("搜索出来的结果将以网格的形式显示: " + "m psearch " .equals( driver.
findElement(By.xpath("//div[@id='plist']")).getAttribute("class")));

        //第8步

        driver.findElement(By.id("key")).clear();

        driver.findElement(By.id("key")).sendKeys("635085");

        driver.findElement(By.xpath("//input[@value='搜索']")).click();

        Thread.sleep(5000);

        System.out.println("进入该商品的具体信息页面, URL中包含"http://www.360buy.com/ product
/" : " + "http://www.360buy.com/product/635085.html" .equals( driver.getCurrentUrl()));


        driver.quit();

    }

}
```

运行结果如图 7-21 所示。

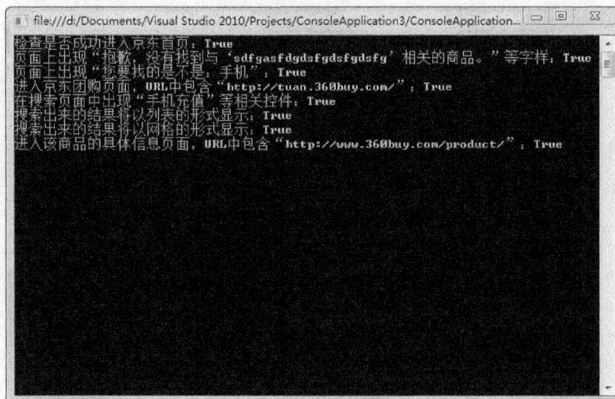

图 7-21  执行结果

## 7.2.3　购买商品功能的测试代码

根据表 7-3 所示的测试用例，可以使用程序清单 7-11 至程序清单 7-15 对购买商品功能进行测试。

**程序清单 7-11　Selenium IDE 代码**

| Command | Target | Value |
|---|---|---|
| open | http://www.360buy.com/product/152026.html | |
| verifyLocation | http://www.360buy.com/product/152026.html | |
| storeText | //div[@id='name'] | ItemName |
| clickAndWait | link=加入购物车 | |
| verifyTextPresent | 商品已成功加入购物车！ | |
| click | link=继续购物 | |
| pause | 5000 | |
| verifyLocation | http://www.360buy.com/product/152026.html | |
| goBack | | |
| pause | 5000 | |
| click | link=去结算 | |
| pause | 7000 | |
| verifyTitle | 我的购物车 - 京东商城 | |
| verifyTextPresent | ${ItemName} | |
| click | link=去结算 | |
| pause | 7000 | |
| verifyTitle | 订单信息确认 | |

**程序清单 7-12　Selenium 1 C#代码**

```csharp
using System;

using System.Collections.Generic;

using System.Linq;

using System.Text;

using Selenium;

using System.Threading;

namespace ConsoleApplication3

{

    class Program

    {

        static void Main(string[] args)

        {

            DefaultSelenium selenium = new DefaultSelenium("localhost", 4444, "*iexplore", "http://www.google.com");

            selenium.Start();

            //第 1 步
```

```
                selenium.Open("http://www.360buy.com/product/152026.html");

                Console.WriteLine("检查是否成功进入商品详细页面: {0}", "http://www.360buy.com/
product/152026.html" == selenium.GetLocation());

                //第 2 步

                String ItemName = selenium.GetText("//div[@id='name']");

                selenium.Click("link=加入购物车");

                selenium.WaitForPageToLoad("30000");

                Console.WriteLine("检查是否出现"商品已加入购物车"提示: {0}", selenium.
IsTextPresent("商品已成功加入购物车! "));

                //第 3 步

                selenium.Click("link=继续购物");

                Thread.Sleep(5000);

                Console.WriteLine("返回之前的商品详细页面: {0}", "http://www.360buy.com/
product/152026.html" == selenium.GetLocation());

                //第 4 步

                selenium.GoBack();

                Thread.Sleep(5000);

                selenium.Click("link=去结算");

                Thread.Sleep(7000);

                Console.WriteLine("进入购物车结算页面: {0}", "我的购物车 – 京东商城" == selenium.
GetTitle());

            Console.WriteLine("显示之前添加的商品: {0}", selenium. IsTextPresent (ItemName));

                //第 5 步

                selenium.Click("link=去结算");

                Thread.Sleep(7000);

                Console.WriteLine("检查是否进入订单填写页面: {0}", "订单信息确认" == selenium.
GetTitle());

                selenium.Stop();

                Console.ReadKey();

            }

        }

    }
```

**程序清单 7-13　Selenium 1 Java 代码**

```
package Project1;

import com.thoughtworks.selenium.*; //注意这里导入了 selenium 包中的内容

public class Project1Class {

    public static void main(String[] args) throws InterruptedException {

        DefaultSelenium selenium = new DefaultSelenium("localhost", 4444, "*iexplore",
"http://www.google.com");

        selenium.start();


        //第 1 步

        selenium.open("http://www.360buy.com/product/152026.html");

        System.out.println("检查是否成功进入商品详细页面: " + "http://www.360buy. com/product/
152026.html".equals(selenium.getLocation()));

        //第 2 步

        String ItemName = selenium.getText("//div[@id='name']");

        selenium.click("link=加入购物车");

        selenium.waitForPageToLoad("30000");

        System.out.println("检查是否出现"商品已加入购物车"提示: " + selenium.isTextPresent("商
品已成功加入购物车!"));

        //第 3 步

        selenium.click("link=继续购物");

        Thread.sleep(5000);

        System.out.println("返回之前的商品详细页面: " + "http://www.360buy. com/product/
152026.html" .equals( selenium.getLocation()));

        //第 4 步

        selenium.goBack();

        Thread.sleep(5000);

        selenium.click("link=去结算");

        Thread.sleep(7000);

        System.out.println("进入购物车结算页面: " + "我的购物车 - 京东商城
" .equals( selenium.getTitle()));

        System.out.println("显示之前添加的商品: " + selenium.isTextPresent(ItemName));

        //第 5 步
```

```
        selenium.click("link=去结算");

        Thread.sleep(7000);

        System.out.println("检查是否进入订单填写页面: " + "订单信息确认" .equals( selenium.
getTitle()));


        selenium.stop();

    }

}
```

**程序清单 7-14 Selenium 2 C#代码**

```
using System;

using OpenQA.Selenium;

using OpenQA.Selenium.Firefox;

using System.Threading;

namespace ConsoleApplication3

{

    class Program

    {

        static void Main(string[] args)

        {

            IWebDriver driver = new FirefoxDriver();

            //第1步

            driver.Navigate().GoToUrl("http://www.360buy.com/product/152026.html");

            Console.WriteLine("检查是否成功进入商品详细页面: {0}",
"http://www.360buy.com/product/152026.html" == driver.Url);

            //第2步

            String ItemName = driver.FindElement(By.XPath("//div[@id='name']")).Text;

            driver.FindElement(By.LinkText("加入购物车")).Click();

            Thread.Sleep(5000);

            Console.WriteLine("检查是否出现"商品已加入购物车"提示: {0}", driver.FindElement
(By.CssSelector("BODY")).Text.Contains("商品已成功加入购物车! "));

            //第3步

            driver.FindElement(By.LinkText("继续购物")).Click();
```

```
            Thread.Sleep(5000);

            Console.WriteLine("返回之前的商品详细页面: {0}", "http://www.360buy. com/
product/152026.html" == driver.Url);

            //第 4 步

            driver.Navigate().Back();

            Thread.Sleep(5000);

            driver.FindElement(By.LinkText("去结算")).Click();

            Thread.Sleep(7000);

        Console.WriteLine("进入购物车结算页面: {0}", "我的购物车 - 京东商城" == driver.Title);

            Console.WriteLine("显示之前添加的商品: {0}", driver.FindElement (By.
CssSelector("BODY")).Text.Contains(ItemName));

            //第 5 步

            driver.FindElement(By.LinkText("去结算")).Click();

            Thread.Sleep(7000);

            Console.WriteLine("检查是否进入订单填写页面: {0}", "订单信息确认" == driver.Title);

            driver.Quit();

            Console.ReadKey();

        }

    }

}
```

**程序清单 7-15   Selenium 2 Java 代码**

```java
package Project1;

import org.openqa.selenium.*;

import org.openqa.selenium.WebDriver.*;

import org.openqa.selenium.firefox.*;

public class Project1Class {

    public static void main(String[] args) throws InterruptedException {

        //如果启动出现问题，可以使用 System.setProperty 指出 firefox.exe 的路径

        System.setProperty("webdriver.firefox.bin","D:\\Program Files (x86)\\Mozilla
Firefox\\firefox.exe");

        WebDriver driver = new FirefoxDriver();

        //第 1 步
```

```
driver.navigate().to("http://www.360buy.com/product/152026.html");

System.out.println("检查是否成功进入商品详细页面: " + "http://www.360buy. com/product/
152026.html".equals(driver.getCurrentUrl()));

//第2步

String ItemName = driver.findElement(By.xpath("//div[@id='name']")).getText();

driver.findElement(By.linkText("加入购物车")).click();

Thread.sleep(5000);

System.out.println("检查是否出现"商品已加入购物车"提示: " + driver.findElement(By.
cssSelector("BODY")).getText().contains("商品已成功加入购物车！"));

//第3步

driver.findElement(By.linkText("继续购物")).click();

Thread.sleep(5000);

System.out.println("返回之前的商品详细页面: " + "http://www.360buy. com/ product/
152026.html" .equals( driver.getCurrentUrl()));

//第4步

driver.navigate().back();

Thread.sleep(5000);

driver.findElement(By.linkText("去结算")).click();

Thread.sleep(7000);

System.out.println("进入购物车结算页面: " + "我的购物车 - 京东商城
" .equals( driver.getTitle()));

System.out.println("显示之前添加的商品: " + driver.findElement (By.cssSelector
("BODY")).getText().contains(ItemName));

//第5步

driver.findElement(By.linkText("去结算")).click();

Thread.sleep(7000);

System.out.println("检查是否进入订单填写页面: " + "订单信息确认" .equals( driver. getTitle()));


driver.quit();

    }

}
```

运行结果如图 7-22 所示。

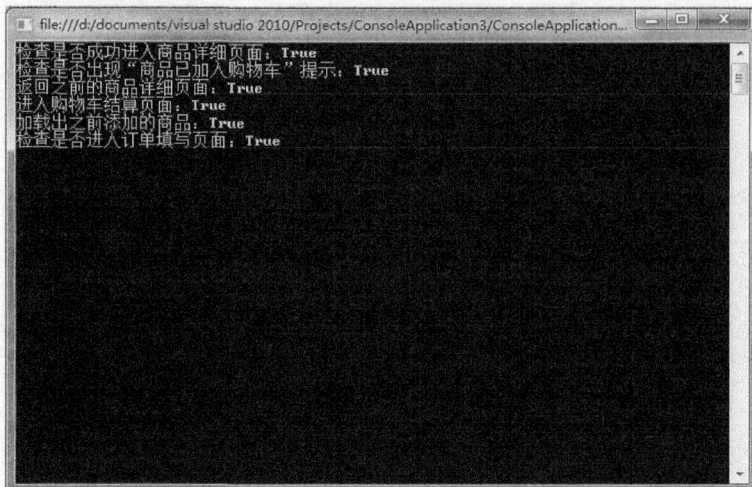

图 7-22　执行结果

# 7.3　设计自动化测试数据

在之前的测试过程中，测试的数据都是不变的，想换一组测试数据会相当困难，必须得在每一处改代码。而且即使修改了，也只支持当前这一条数据，如何解决这个问题呢？

在之前已经介绍的数据驱动模式，就可以很好地解决这个问题，它将测试中的测试数据和操作分离，数据存放在另外的文件中进行单独的维护。通过这种方式，可以快速增加相似测试，完成在不同数据情况下的测试。可以将这些数据保存到 Excel 表格中，在编写测试代码时，循环读取这些数据，来达到测试不同数据的目的。

接下来为 7.1 节编写的用例设计测试数据。

## 7.3.1　登录功能的数据

通过观察，可以发现测试用例的某些数据是可以变化的，如表 7-4 中带下划线的部分。

表 7-4　　　　　　　　　　　登录功能测试用例可变化的部分

| 步 骤 序 号 | 操 作 步 骤 | 检 查 点 |
|---|---|---|
| 1 | 打开浏览器，在地址栏输入 https://passport.360buy.com/new/login.aspx 并按回车键 | 检查是否成功进入用户登录页面 |
| 2 | 单击 "找回密码" 超级链接 | 检查页面是否跳转到 http://safe.360buy.com/findPwd/ index.action |
| 3 | 在浏览器中单击后退回到用户登录页面，然后直接单击 "登录" 超级链接 | 弹出提示 "请输入用户名/邮箱/已验证手机" |

续表

| 步骤序号 | 操作步骤 | 检查点 |
|---|---|---|
| 4 | 输入任意用户名，不输入密码，单击"登录"按钮 | 弹出提示"请输入密码" |
| 5 | 输入任意密码，单击"登录"按钮 | 弹出提示"您输入的账户名不存在，请核对后重新输入" |
| 6 | 将账户名和密码文本框置空，并输入正确的用户名和密码，单击"登录"按钮 | 成功登录并跳转到首页，操作栏上出现"您好，xxxx"字样 |

可以将用例改写为两个表格，一个表格中只描述测试的操作，另一个表格中描述测试的数据。表 7-5 所示为登录功能的测试操作。

表 7-5                  登录功能的测试操作

| 步骤序号 | 操作步骤 | 检查点 |
|---|---|---|
| 1 | 打开浏览器，在地址栏输入 https://passport.360buy.com/new/ login.aspx 并按回车键 | 检查是否成功进入用户登录页面 |
| 2 | 单击"找回密码"超级链接 | 检查页面是否跳转到 http://safe.360buy.com/findPwd/ index.action |
| 3 | 在浏览器中单击后退按钮回到用户登录页面，然后直接单击"登录"超级链接 | 弹出提示"请输入用户名/邮箱/已验证手机" |
| 4 | 输入{错误用户名}，不输入密码，单击"登录"按钮 | 弹出提示"请输入密码" |
| 5 | 输入{错误密码}，单击"登录"按钮 | 弹出提示"您输入的账户名不存在，请核对后重新输入" |
| 6 | 将账户名和密码文本框置空，并输入{正确的用户名}和{正确的密码}，单击"登录"按钮 | 成功登录并跳转到首页，操作栏上出现"您好，{用户昵称}"字样 |

可以看到表 7-5 中包含 5 个参数，然后接下来编写这些参数的对应数据，如表 7-6 所示。

表 7-6                  登录功能的测试数据

| 错误用户名 | 错误密码 | 正确的用户名 | 正确的密码 | 用户昵称 |
|---|---|---|---|---|
| ErrorUser1 | ErrorPwd1 | RightUser1 | RightPwd1 | RUser1 |
| ErrorUser2 | ErrorPwd2 | RightUser2 | RightPwd2 | RUser2 |
| ErrorUser3 | ErrorPwd3 | RightUser3 | RightPwd3 | RUser3 |
| ... | ... | ... | ... | ... |

## 7.3.2 搜索商品功能的数据

搜索商品功能测试用例的某些数据也是可以改变的，如表 7-7 中带下划线的部分。

表 7-7                  搜索商品功能测试用例可变化的部分

| 步骤序号 | 操作步骤 | 检查点 |
|---|---|---|
| 1 | 打开浏览器，在地址栏输入 http://www.360buy.com 并按回车键 | 检查是否成功进入京东商城首页 |
| 2 | 在搜索栏输入 "sdfgasfdgdsfgdsfgdsfg"，单击"搜索"按钮 | 页面上出现"抱歉，没有找到与'sdfgasfdgdsfgdsfgdsfg'相关的商品。"等信息 |

| 步 骤 序 号 | 操 作 步 骤 | 检 查 点 |
|---|---|---|
| 3 | 在搜索栏输入"收集",单击"搜索"按钮 | 页面上出现"您要找的是不是:手机" |
| 4 | 在搜索栏输入"团购",单击"搜索"按钮 | 进入京东团购页面,URL 中包含"http://tuan.360buy.com/" |
| 5 | 在搜索栏输入"移动",单击"搜索"按钮 | 在搜索页面中出现"手机充值"等相关控件 |
| 6 | 在搜索栏输入"图书",单击"搜索"按钮 | 搜索出来的结果将以列表的形式显示 |
| 7 | 在搜索栏输入"手机",单击"搜索"按钮 | 搜索出来的结果将以网格的形式显示 |
| 8 | 在搜索栏输入"635085",单击"搜索"按钮 | 进入该商品的具体信息页面,URL 中包含"http://www.360buy.com/product/635085.html" |

表 7-8 为搜索商品功能的测试操作。

表 7-8　　　　　　　　　　搜索商品功能的测试操作

| 步 骤 序 号 | 操 作 步 骤 | 检 查 点 |
|---|---|---|
| 1 | 打开浏览器,在地址栏输入 http://www.360buy.com 并按回车键 | 检查是否成功进入京东商城首页 |
| 2 | 在搜索栏输入{不存在的名称},单击"搜索"按钮 | 页面上出现"抱歉,没有找到与'{不存在的名称}'相关的商品。"等信息 |
| 3 | 在搜索栏输入{非常见名称},单击"搜索"按钮 | 页面上出现"您要找的是不是:{建议名称}" |
| 4 | 在搜索栏输入{跳转页面的名称},单击"搜索"按钮 | 进入京东团购页面,URL 中包含{跳转到的页面} |
| 5 | 在搜索栏输入{手机充值名称},单击"搜索"按钮 | 在搜索页面中出现"手机充值"等相关控件 |
| 6 | 在搜索栏输入{列表显示名称},单击"搜索"按钮 | 搜索出来的结果将以列表的形式显示 |
| 7 | 在搜索栏输入{网格显示名称},单击"搜索"按钮 | 搜索出来的结果将以网格的形式显示 |
| 8 | 在搜索栏输入{商品编号},单击"搜索"按钮 | 进入该商品的具体信息页面,URL 中包含"http://www.360buy.com/product/{商品编号}.html" |

可以看到表 7-8 中包含 9 个参数,接下来编写这些参数的对应数据,如表 7-9 所示。

表 7-9　　　　　　　　　　搜索商品功能的测试数据

| 不存在的名称 | 非常见名称 | 建议名称 | 跳转页面的名称 | 跳转到的页面 | 手机充值名称 | 列表显示名称 | 网格显示名称 | 商品编号 |
|---|---|---|---|---|---|---|---|---|
| sdfgasfdgdsfgd sfgdsfg | 收集 | 手机 | 团购 | http://tuan.360buy.com/ | 移动 | 图书 | 手机 | 635085 |
| aaaaaaaaa | 电闸 | 电脑 | 奢侈品 | http://www.360buy.com/products/1672-2615-000.html | 联通 | 音像 | 笔记本 | 703608 |
| … | … | … | … | … | … | … | … | … |

### 7.3.3　购买商品功能的数据

购买商品功能测试用例的某些数据也是可以改变的，例如表 7-10 中带下划线的部分。

表 7-10　　　　　　　　　　　购买商品功能测试用例可变化的部分

| 步骤序号 | 操作步骤 | 检查点 |
|---|---|---|
| 1 | 打开浏览器，在地址栏输入 http://www.360buy.com/product/152026.html 并按回车键 | 检查是否成功进入商品详细页面 |
| 2 | 单击"加入购物车"按钮 | 检查是否出现"商品已加入购物车"提示 |
| 3 | 单击"继续购物"按钮 | 返回之前的商品详细信息页面 |
| 4 | 单击浏览器上的"后退"按钮，回到"商品已加入购物车"页面，单击"去购物车结算"按钮 | 进入购物车结算页面，并显示之前添加的商品 |
| 5 | 单击"去结算"按钮 | 进入订单填写页面，页面标题为"订单信息确认" |

表 7-11　　　　　　　　　　　为购买商品功能的测试操作

| 步骤序号 | 操作步骤 | 检查点 |
|---|---|---|
| 1 | 打开浏览器，输入 {商品地址} 并按回车键 | 检查是否成功进入商品详细页面 |
| 2 | 单击"加入购物车"按钮 | 检查是否出现"商品已加入购物车"提示 |
| 3 | 单击"继续购物"按钮 | 返回之前的商品详细信息页面 |
| 4 | 单击浏览器上的后退按钮，回到"商品已加入购物车"页面，单击"去购物车结算"按钮 | 进入购物车结算页面，并显示之前添加的商品 |
| 5 | 单击"去结算"按钮 | 进入订单填写页面，页面标题为"订单信息确认" |

可以看到表 7-11 中包含 1 个参数，接下来编写这些参数的对应数据，如表 7-12 所示。

表 7-12　　　　　　　　　　　购买商品功能的测试数据

| 商品地址 |
|---|
| http://www.360buy.com/product/635085.html |
| http://www.360buy.com/product/726408.html |
| http://www.360buy.com/product/559901.html |

第 8 章

# Selenium 测试进阶

在使用 Selenium 进行测试时，难免会遇到许多难点和问题。本章整理了在使用 Selenium 进行测试时最常见的难点及问题，并一一介绍了解决的办法。

# 8.1　Opera/iPhone/Android 测试

## 8.1.1　Opera 测试

OperaDriver 是由 Opera Software 以及志愿者开发的第三方 WebDriver，用于支持 Opera 的测试。

OperaDriver 能够让浏览器在各个网页上运行测试，就如同是真实用户在进行操作。它可以模拟例如单击链接、输入文字、提交表单等操作，并反馈执行结果，测试人员可根据反馈的执行结果判断网站的功能是否正常。

OperaDriver 的用户模仿机制能够确保 HTML、脚本和样式等嵌入资源以及各项后台设置）都能正常工作，而无须再进行繁琐的手工测试。

### 1．基本需求

要使用 OperaDriver，至少需要安装 Java Runtime Environment 1.5（JRE1.5）或者更高的版本（Oracle 或 OpenJDK）。它使用了一些特定的接口，实现了 Java 与 Opera 的直接交互。因此，它能够兼容 Opera 11.6 或者更高的版本，而对于早期版本，只需要进行一些设置，也能够正常支持。

需要注意的是，在使用 OperaDriver 时，Opera 的安装路径最好是默认路径（安装时直接单击"下一步"按钮即可）。对于各中不同的系统，其默认路径如表 8-1 所示。

表 8-1　　　　　　　　　　　不同操作系统中 Opera 的默认安装路径

| 操 作 系 统 | Opera 默认安装路径 |
|---|---|
| GNU/Linux | /usr/bin/opera<br>/usr/bin/opera-next<br>/usr/bin/operamobile |
| Mac | /Applications/Opera.app/Contents/MacOS/Opera<br>/Applications/Opera Next.app/Contents/MacOS/Opera<br>/Applications/Opera Mobile Emulator.app/Contents/Resources/Opera Mobile.app/Contents/MacOS/operamobile |
| Windows | %PROGRAMFILES%\Opera\opera.exe<br>%PROGRAMFILES%\Opera Next\opera.exe<br>%PROGRAMFILES%\Opera Mobile Emulator\OperaMobileEmu.exe |

也可以使用自定义位置，只需设置 opera.binary 属性，或者设置环境变量 OPERA_PATH。这些设置将在 "4.进阶设置" 中介绍。

如何在 Opera 11.52 及更早版本使用 OperaDriver 呢？

要在 Opera 11.52 及之前版本使用 OperaDriver，须确保 opera.port 属性为 1，同时设置 opera.profile 属性为""（空字符串），以此来禁用-debugproxy 和-pd 命令行参数，因为老版本的 Opera 不支持这些参数。对于更老的版本（11.01 及其之前版本），可能得进行脚本封装。

### 2．开始测试

要开始测试，首先得下载 selenium-server-standalone 或者 selenium-server(也就是 Selenium 1 的服务器)，并且安装 Opera 浏览器。然后可以通过两种方式来进行启动测试。

第一种方式适用于 Java，只需要创建对应的 WebDriver 实例即可，如程序清单 8-1 所示。

**程序清单 8-1　创建实例**

```
WebDriver driver = new OperaDriver();
driver.navigate().to("http://opera.com/");
```

第二种方式适用于 Java 和 C#，OperaDriver 可以完全和 RemoteWebDriver 兼容 ，只需设置 Selenium 1 服务器，然后创建一个远程客户端就可以了，如程序清单 8-2 所示。

**程序清单 8-2　RemoteWebDriver**

```
WebDriver driver = new RemoteWebDriver("http://localhost:9515", DesiredCapabilities. opera());
```

### 3．独立的 OperaDriver 版本

也可以使用独立的 OperaDriver 版本（只适用于 Java），之前都是直接使用从 Selenium 官网下载的的 Jar 文件或 dll 文件，官网的文件中不仅包含 OperaDriver，还包含 IE、Firefox 的 Driver，而独立的 OperaDriver 版本只包含 OperaDriver，下载地址是 https://github.com/operasoftware/operadriver/downloads。

下载完毕后，只需在 Eclipse 进入 Project > Properties > Java Build Path，然后单击 Add JARs..或 Add External JARs..进行添加。

### 4．进阶设置

可以使用 DesiredCapabilities 类来对 OperaDriver 进行设置。它支持的 Capability 属性如

表 8-2 所示。

表 8-2 支持的 Capability 属性

| Capability 属性 | 类　型 | 默　认　值 | 描　　　述 |
|---|---|---|---|
| opera.logging.level | String/Level | Level.INFO | 指定日志的详细程度。可用的 Level 有：SEVERE（最大值），WARNING，INFO，CONFIG，FINE，FINER，FINEST（最小值），ALL |
| opera.logging.file | String | null | 日志输出的位置。默认是不写入文件。 |
| opera.binary | String | system Opera binary | Opera 文件的绝对路径。若没有指定该路径，OperaDriver 会进入默认安装路径 |
| opera.arguments* | String | null | 传递到 Opera 的操作，用空格分开。详见 Opera 命令行参数中的-help |
| opera.host | String | 127.0.0.1 | Opera 要连接到的主机。除非需要在另一台机器上执行 Opera 的测试，否则无须指定该参数 |
| opera.port | Integer | random port | Opera 要连接到的端口，0 为随机端口，-1 为默认值(port 7001)（用于 Opera 12 以下版本） |
| opera.launcher | String | ~/.launcher/LAUNCHER | 启动程序的绝对路径。启动程序是位于 OperaDriver 和 Opera 浏览器之间的网关，用于监控执行文件，并用于外部截图。如果这里填写空值，OperaDriver 使用包中（Jar 或 Dll）提供的启动器 |
| opera.profile | String/OperaProfile | OperaProfile | Opera 配置文件夹的路径。如果为空，则会使用一个新的随机配置。如果为""（空字符串），则会使用默认自动测试文件夹 |
| opera.idle | Boolean | FALSE | Opera 隐式等待执行结束。默认禁用 |
| opera.display | Integer | null | 仅用于 UNIX 类操作系统，指定其显示方式 |
| opera.autostart | Boolean | TRUE | 是否自动启动 Opera 执行文件。如果为 false，OperaDriver 将会等候浏览器的连接 |
| opera.no_restart | Boolean | FALSE | 是否重新启动 |
| opera.no_quit | Boolean | FALSE | OperaDriver 关闭后是否退出 Opera 浏览器。如果启用，则会在 OperaDriver 关闭后依然保持当前浏览器的运行 |
| opera.product | String | null | 使用的产品，例如 desktop，core-desktop 或 sdk，详见 https://github.com/operasoftware/operadriver/blob/master/src/com/opera/core/systems/OperaProduct.java |

使用 capability 属性的方法如程序清单 8-3 所示。

**程序清单 8-3　使用 capability 属性创建实例**

```
DesiredCapabilities capabilities = DesiredCapabilities.opera();
capabilities.setCapability("opera.profile", new OperaProfile("/path/to/existing/ profile"));
capabilities.setCapability("opera.logging.level", Level.CONFIG);
capabilities.setCapability("opera.logging.file", "/var/log/operadriver.log"); capabilities.setCapability("opera.display", 8);
```

```
 // Now use it
WebDriver driver = new OperaDriver(capabilities);
driver.navigate().to("http://opera.com/");
```

### 5. 自定义配置

还可以为 Opera 指定配置。可以使用一个新的、随机的配置（默认），也可以指定一个已有的配置。可以在启动 Opera 时对其进行设置，程序清单 8-4 所示为设置想要使用的首选项（preferences）。

**程序清单 8-4　自定义配置**

```
OperaProfile profile = new OperaProfile();  // fresh, random profile
profile.preferences().set("User Prefs", "Ignore Unrequested Popups", false);
DesiredCapabilities capabilities = DesiredCapabilities.opera();
capabilities.setCapability("opera.profile", profile);
WebDriver driver = new OperaDriver(capabilities);
```

### 6. 环境变量

指定自定义 Opera 执行文件路径或启用的命令行，也可以通过环境变量来实现。表 8-3 中列出了可以使用的环境变量。

表 8-3　　　　　　　　　　　可以使用的环境变量

| 名　　称 | 描　　述 |
| --- | --- |
| OPERA_PATH | 指定 Opera 执行文件的绝对路径 |
| OPERA_ARGS | 以空格分隔的参数列表,这些参数将被 Opera 使用,例如-nowindow、-dimensions 1600×1200、 &c。详见 Opera 命令行参数中的-help |
| OPERA_PRODUCT | 当运行 OperaDriver 测试时，应用对应的产品检查 |

## 8.1.2　iPhone 测试

iPhone 的 Driver 将对 iPhone 的测试运行在一个 UIWebView 之上（一个 webkit 浏览器，用于第三方应用程序的访问）。它通过使用一个 iPhone 应用程序，从而在 iPhone、iTouch 或者 iPhone 模拟器上运行测试。

要在设备上执行测试，需要相应的 iPhone SDK 以及一个对应的配置文件（用于在真实设备上运行）。

### 1. 编译

从本地输入 "git clone https://code.google.com/p/selenium" 命令，即可将 Selenium 的项目源代码复制到本地（参见 http://code.google.com/p/selenium/source/checkout，执行该命令还需

安装 Git 工具），然后执行；

```
./go iphone
```

这将编译 IPhoneDriver，并且安装相应的应用程序。这是启动 SDK 的简单方法。

如果通过 App Store 安装过 Xcode，将会出现 "XCode not found. Not building the iphone driver"，这时可以试着运行命令："sudo /usr/bin/xcode-select -switch /Applications/Xcode. app"。

2. 安装

IPhoneDriver 的应用程序目前没有放到 Apple store 中。要运行它，需要在计算机上安装 iPhone 开发工具。这些工具至少在 4.2 版本以上，地址为 https://developer.apple.com/xcode/index.php。要在设备上运行，还需要一个配置文件（这需要开发人员注册）。

IPhoneDriver 通过 HTTP 协议连接到 iPhone、iTouch 或 iPhone 模拟器。可以在网络上运行模拟器或其他机器，然后配置 WebDriver，对他们进行远程连接。

（1）在模拟器中安装

首先安装 Xcode（最低版本为 4.3），下载地址为 https://developer.apple.com/xcode/index.php。

接着下载源码，然后在 Xcode 中打开 selenium/iphone/iWebDriver.xcodeproj。

编译配置可设置为 Simulator/iPhone OS 5.0/iWebDriver。这些都可以在项目窗口的左上角用下拉框进行选择。

单击 Build & Go。编译完成后，将会显示 iPhone 模拟器，同时也会安装 iWebDriver 的应用程序。

（2）在设备上安装

安装 iPhone SDK，然后配置编译环境。还需要安装一个配置文件并将其配置到设备中。

下载并打开 iWebdriver 项目。打开 Info.plist，然后将 Bundle Identifier 编辑为 com.NAME.${PRODUCT_NAME:identifier}，其中的 NAME 是配置文件在授权时所注册的名称。

提示：如果使用的是默认配置文件，就可以简单地对所有域使用一个通配符，这时不需要修改 NAME。

请确保设备已连接到计算机上，并且在计算机上可以访问到设备。要做到这一点，最简单的办法就是配置一个 WiFi 网络来进行连接。

将编译配置设置为 Device / iPhone OS 5.0 / iWebDriver，然后单击 Build & Go。

在 Xcode 4.3.3 中，要将项目编译到设备上，还需要其他几个步骤，即在项目的 Build Settings 选项卡中进行设置几个选项。

在 Architectures 栏中进行以下设置。

- 将 Architectures 设置为 Standard armv7。

- 将 Base SDK 设置为 Latest iOS (iOS X.X)（注：括号内的 X.X 为当前最新的 IOS 版本号）。

- 在 Valid Architectures 中添加 armv7，也可将 i386 作为一个单独的条目。

在 Code Signing 栏中，对 Code Signing Identity 的所有条目都选择"iPhone Developer"（在下拉列表中 recommended Automatic Profile Selector 部分的第一个条目）。

3.　连接

要使用 IPhoneDriver，需要先确保 iWebDriver 为启动状态（空白页，底部为 URL），然后通过 RemoteWebDriver 来进行连接，如程序清单 8-5 或程序清单 8-6 所示。

**程序清单 8-5　C#代码**

```
IWebDriver driver = new RemoteWebDriver(new Uri("http://localhost:3001/wd/hub"), DesiredC
apabilities.IPhone());
```

**程序清单 8-6　Java 代码**

```
WebDriver driver = new RemoteWebDriver(new URL("http://localhost:3001/wd/hub"), DesiredC
apabilities. iphone());
//也可以使用下面的方式来进行连接，这种方式默认地址也是 localhost:3001 by default
WebDriver driver = new IPhoneDriver();
```

要连接到真实设备上，需要将 localhost 替换为 IP 地址，在设备上运行 iWebDriver 服务应用程序时会显示这个地址。例如，如果设备的 IP 地址为 192.168.1.23，则需要填入 http://192.168.1.23:3001/wd/hub。

如果运行 WebDriver 代码的计算机无法"访问"iPhone 或 iPad 设备，则可以 ping

一下显示到 iWebDriver 服务应用程序上的 IP 地址。网上有很多可以运行在 iPad 和 iPhone 上的网络工具，可以让 iPad 和 iPhone 支持"ping"命令。例如 Typhuun System Scope Lite。

## 8.1.3　Android 测试

Android WebDriver 允许运行自动化终端到终端的测试，以确保网址在 Android 浏览器上能够正常工作。Android WebDriver 支持所有的核心 WebDriver API。除此之外，它还支持手机专用的 API 以及 HTML 5 的 API。Android WebDriver 模拟了许多用户交互方式，例如手指按下、弹开、手指滚动和长按的操作。它可以对显示进行翻转，同时与 HTML 5 的功能进行交互，例如存储、会话存储以及程序缓存。

Android WebDriver 尽可能接近用户在浏览器上的实际操作。要做到这一点，Android WebDriver 将依赖 WebView（安卓浏览器所使用的渲染组件）来进行测试。Android WebDriver 使用了原生的触摸和键盘事件来实现与页面的交互。对于 DOM 的查询，它使用了 JavaScript Atoms 库。

Android WebDriver 支持以下平台。

- 当前的 apk 仅支持以下版本：Gingerbread（2.3.x）、Honeycomb（3.x）、Ice Cream Sandwich（4.0.x）及更高版本。注意，模拟器有一个 Bug，可能导致 Gingerbread 版本上的 WebDriver 运行崩溃。

- 支持 Froyo（2.2）的最后一个版本是 2.16。

### 1．安装 SDK

首先需安装 Android SDK。先下载 Android SDK，然后解压到"~/android_sdk/"。注意，Android SDK 的位置必须为"../android_sdk"，与包含 Selenium 资源的路径相对应。

### 2．设置环境

Android WebDriver 测试必须运行在模拟器或真实设备（手机或平板）上。

### 3．设置模拟器

要建立一个模拟器，可以使用 Android SDK 提供的图像接口（http://developer.android.com/tools/devices/managing-avds.html），或者是使用命令行（http://developer.android.com/tools/devices/emulator.html）。接下来将介绍如何使用命令行。

首先使用以下命令建立一个 Android Virtual Device(AVD)。

```
$cd ~/android_sdk/tools/ $./android create avd -n my_android -t 12 -c 100M
```

-n：指定 AVD 的名称.。

-t：指定平台目标。

要想得到详细的目标列表，可以执行：

```
./android list targets
```

接着确保您所选择的目标级别与支持的 SDK 平台相一致。

-c：指定 SD 卡的存储空间。

当提示"Do you wish to create a custom harware profile [no]"，输入"no"。

现在，使用以下命令启动模拟器，这可能需要一些时间。

```
$./emulator -avd my_android &
```

### 4. 设置设备

通过 USB，很容易就能将安卓设备和电脑连接上。

这样环境就设置好了，接下来可以看看应该如何进行测试了。要运行 Android WebDriver 测试，有两种方法。

- 使用远程 WebDriver 服务器。

- 使用 Android 测试框架。

表 8-4 对这两种方式进行了比较，可以选择合适的方式。

表 8-4          远程 WebDriver 服务器和 Android 测试框架的比较

| 远程 WebDriver 服务器 | Android 测试框架 |
| --- | --- |
| 可以通过多种语言来编写测试，例如 Java、Python、Ruby 等 | 只支持 Java |
| 运行较慢，因为每个命令都会产生 HTTP 请求/响应 | 运行较快，因为测试是直接在设备上运行的 |
| 如果想要让测试能够支持其他浏览器，建议使用这种方式编写 | 如果不打算在其它浏览器运行同样的测试，或者以往一直在用 Android 测试框架，建议使用这种方式编写 |

接下来将主要介绍使用远程 WebDriver 服务器的方法。

### 5. 使用远程 WebDriver 服务器

使用远程 WebDriver 服务器来进行测试，需要一个客户端和一个服务器端组件。客户端由经典的 JUnit 测试构成，可以通过 IDE 或命令行来运行测试。而服务器端是 Android 应用程序，它包含一个 HTTP 服务器。当运行测试时，每个 WebDriver 命令都会生成一个 RESTful HTTP 请求（JSON），并发送到服务器端。远程服务器将该请求委派给 Android WebDriver，然后将返回一个响应。

### 6.　安装 WebDriver APK

每个设备或模拟器都有一个串口 ID。运行下面的命令可以获取该设备或模拟器的串口 ID。

```
$~/android_sdk/platform-tools/adb devices
```

下载 Android 服务器（http://code.google.com/p/selenium/downloads/list），并使用以下命令安装该应用程序。

```
$./adb -s <serialId> -e install -r android-server.apk
```

确保已经允许安装不是从电子市场获取的应用程序。可选择"系统设置"→"应用程序"命令，然后勾选"未知来源"实现。

启动 Android WebDriver 应用程序，可以通过在界面上进行单击来打开它，也可以通过下面的命令行打开它。

```
$./adb -s <serialId> shell am start -a android.intent.action.MAIN-norg.openqa.selenium.android.app/.MainActivity
```

执行下面的命令可以用调试模式来启动该应用程序，它将生成详细的日志。

```
$./adb -s <serialId> shell am start -a android.intent.action.MAIN -n org.openqa.selenium.android.app/.MainActivity -e debug trueNow
```

现在，为了能够实现计算机和模拟器的交互，必须设置转发端口，只需在终端中输入以下命令。

```
$./adb -s <serialId> forward tcp:8080 tcp:8080
```

这将使得在计算机上的 Android 服务器地址 http://localhost:8080/wd/hub 变为可用，接下来就可以运行如程序清单 8-7 所示的测试代码了。

### 程序清单 8-7　测试代码

```
import junit.framework.TestCase;
import org.openqa.selenium.By;
import org.openqa.selenium.WebElement;
import org.openqa.selenium.android.AndroidDriver;
public class OneTest extends TestCase
{
    public void testGoogle() throws Exception
    {
        WebDriver driver = new AndroidDriver();
```

```
    // 访问 Google

    driver.get("http://www.google.com");


    // 通过 name 属性找到搜索文本框

    WebElement element = driver.findElement(By.name("q"));


    // 输入搜索关键字

    element.sendKeys("Cheese!");


    // 提交

    element.submit();


    // 检查页面的标题

    System.out.println("Page title is: " + driver.getTitle());

    driver.quit();

  }

}
```

要编译并运行这个例子，还需要 selenium-java-X.zip（selenium 的客户端部分），下载地址为 http://code.google.com/p/selenium/downloads/list。下载后解压，并将所有的 jar 包添加到 IDE 的项目中。右键单击 project，进入 Build Path -> Configure Build Path -> Libraries -> Add External Jar 即可。

# 8.2  Selenium 1 与 Selenium 2 的切换

## 8.2.1  从 Selenium 1 切换到 Selenium 2

在使用 Selenium 2 时，最常见的问题就是如何在现有的测试集合中正确添加 Selenium 2 的测试。如果是进行全新的开发，那么可以直接使用 WebDriver 的 API 来编写用例。不过，如果现有的一套框架使用 Selenium 1，那么如何进行添加呢？

接下来将介绍一种很好的办法，在无须更改现有框架的情况下，实现从 Selenium 1 到 Selenium 2 的迁移，并且不需要任何额外的工作。

将一整套测试从一种 API 迁移到另一种 API，是一个巨大的工程。为什么需要这样做呢？

将 Selenium RC 迁移到 WebDriver 的原因主要有以下一些。

（1）更简洁的 API。WebDriver 的 API 比原先的 Selenium RC API 更加面向对象，会使得工作更加轻松。

（2）更好地模拟与用户的交互。在可能的情况下，WebDriver 使用原生的事件与网页进行交互。这更加接近用户在网站上的真实使用。此外，WebDriver 提供了更高级的用户交互式 API，能模拟更加复杂的交互操作。

（3）浏览器开发商的支持。Opera、Mozilla 以及 Google 都在积极参与 WebDriver 的开发，这些框架将不断得到改进。通常，这意味着浏览本身的支持，测试将会稳定快速地运行。

具体的切换过程如下。

切换的第一步就是改变代码中创建的 Selenium 实例。在使用 Selenium RC 时，是按程序清单 8-8 所示创建实例的。

**程序清单 8-8　创建实例 1**

```
Selenium selenium = new DefaultSelenium(
    "localhost", 4444, "*firefox", "http://www.yoursite.com");
selenium.start();
```

但在 WebDriver 中创建实例的方式如程序清单 8-9 所示。

**程序清单 8-9　创建实例 2**

```
WebDriver driver = new FirefoxDriver();
Selenium selenium = new WebDriverBackedSelenium(driver, "http://www.yoursite.com");
```

改变创建实例的方式后，就可以运行现有的测试了。看起来挺不错的，不过，当前 Selenium 的切换可能并不会太顺利，现有的测试或多或少可能会出现一些小问题。

如果在测试执行时没有遇到问题，那么下一个阶段将会把真实的测试代码迁移到 WebDriver API。根据代码的抽象程度，这个过程或长或短。不论情况如何，方法是一样的，简而言之就是修改代码，使用最新的 API。

如果需要从 WebDriverBackedSelenium 实例中提取 WebDriver，对于 Java 而言，可以将其转换到 WrapsDriver，如程序清单 8-10 所示。

程序清单 8-10　　获取 WebDriver1

```
WebDriver driver = ((WrapsDriver) selenium).getWrappedDriver();
或:
WebDriver driver = ((WebDriverBackedSelenium) selenium).getUnderlyingWebDriver();
```

对于 C#而言，则是使用程序清单 8-11 所示的方式。

程序清单 8-11　　获取 WebDriver2

```
IWebDriver driver = selenium.UnderlyingWebDriver;
```

在操作过程中，可能会遇到以下问题。

（1）Click 和 Type 操作更为完整。

在 Selenium RC 中，有一种常见的做法，如程序清单 8-12 所示。

程序清单 8-12　　发送完整事件

```
selenium.type("name", "exciting tex");
selenium.keyDown("name", "t");
selenium.keyPress("name", "t");
selenium.keyUp("name", "t");
```

在 Selenium RC 中，Type 操作只会进行简单的替换，而不会触发相应的事件。但这些事件如果是真实用户在进行操作，就会被触发。因此，在 Selenium RC 中，经常看到使用"key\*\*\*\*"命令使 JS 处理程序触发相应的事件，程序清单 8-12 中代码的最终结果是输入"exciting text"。

但是在使用 WebDriverBackedSelenium 时，程序清单 8-12 中代码的最终结果将会是输入"exciting texttt"，这可不是想要的结果。原因在于，WebDriver 将会更为精确地模拟用户的行为，始终都会触发相应的事件。

（2）WaitForPageToLoad 执行过快。

有时 Selenium 2 页面加载事件的触发时间早于 Selenium 1，有可能就会抛出 StaleElementException 异常。

监控页面加载是否完成是一件棘手的事情。定义也是千变万化，例如什么时候发送 load

事件、什么时候 AJAX 请求完成、什么时候才没有网络流量、什么时候 document.readyState 发生了变化等。

WebDriver 虽然在尽量模拟原始的 Selenium 行为，但是由于各种原因，并不能总是完美地进行工作。最常见的原因是很难区分页面加载前和加载后所调用的方法。有时，这会导致在页面加载完毕前就开始执行对控件的操作。

这个问题的解决办法是等待一些具体的对象。通常，这里说指的"具体的对象"可能是将进行操作的元素，或者某些要进行设置的 Javascript 变量，如程序清单 8-13 所示。

**程序清单 8-13    实现等待**

```
Wait<WebDriver> wait = new WebDriverWait(driver, 30);
WebElement element= wait.until(visibilityOfElementLocated(By.id("some_id")));
```

visibilityOfElementLocated 的实现方式如程序清单 8-14 所示。

**程序清单 8-14    visibilityOfElementLocated 的实现方式**

```
public ExpectedCondition<WebElement> visibilityOfElementLocated(final By locator) {
  return new ExpectedCondition<WebElement>() {
    public WebElement apply(WebDriver driver) {
      WebElement toReturn = driver.findElement(locator);
      if (toReturn.isDisplayed()) {
        return toReturn;
      }
      return null;
    }
  };
}
```

这可能看起来很复杂，但它是一段比较"公式化"的代码。有趣的地方在于 ExpectedCondition 将会反复执行，直到 apply 方法返回不为 null 或 Boolean.FALSE。

当然，添加这么长的 wait 调用可能会把代码弄得乱七八糟。如果需求比较简单，可以考虑使用以下的隐含等待。

```
driver.manage().timeouts().implicitlyWait(30, TimeUnit.SECONDS);
```

这样，每当定位某元素时，如果该元素尚未出现，则会一直等待，直到它出现或 30 秒结束为止。

（3）按 XPath 或 CSS 选择器进行查找时，可能会出现失效。

在 Selenium 1 中，在使用 XPath 时通常引用的都是绑定的库文件，而不是浏览器本身的功能。而 WebDriver 将会使用浏览器原生的功能，除此之外没有其他办法。这意味着，一些复杂的 XPath 表达式将会在某些浏览器中失效。

在 Selenium 1 中，CSS 选择器是通过引用 Sizzle 库文件来实现的。这样使用很容易超过原生 CSS 选择器的范围，而且不易觉察。如果使用的是 WebDriverBackedSelenium，但依然使用 Sizzle 来定位元素，而不是使用 CSS 选择器来定位元素，那么在控制台中将会记录一条警告信息。如果因此导致无法发现元素，那么得仔细检查 CSS 选择器的使用。

（4）无法使用 Browserbot。

Selenium RC 基于 Selenium Core，因此可以访问 Selenium Core 来执行 Javascript。但 WebDriver 并不基于 Selenium Core，所以这就行不通了。如果想继续使用 Selenium Core 该如何做呢？其实很简单，先看看 getEval 或调用 elenium.browserbot 的 Javascript。

可能会使用 browserbot 来获得当前的测试窗口或文档的句柄。幸运的是，WebDriver 总是能在当前窗口下执行 JavaScript，您可以直接使用 window 和 document 来进行操作。

也许还会使用 browserbot 来定位元素。而在 WebDriver 中，需要先找到该元素，然后将其作为参数传递给 JavaScript，因此程序清单 8-15 中的代码将变为程序清单 8-16 中所示的代码。

**程序清单 8-15　Selenium 1 使用 Selenium Core**

```
String name = selenium.getEval(
    "selenium.browserbot.findElement('id=foo', browserbot.getCurrentWindow()). tagName");
```

**程序清单 8-16　Selenium 2 使用 Selenium Core**

```
WebElement element = driver.findElement(By.id("foo"));
String name = (String) ((JavascriptExecutor) driver).executeScript(
    "return arguments[0].tagName", element);
```

注意这里是如何将"元素"变量作为参数传递给 JavaScript 的（arguments[0]）。

（5）执行 **Javascript** 时没有返回值。

WebDriver 的 JavascriptExecutor 将对所有的 JavaScript 进行封装，并且将其作为匿名表达式进行计算，因此需要使用 return 关键字。代码行

```
String title = selenium.getEval("browserbot.getCurrentWindow().document.title");
```

将变为：

```
((JavascriptExecutor) driver).executeScript("return document.title;");
```

## 8.2.2 从 Selenium 2 切换到 Selenium 1

有时候，可能会使用一些 WebDriver 中没有的功能，例如在 Selenium RC 中支持的某些浏览器，WebDriver 并不支持，这时就可以使用 SeleneseCommandExecutor 来进行切换，如程序清单 8-17 所示。

**程序清单 8-17  从 Selenium 2 切换到 Selenium 1**

```
Capabilities capabilities = new DesiredCapabilities();
Capabilities.SetBrowserName("Safari");
CommandExecutor executor = new SeleneseCommandExecutor("http://localhost:4444", "http://www.google.com", capabilities);
WebDriver driver = new RemoteWebDriver(executor, capabilities);
```

当然，这种方法现在还存在一些限制，例如 findElements 可能会失效。同样，由于使用的是 Selenium Core 来驱动浏览器，所以可能会被 JavaScript 权限所限制。

# 8.3  对 Selenium 进行扩展

通过扩展，可以在 Selenium 中添加自定义操作、断言以及定位方式。只需对 Selenium 对象原型和 PageBot 对象原型添加 JavaScript 方法即可。在启动时，Selenium 会自动在这些原型中寻找这些方法，通过命名规则来识别操作、断言或定位。下面通过实例说明如何通过 JavaScript 来扩展 Selenium。

1. 操作（Action）

所有在 Selenium 原型上的方法，会将前面带有"do"的当作一个操作。例如，对于每一

个注册的操作，例如操作"foo"，都会注册相应的"fooAndWai"操作。如果一个方法需要传递两个参数，则会通过第 2 列和第 3 列的值进行传递。例如，程序清单 8-18 所示为 Selenium 添加一个 typeRepeated 操作，该操作的作用是在文本框中输入某个文本两次。

**程序清单 8-18　typeRepeated 操作**

```
Selenium.prototype.doTypeRepeated = function(locator, text) {
    // "findElement"命令会自动选择合适的定位策略
    var element = this.page().findElement(locator);
    // 创建需要输入的文本
    var valueToType = text + text;
    //将元素的文本替换为刚才创建的文本
    this.page().replaceText(element, valueToType);
};
```

**2. 存取器（Accessors）/断言（Assertions）**

Selenium 原型中所有的"getFoo"和"isFoo"方法都会被当作存取器（storeFoo）。对于每一个寄存器，都会注册对应的"assertFoo"、"verifyFoo"和 WaitForFoo 的方法。一个断言方法可能需要两个参数，需要通过第 2 列和第 3 列的值传递到测试中。还可以定义断言，将其作为一个"assert"方法，同时将会自动生成对应的"verify"和"waitFor"命令。例如，添加一个"valueRepeated"断言，用于确认元素值由重复的文字组成。在这项测试中，将有两个命令可以使用"assertValueRepeated"和"verifyValueRepeated"，如程序清单 8-19 所示。

**程序清单 8-19　valueRepeated 断言**

```
Selenium.prototype.assertValueRepeated = function(locator, text) {
    //"findElement"命令会自动选择合适的定位策略
    var element = this.page().findElement(locator);
    //创建预期值
    var expectedValue = text + text;
    //获取元素的实际值
    var actualValue = element.value;
    //验证实际值是否等于预期值
    Assert.matches(expectedValue, actualValue);
};
```

**3. 通过原型生成其他命令**

在 Selenium 原型中所有的"getFoo"以及"isFoo"方法都会自动生成"storeFoo"、"assertFoo"、 "assertNotFoo"、"verifyFoo"、"verifyNotFoo"、"waitForFoo" 和 "waitForNotFoo" 命令。例如，如果添加了一个 getTextLength 方法，接下来的命令将会自动生成 storeTextLength、assertTextLength、assertNotTextLength、verifyTextLength、verifyNotTextLength、 waitForTextLength 和 waitForNotTextLength，如程序清单 8-20 所示。

**程序清单 8-20　getFoo 类型的方法**

```
Selenium.prototype.getTextLength = function(locator, text) {
    return this.getText(locator).length;
};
```

另外要注意的是，上面所提到的 "assertValueRepeated" 方法，可以通过编写 "isValueRepeated" 命令来自动生成。并且，通过自动生成的功能，还可以产生 "assertNotValueRepeated"、"storeValueRepeated"、"waitForValueRepeated" 和 "waitForNotValueRepeated" 命令。

**4. 定位方式**

在 PageBot 原型中，所有的 "locateElementByFoo" 方法都视作定位方式。一个定位方式可能会带有两个参数，第一个为定位字符串（去掉前缀），而第二个则是需要搜索的文档。例如，程序清单 8-21 所示为添加一个 "valuerepeated=" 定位，用于找到第一个 value 属性为重复值的元素。

**程序清单 8-21　添加定位方式**

```
// "inDocument"表示被搜索的网页正文
PageBot.prototype.locateElementByValueRepeated = function(text, inDocument) {
    // 创建搜索索关键字
    var expectedValue = text + text;
    // 遍历所有元素，寻代匹配项（value==expected Value）
    var allElements = inDocument.getElementsByTagName("*");
    for (var i = 0; i < allElements.length; i++) {
        var testElement = allElements[i];
        if (testElement.value && testElement.value === expectedValue) {
                return testElement;
        }
    }
}
```

```
    return null;
};
```

## 8.3.1　对 Selenium IDE 应用扩展

对 Selenium IDE 应用进行扩展是一件非常简单的事情，主要包括以下步骤。

（1）创建扩展并将其保存为 user-extensions.js。当然名字是可以根据需要改变的。

（2）打开 Firefox 进入 Selenium IDE。

（3）执行 Tools→Options 命令。

（4）在 Selenium Core Extensions 栏中，单击 Browse，然后找到 "user-extensions.js" 文件后单击 OK 按钮。

用户扩展目前还没有被加载，必须重启 Selenium IDE。创建一个测试，插入一条新命令，该扩展将会在下拉命令列表中显示。

## 8.3.2　对 Selenium 1 应用扩展

如果在网上搜索 Selenium RC user-extension，可以找到各种方法。下面是 Selenium 官方建议的方法。

（1）将用户扩展文件存放到与 Selenium 服务器相同的路径下。

（2）如果直接通过 Selenium IDE 生成包含用户扩展的代码，还需要进行一些改动。首先需要在类的范围中创建一个 HttpCommandProcessor 对象（在 Setup 方法之外，private StringBuilder verificationErrors 之下），如以下代码所示。

```
HttpCommandProcessor proc;
```

（3）接着实例化 HttpCommandProcessor 对象，就像实例化 DefaultSelenium 对象一样。这个可以在 Setup 方法中实现，如以下代码所示。

```
proc = new HttpCommandProcessor("localhost", 4444, "*iexplore", "http://google.ca/");
```

（4）使用 HttpCommandProcessor 创建 DefaultSelenium 对象，如以下代码所示。

```
selenium = new DefaultSelenium(proc);
```

（5）在测试代码中，通过 HttpCommandProcessor 的 DoCommand()方法来调用用户扩展。该方法有两个参数：一个字符串参数，表示想要使用的扩展方法；另一个是字符串数组，用于传递参数。注意，即使在编写用户扩展时使用大写字母，在这里，所用函数的第一个字母应为小写。之所以如此，是因为 Selenium 会自动保持公共的 JavaScript 命名规则。因为 JavaScript 是大小写敏感的，如果首字母使用大写，那么测试将会失败。inputParams 数组表示想要传递给 JavaScript 用户扩展的参数。在这个例子中，它只包含一个字符串，因为用户扩展中只有一个参数。需要注意的是，用户扩展为了支持 Selenium IDE，因此最高只支持两个参数，如以下代码所示。

```
string[] inputParams = {"Hello World"};
proc.DoCommand("alertWrapper", inputParams);
```

（6）启用测试服务器时，需使用-userExtensions 参数，并指向用户扩展的文件（user-extensions.js），如以下代码所示。

```
java -jar selenium-server.jar -userExtensions user-extensions.js
```

最后的完整代码如程序清单 8-22 所示。

**程序清单 8-22　完整代码**

```
using System;
using System.Text;
using System.Text.RegularExpressions;
using System.Threading;
using NUnit.Framework;
using Selenium;
namespace SeleniumTests
{
    [TestFixture]
    public class NewTest
    {
        private ISelenium selenium;
        private StringBuilder verificationErrors;
        private HttpCommandProcessor proc;
        [SetUp]
        public void SetupTest()
```

```
        {
                proc = new HttpCommandProcessor("localhost", 4444, "*iexplore",
"http://google.ca/");

                selenium = new DefaultSelenium(proc);

                //selenium = new DefaultSelenium("localhost", 4444, "*iexplore",
"http://google.ca/");

                selenium.Start();

                verificationErrors = new StringBuilder();

        }

        [TearDown]

        public void TeardownTest()

        {

            try

            {

                selenium.Stop();

            }

            catch (Exception)

            {

                // Ignore errors if unable to close the browser

            }

            Assert.AreEqual("", verificationErrors.ToString());

        }

        [Test]

        public void TheNewTest()

        {

            selenium.Open("/");

            string[] inputParams = {"Hello World",};

            proc.DoCommand("alertWrapper", inputParams);

        }

    }

}
```

## 8.3.3  对 Selenium 2 应用扩展

在 Selenium 2 中使用扩展非常简单，只需使用 JavaScriptExecutor(Java)或 IJavaScriptExecutor

(C#)即可轻松实现扩展，如程序清单 8-23 所示。

**程序清单 8-23　扩展 Selenium 2**

```
WebDriver driver = new FirefoxDriver();
((JavaScriptExecutor)driver).executeScript("document.getElementById('" +
    ElementLocator + "').style.display = 'block';");
```

第 9 章

# 使用 Selenium 常见的问题

# 9.1 使用 Selenium IDE 常见的问题

当启动 Selenium IDE 时，偶尔会在 Table 标签页显示以下信息。解决的方法是关闭然后重新打开 Selnium IDE。

```
Table view is not available with this format.
```

通过 File->open 打开测试套件会出现以下错误提示。现在应使用 File->Open Test Suite 菜单命令来打开测试套件。

```
error loading test case: no command found
```

有时可能会出现以下出错信息。

```
[error] Element XXX not found
```

如图 9-1 所示，这种类型的错误多半是由时间引起的，例如，在命令执行的时候，命令中所定位的元素还没有加载完毕。这个时候最好在这条命令前插入一条"pause 5000"命令来等待元素加载完毕。如果确实是时间引起的问题，也可以考虑使用"waitForXXX"或"XXXAndWait"命令。

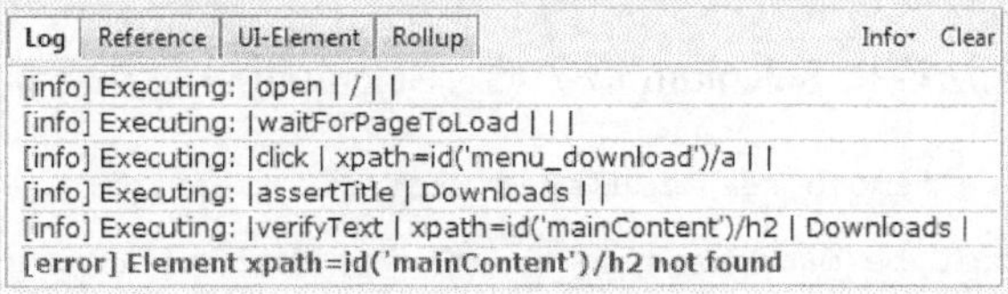

图 9-1 未找到元素

如图 9-2 所示，如果使用 open 命令打开一个变量地址时，遇到了错误，多半是由于变量没有成功创建。这有时是由于将变量存放在了 Value 字段，但是应该将它存放在 Target 字段，反之亦然。在图 9-2 所示的例子中，store 命令的两个参数的顺序反了。对于任何 Selenese 命令，第一个所需参数都要放到 Target 字段，而第二个所需参数（如果存在）就必须放到 Value 字段。

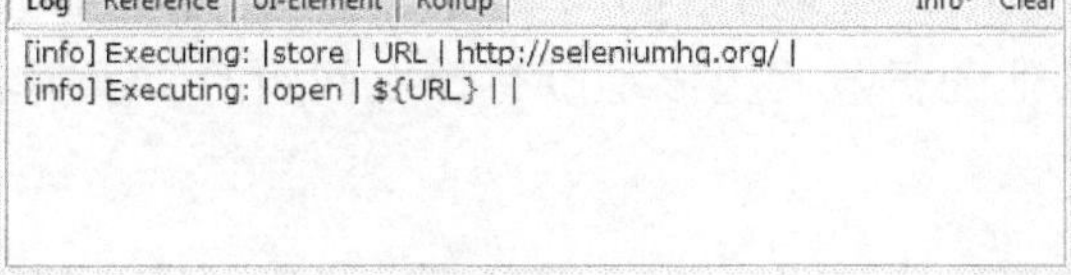

图 9-2 误传参数

　　以下错误信息表示无法找到测试套件中的某个测试用例。这时应确保该测试用例确实位于测试套件中标记的位置。此外，请确保所有的测试用例文件的后缀名都是.html，同时这些文件都已经在测试套件中引用。

```
error loading test case: [Exception... "Component returned failure code: 0x80520012
(NS_ERROR_FILE_NOT_FOUND)[nsIFileInputStream.init]"nresult:"0x80520012(NS_ERROR_FILE_NOT_FOUND)"
location:"JSframe::chrome://selenium-ide/content/file-utils.js:: anonymous :: line 48" data: no]
```

　　以下错误信息表示 Selenium IDE 没有加载扩展文件。请确定已经在 Selenium Core extensions 栏（执行 Options→General 命令打开的对话框中）指定过正确的扩展文件路径。另外，如果修改了"Selenium Core extensions"一栏，必须要重启 Selenium IDE 才能生效。

```
[error]Unknown command: XXXX
```

# 9.2　使用 Selenium 1 常见的问题

　　使用 Selenium 1 时经常会碰到以下问题。

## 1. 无法连接到服务器

　　如果在测试的时候无法连接 Selenium 服务器，Selenium 就会在测试代码中抛出异常。例如：

```
"Unable to connect to remote server (Inner Exception Message:
   No connection could be made because the target machine actively
   refused it )"
   (using .NET and XP Service Pack 2)
```

　　如果看到类似消息，应先确保 Selenium 服务器已启动。如果启动了仍有这个问题，这说明 Selenium 客户端类库和 Selenium 服务器的通信存在障碍。

　　在使用 Selenium RC 时，大多数人都会将 Selenium 服务器和 Selenium 测试代码运行在同一台计算机上。要做到这一点，一般会使用 localhost 作为连接参数。对于刚开始使用 Selenium 的用户，建议使用这种方式，以减少潜在的网络问题。如果操作系统的网络或 TPC/IP 设置为普通设置，没有进行过其他的更改，应该是没有什么问题的。事实上，很多人使用的都是这种方式。

　　如果想要在远程计算机上运行 Selenium 服务器，若 TCP/IP 设置无误并且有效，两台机器也应该能正常通信。

如果连接依然有问题，可以使用常见的网络命令，例如 ping、telnet、ifconfig(Unix)、ipconfig(Windos)等确认网络连接是否有效。

**2．无法加载浏览器**

如果 Selenium 服务器无法加载浏览器，也应该会看到如下错误。

```
(500) Internal Server Error
```

导致该问题的原因可能如下。

（1）Firefox（在 Selenium 1.0 之前的）无法启动，因为浏览器已经打开，而没有指定一个单独的配置文件。

（2）运行模式与浏览器不匹配。应检查在打开浏览器时传递给 Selenium 的参数。

（3）指定了浏览器的路径（使用"*custom"），但是路径错误。首先确认一下该路径是否有效。然后可以检查用户组，以确保浏览器和"*custom"参数没有冲突。

**3．无法进入待测试的页面**

如果测试代码成功打开了浏览器，但是浏览器没有显示要测试的网页，最大的原因可能是由于测试代码 URL 错误。

这种问题容易发生。当在使用 Selenium-IDE 导出代码时，可能会插入一个错误的 URL，必须手动对其进行修改。

**4．使用 Profile 设置时 Firefox 无法关闭**

这通常发生在测试 Firefox 的时候，假设已经运行了 Firefox 浏览器会话，不过在启动 Selenium 服务器时没有指定单独的 Profile 设置，从测试代码中抛出的错误如下。

```
Error: java.lang.RuntimeException: Firefox refused shutdown while
preparing a profile
```

而在服务器端，会显示以下完整的错误。

```
16:20:03.919 INFO - Preparing Firefox profile...
16:20:27.822 WARN - GET /selenium-server/driver/?cmd=getNewBrowserSession&1=*fir
efox&2=http%3a%2f%2fsage-webapp1.qa.idc.com HTTP/1.1
java.lang.RuntimeException: Firefox refused shutdown while preparing a profile
```

```
        at org.openqa.selenium.server.browserlaunchers.FirefoxCustomProfileLaunc
her.waitForFullProfileToBeCreated(FirefoxCustomProfileLauncher.java:277)
...
Caused by: org.openqa.selenium.server.browserlaunchers.FirefoxCustomProfileLaunc
her$FileLockRemainedException: Lock file still present! C:\DOCUME~1\jsvec\LOCALS
~1\Temp\customProfileDir203138\parent.lock
```

要解决这个问题，必须指定一个 Firefox Profile 设置。

要创建一个单独的 Profile，需打开 Windows 开始菜单，选择"运行"，输入下面的命令。

```
firefox.exe -profilemanager
```
或
```
firefox.exe -P
```

使用该对话框可创建一个新的 Profile 设置。再启动 Selenium 服务器时，可以通过服务端的命令行选项"-firefoxProfileTemplate"来使用新的 Profile 设置，使用该选项时需指定 Profile 的路径，如以下代码所示。

```
-firefoxProfileTemplate "profile 路径"
```

### 5．版本问题

确保现在使用的 Selenium 版本支持当前的浏览器版本。例如，Selenium RC 0.92 就不支持 Firefox 3。当然现在支持了。不过不要忘记时刻检查 Selenium 支持的浏览器版本。当有疑问时，请使用最新发布的 Selenium 版本以及浏览器中最常用的版本。

### 6．启动服务器时出现错误提示（Unsupported major.minor version 49.0）

这是由于使用了错误的 Java 版本所致。Selenium 服务器需要至少 1.5 以上的 Java 版本。

要检查 Java 版本，可以运行如下命令。

```
java -version
```

显示当前的 Java 版本信息如下所示。

```
java version "1.5.0_07"
Java(TM) 2 Runtime Environment, Standard Edition (build 1.5.0_07-b03)
Java HotSpot(TM) Client VM (build 1.5.0_07-b03, mixed mode)
```

如果版本很低，需将 JRE 进行升级。

### 7. 运行 getNewBrowserSession 命令时出现 404 错误

如果在试图打开页面（例如：http://www.google.com/selenium-server/）时出现 404 错误，则有可能是因为 Selenium Server 没有正确配置为代理。前面的 URL 中，"selenium-server"这个路径并不存在于 google.com，只有代理配置正确它才会显示。代理配置很大程度上取决浏览器的启动方式，例如*firefox、*iexplore、*opera 或*custom。

- *iexplore：如果使用"*iexplore"来加载浏览器，可能会遇到 IE 代理设置问题。Selenium 服务器会试着在 Internet Options 控制面板中配置全局代理设置。必须确保 Selenium 服务器加载浏览器时，这些代理能正确配置。可以进入 Internet Options 控制面板，选择 Connections 标签页，然后单击 LAN Settings，在弹出的对话框中进行配置。

如果需要访问待测试的应用程序，就需要在启动 Selenium 服务器的时候带参数 "-Dhttp.proxyHost"。

还可以手动设置代理，然后通过"*custom"或"*iehta"来加载浏览器。

- *custom：当使用*custom 的时候，必须正确配置代理，否则就会报 404 错误。
- 对于其他浏览器（*firefox、*opera），已经有对应的硬编码来设置代理，所以问题不大。

### 8. 拒绝访问错误

出现这个错误大都是因为会话违反了同源策略，正在跨越域边界（例如，本来在 http://domain1，然后访问了 http://domain2）或切换协议（从 http://domainX 切换到 https://domainX）。

该错误还会导致 JavaScript 查找不可用的对象（页面未加载完毕）或不再可用的对象（页面开始卸载）。通常会在大量使用 AJAX 的页面中遇到。当然，该错误可以是间歇性的。通常很难发现。

### 9. 处理浏览器弹出窗口

有几种弹出窗口是无法在 Selenium 测试进行时关闭的。这些窗口是浏览器触发的（而不是被测试的网页），无法通过 Selenium 命令来关闭它们。对于不同类型的弹出窗口，处理方式也是不同的。

- HTTP 基本身份验证对话框：这类对话框提示输入用户名/密码登录到某个网站。要登录到这类网站，需要 HTTP 基本身份验证，在 URL 中使用用户名和密码，例如：
open（"http://myusername:myuserpassword@myexample.com/blah/blah/blah "）。

- SSL 证书警告：当作为代理启用时，Selenium RC 会自动尝试欺骗 SSL 证书。如果浏览器配置正确，完全不会看到 SSL 证书警告，不过需要将浏览器的"CyberVillains"SSL 证书颁发机构设置为信任。

- Javascript 警告/确认/提示对话框：Selenium 会自动隐藏这些对话框（分别对应于 window.alert、window.confirm 以及 window.prompt），这样就不会中断网页的执行。如果依然能看到这些对话框，这可能是因为它们加载过早，是在页面加载过程中触发的。Selenium 包含一些可用于确认/验证这些对话框命令。

10．在 Linux 中 Firefox 浏览器会话无法关闭

在 Unix/Linux 环境下必须直接调用 firefox-bin，因此，需确保该可执行文件的路径是正确的。如果通过一个 shell 脚本执行 Firefox，当关闭浏览器进程时，Selenium RC 也会关闭 shell 脚本进程，所以浏览器依然存在。可以直接指定 firefox-bin 的路径，例如：

```
cmd=getNewBrowserSession&1=*firefox
/usr/local/firefox/firefox-bin&2=http://www.google.com
```

11．IE 中无法使用 Style 属性来进行定位

在 IE 中无法使用 style 属性来定位元素，例如：

```
//td[@style="background-color:yellow"]
```

不过在 Firefox、Opera 和 Safari 中，可以完美进行定位。IE 会将 @style 的键值解析为大写。因此，应该写成以下形式。

```
//td[@style="BACKGROUND-COLOR:yellow"]
```

如果要进行多浏览器的测试，就会导致一些问题，不过可以通过编程来进行分支处理，也可以让它只支持 Firefox、Opera、Safari 或 IE。

12．关闭*googlechrome 浏览器时出现"Cannot convert object to primitive value"错误

要解决这个问题，需要在启动浏览器的时候设置一个选项，让它禁用同源策略检查，如下代码所示。

```
selenium.start("commandLineFlags=--disable-web-security");
```

# 9.3　使用 Selenium 2 常见的问题

使用 Selenium 2 常见的问题为设置显式等待和隐式等待，详细介绍如下。

## 1．设置显式等待

所谓显式等待就是定义的一段代码，用于在执行后续代码前，根据一定的条件进行等待。Thread.sleep()是最简单的方法，但不推荐这种做法，因为它只能等待一段固定的时间。还有一些更方便的方法，会根据需要执行等待，例如通过 WebDriverWait 和 ExpectedCondition 设置等待时间，如程序清单 9-1 或程序清单 9-2 所示。

**程序清单 9-1　C#代码**

```
IWebDriver driver = new FirefoxDriver();

driver.Url = "http://somedomain/url_that_delays_loading";

WebDriverWait wait = new WebDriverWait(driver, TimeSpan.FromSeconds(10));

IWebElement myDynamicElement = wait.Until<IWebElement>((d) =>

   {

      return d.FindElement(By.Id("someDynamicElement"));

   });
```

**程序清单 9-2　Java 代码**

```
WebDriver driver = new FirefoxDriver();

driver.get("http://somedomain/url_that_delays_loading");

WebElement myDynamicElement = (new WebDriverWait(driver, 10))

 .until(new ExpectedCondition<WebElement>(){

   @Override

    public WebElement apply(WebDriver d) {

       return d.findElement(By.id("myDynamicElement"));

   }});
```

程序清单 9-1 和程序清单 9-2 中最多等待 10 秒，如果超过时间，则会抛出 TimeoutException。如果在 10 秒内找到了对应的元素，WebDriverWait 默认每隔 500 毫秒就调用 ExpectedCondition 来进行检查，直找到对应的元素。找到后，ExpectedCondition 会返回一个 bool 值（ture）或所有不为空的其他 ExpectedCondition 类型值。

在执行浏览器的测试时，有一些常见的条件会经常发生变化。还有一些便捷的方法可供使用，无须自己再另外编写一个 ExpectedCondition 类。例如，等待元素是否可单击，也就是显示为启用还是禁用，如程序清单 9-3（Java 代码）所示。

**程序清单 9-3　等待元素直到该元素为可单击状态**

```
WebDriverWait wait = new WebDriverWait(driver, 10);

WebElement element = wait.until(ExpectedConditions.elementToBeClickable(By. id("someid")));
```

### 2. 设置隐式等待

隐式等待的作用在于，通知 WebDriver 在查找某些暂时无法使用的元素时等待一段时间。默认设置为 0。设置完成后，该隐式等待将会在整个 WebDriver 生命周期中生效。程序清单 9-4 或程序清单 9-5 所示为设置隐式等待的方法。

**程序清单 9-4　C#代码**

```
WebDriver driver = new FirefoxDriver();

driver.Manage().Timeouts().ImplicitlyWait(TimeSpan.FromSeconds(10));

driver.Url = "http://somedomain/url_that_delays_loading";

IWebElement myDynamicElement = driver.FindElement(By.Id("someDynamicElement"));
```

**程序清单 9-5　Java 代码**

```
WebDriver driver = new FirefoxDriver();

driver.manage().timeouts().implicitlyWait(10, TimeUnit.SECONDS);

driver.get("http://somedomain/url_that_delays_loading");

WebElement myDynamicElement = driver.findElement(By.id("myDynamicElement"));
```